U0805943

全国高职高专机电类专业规划教材

电力系统基础

（第2版）

主　编　李　燕　陈　芳　林世治
副主编　韩绪鹏　王　维　郑　静
主　审　罗云霞

黄河水利出版社
·郑州·

内 容 提 要

本书是全国高职高专机电类专业规划教材，是根据教育部对高职高专教育的教学基本要求及中国水利教育协会职业技术教育分会高等职业教育教学研究会组织制定的电力系统基础课程标准编写完成的。本书以 110 kV 及以下电压等级的电网为主要对象，主要内容包括：电力系统基本概念、电力系统基本知识及机械计算、电力网元件参数及等值电路、电力系统潮流计算、电力系统有功功率平衡及频率调整、电力系统无功功率平衡及电压调整、电力网电能损耗计算、电力系统稳定运行、农村电网规划、直流输电的基本知识等。

本书主要适用于高职高专发电厂及电力系统等电力类专业电力系统基础或电力系统分析等课程的教学，也可供成人高等教育相关专业的师生使用，同时还可供从事电力工程类专业的技术人员参考。

图书在版编目(CIP)数据

电力系统基础/李燕，陈芳，林世治主编．—2 版．—郑州：
黄河水利出版社，2015.10 (2021.8 重印)
全国高职高专机电类专业规划教材
ISBN 978-7-5509-1021-8

Ⅰ.①电… Ⅱ.①李… ②陈… ③林… Ⅲ.①电力系统-高等职业教育-教材 Ⅳ.TM7

中国版本图书馆 CIP 数据核字(2015)第 025827 号

组稿编辑：王路平 电话：0371-66022212 E-mail：hhslwlp@126.com
简 群 66026749 931945687@qq.com

出 版 社：黄河水利出版社
地址：河南省郑州市顺河路黄委会综合楼 14 层 邮政编码：450003
发行单位：黄河水利出版社
发行部电话：0371-66026940、66020550、66028024、66022620(传真)
E-mail：hhslcbs@126.com
承印单位：河南承创印务有限公司
开本：787 mm×1 092 mm 1/16
印张：13.5
字数：310 千字 印数：4 001—6 500
版次：2015 年 10 月第 1 版 印次：2021 年 8 月第 2 次印刷

定价：27.00 元

修订再版前言

本书是贯彻落实《国家中长期教育改革和发展规划纲要(2010~2020年)》、《国务院关于加快发展现代职业教育的决定》(国发〔2014〕19号)、《现代职业教育体系建设规划(2014~2020年)》等文件精神,在中国水利教育协会指导下,由中国水利教育协会职业技术教育分会高等职业教育教学研究会组织编写的机电类专业规划教材。该套教材以学生能力培养为主线,体现出实用性、实践性、创新性的教材特色,是一套理论联系实际、教学面向生产的高职教育精品规划教材。

本书紧密结合专业的生产实际,是在分析现有高职高专学生就业岗位群及职业素质和能力要求的基础上编写的,力求结合实际、注重实用;减少计算、图文并茂;注重于高职高专学生的学习习惯,正面叙述、语言简练。教材内容围绕本教程的教学目标,让学生掌握电力系统的基本概念、电力系统的简单潮流计算以及电力系统运行调整的基本原理和方法;同时尽可能地让学生了解电力系统的全貌,如DSM(电力需求侧管理)、农网电网规划、高压直流输电等的基本知识。

《电力系统基础(第2版)》在原版基础上增加了一些新的知识要点,主要适用于高职高专发电厂及电力系统等电力类专业(三年制)电力系统基础或电力系统分析等课程的教学,也可供成人高等教育相关专业的师生使用,还可供电力工程类专业的技术人员参考;同时,原版第一主编罗云霞老师担任第2版的主审,李燕老师担任第2版的第一主编。

为了不断提高教材质量,编者于2021年8月根据近年来在教学实践中发现的问题和错误,对全书进行全面修订和完善。

本书编写人员及编写分工如下:第一章、第二章由河北工程技术高等专科学校李燕编写;第三章、附录1、附录2由辽宁水利职业学院王维编写;第四章由四川水利职业技术学院郑静编写;第五章、第六章由福建水利电力职业技术学院林世治编写;第七章、第八章由湖南水利水电职业技术学院陈芳编写;第九章、第十章由三峡电力职业学院韩绪鹏编写。本书由李燕、陈芳、林世治担任主编,由韩绪鹏、王维、郑静担任副主编;全书由李燕负责统稿,由浙江水利水电学院罗云霞担任主审。主审对书稿认真把关,在审阅过程中提出了许多宝贵的意见,在此深表感谢!

编写过程中虽然参考了本领域许多著作及文献资料,但由于作者水平有限,书中的错误和不足在所难免,请读者批评指正。

编　者

2021年8月

修订版前言

[illegible]

[illegible]

[illegible]

[illegible]

[illegible]

[illegible]

编　者

2021 年 8 月

目 录

第一章　电力系统基本概念

内容提要

本章介绍的主要内容有：动力系统、电力系统、电力网的定义；电力系统、电力网的接线方式及结构；电能生产的特点及对电力系统的基本要求；形成大型电力系统的优点；电力网及电气设备的额定电压；电力系统的运行状态及其中性点的接地方式。

第一节　电力系统概述

电能是各行各业生产建设和居民生活的主要能源。自然界的一次能源（煤、气、水能、风力、潮汐以及生物能等）通过发电动力装置（主要包括锅炉、汽轮机、发电机及电厂辅助生产系统等）转化成电能，然后经过输电、变电及配电系统将电能供应到各负荷中心，通过各种设备再转换成动力、热、光等不同形式的能量，为地区经济和人民生活服务。将发电厂中的发电机和用电设备，用升压和降压变压器、输电和配电线路等连接起来的统一整体，称为电力系统。图 1-1 所示为电力系统示意图。

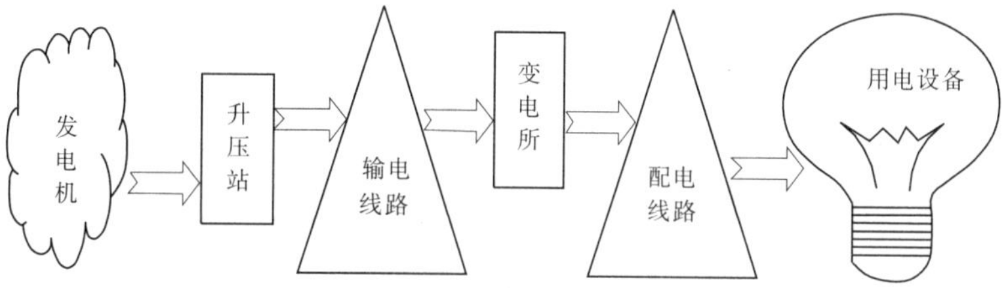

图 1-1　电力系统示意图

电力系统加上各种能源发电厂的动力部分（如火电厂的汽轮机、锅炉等，水电厂的水轮机、水库等），称为动力系统。

电力系统中除去发电机和用电设备后的整体构成电力网。电力网包括各种变压器和电力线路，起输送和分配电能的作用。

电力系统要实现其功能，还需要在各个环节和不同层次设置相应的信息与控制系统，对电能的生产和输送过程进行测量、调节、控制、保护、通信和调度，确保安全、经济、优质地发电、供电和用电。

上述由发电、输电、变电、配电等环节构成的系统通常称为一次系统。电力系统中的继电保护装置、安全自动装置、调度自动化系统和电力通信等相应的辅助系统称为二次系统。

电力系统中所有用电设备消耗的功率称为电力系统的负荷。电力系统的负荷包括有功功率和无功功率。电力系统的负荷随时间不断变化，具有随机性，其变化情况常用负荷曲线来表示。

电力系统常用电力系统电气接线图和电力系统地理接线图。

电力系统电气接线图是指表示电力系统中各电力元件(用电气符号表示)之间的电气联系的电路图。如图 1-2 所示为简单的动力系统、电力系统和电力网的电气接线图。

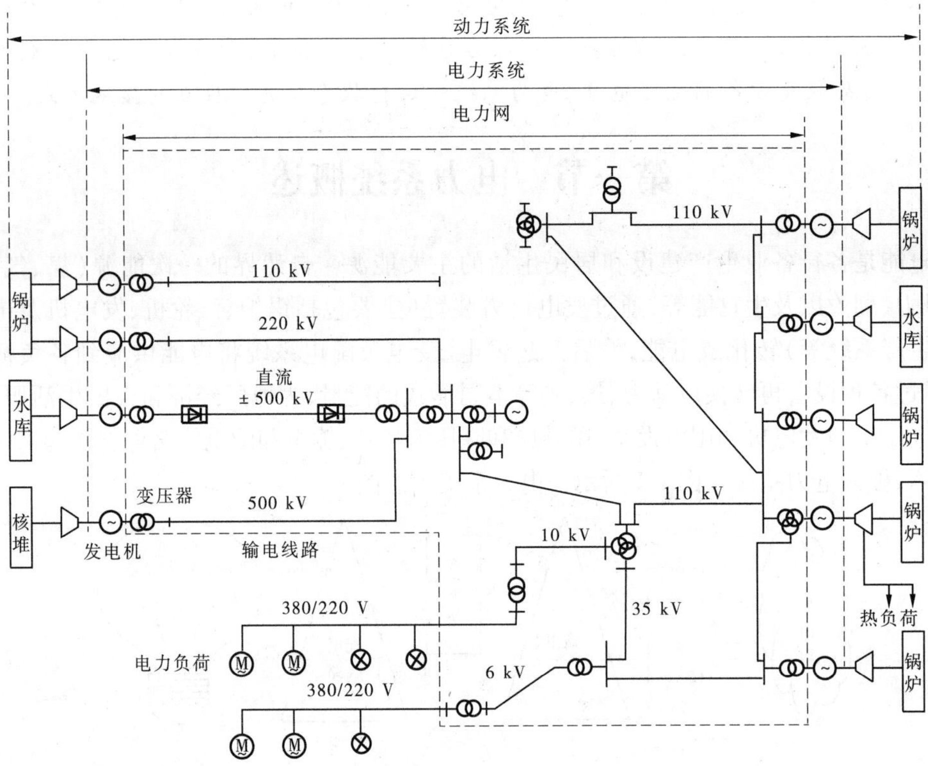

图 1-2　动力系统、电力系统和电力网的电气接线图

说明：在交流电力系统中，发电机、变压器和输配电设备都是三相的。正常运行的电力系统三相对称，为简单起见，常用单线图表示三线。电力系统电气接线图都是画成单线的。

电力系统地理接线图是指按比例显示电力系统中各发电厂和变电所的相对地理位置，反映各条电力线路按一定比例的路径以及它们相互间的连接的接线图，如图 1-3 所示。

电力系统电气接线图能完整地显示电力系统中各电力元件之间的电气连接情况。电力系统地理接线图能反映各发电厂和变电站的相对地理位置、线路走向等。这两种图通常配合使用。

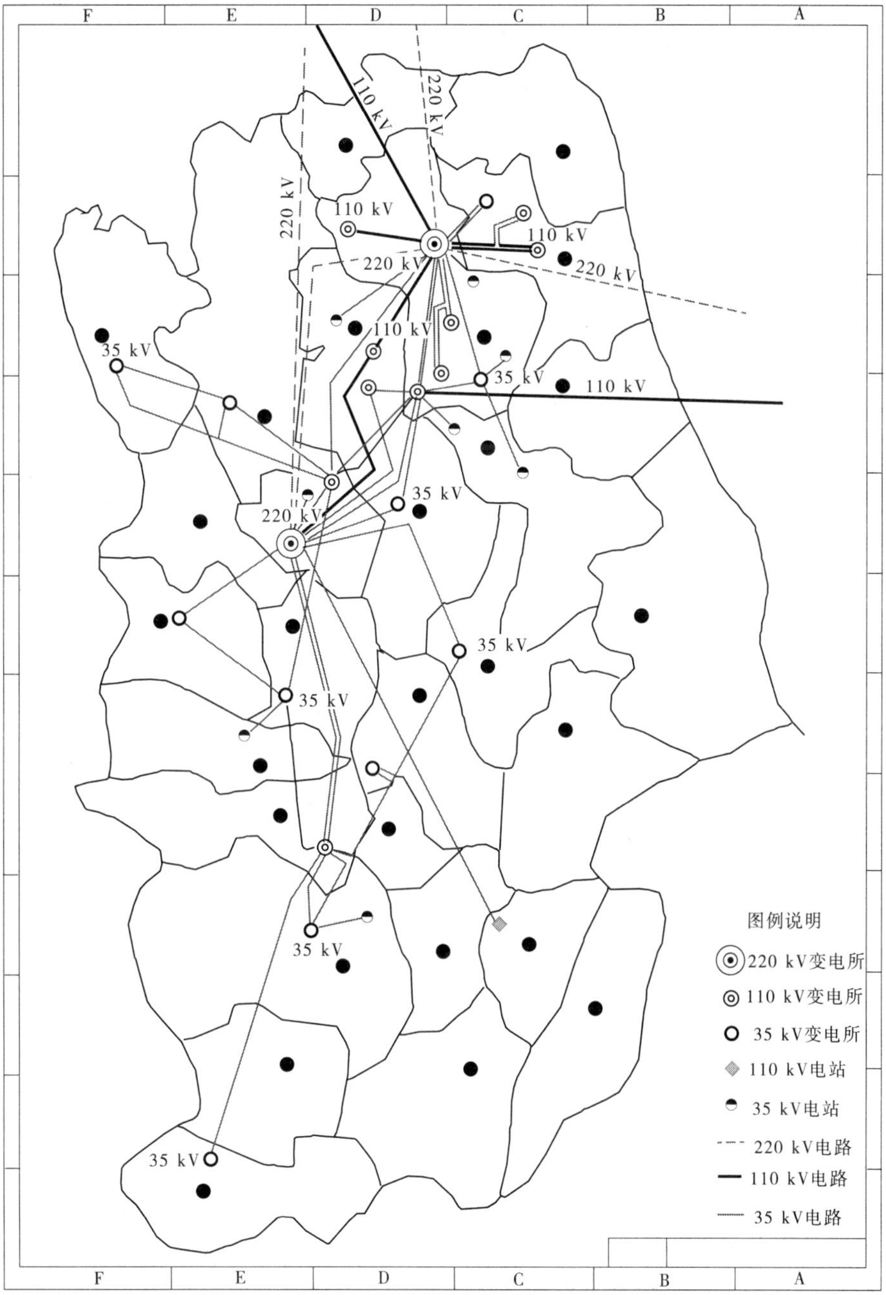

图 1-3　电力系统地理接线图

第二节　电能生产的特点

电能的生产、输送、分配和使用过程有自己的特点，主要体现在快速性、重要性和同时性等方面，具体如下：

(1)电能不能大量储存。电能的生产、输送、分配和消费是在同一时间完成的。在任何时刻,电力系统中所有发电厂发出的功率之和必须等于所有用电设备所消耗的功率之和(包括厂用电以及各种功率损耗)。电能不能大量储存,即发电、供电和用电的同时性,是电能生产的最大特点。

(2)电能生产与国民经济各部门和人民生活有着极密切的关系。国民经济各部门以及人民生活都广泛使用电能,电能具有极其重要的作用。中断或减少电能供应将影响国民经济的各个部门,造成巨大的损失。

(3)过渡过程十分迅速。电能的传播速度接近于光速。电力系统从一种运行方式转换到另一种运行方式所引起的电磁和机电方面的变化过程也十分迅速。电力系统中的设备投入或切除操作瞬时完成;电力系统中的故障,如线路发生短路故障、并联的发电机失去稳定等,变化过程十分短暂。所以,必须采用各种自动装置来迅速而准确地进行各项调整和操作。电力系统的这个特点给运行和操作带来许多复杂的课题。

(4)电力系统的地区特点较强。电力系统的电源结构与资源分布及其特点有关,某地区的负荷结构与当地的工业布局、城市规划以及电气化水平等有关,输电线路的电压等级、线路配置等和电源负荷之间的距离、负荷的集中程度等因素有关,因此各地电力系统的组成不尽相同。

第三节 电力系统运行的基本要求

从电能生产的特点出发,对电力系统的运行有以下基本要求。

一、保证供电的安全可靠性

保证安全可靠地发电、供电是对电力系统运行的首要要求。供电中断将造成生产停顿、生活混乱,甚至危及人身和设备安全等。电力系统的安全性表征电力系统在发生事故的情况下短时间内维持持续供电的能力。电力系统的可靠性则是电力系统向用户长时间不间断持续供电的概率指标,属于电力系统规划设计的范畴。

尽管要求电力系统安全可靠地运行,但实际电力系统运行时,停电总是难以绝对避免的。为此,根据用电负荷对供电可靠性的要求不同,将负荷分级。目前,我国将负荷分为以下三级:

(1)第一级负荷。对这类负荷中断供电将造成极为严重的后果,如危及人身安全、使工业生产中的关键设备遭到难以修复的损坏、生产秩序长时间不能恢复正常、造成国民经济重大损失、使市政生活的重要部门发生混乱等。

(2)第二级负荷。对这类负荷中断供电将造成大量减产,使人民的正常生活受到影响等后果。

(3)第三级负荷。不属于第一级、第二级的负荷,如工厂的附属车间、小城镇和农村的公共负荷等。对这类负荷的短时供电中断不会造成重大的损失。

将负荷分级以后,对不同级别的负荷可以采取不同的技术措施,以满足它们对供电可靠性的要求,如第一级负荷采用闭式网供电,当供电不足时首先中断对第三级负荷的供电等。

二、保证良好的电能质量

电能质量的基本指标是电压、频率和波形。良好的电能质量包括以下几个方面：

(1)电压正常。电压偏离额定电压不超过一定范围。我国用户供电电压的允许偏移一般为额定值的 ±5%。

(2)频率正常。我国采用的额定频率为 50 Hz，正常运行时允许的偏移为 ±0.2 Hz(大系统)或 ±0.5 Hz(小系统)。

(3)电压和电流的波形为标准的正弦波，不应产生大的畸变。

(4)三相交流系统的电压、电流对称。

额定电压和频率是电气设备设计和制造的基本技术参数。电力系统运行时，若电压和频率超出允许偏移，不仅会造成废品和减产，还会影响用电设备的安全，严重时甚至会危及整个系统的安全运行。因此，电力系统的电压和频率超出允许偏移时，要采取适当的电压调整和频率调整手段。这些具体内容将在后面章节中详细介绍。

三、保证电力系统运行的经济性

电力系统运行的经济性指标包括发电厂的煤耗率(或水耗率)、厂用电率和电力网的损耗率。

提高电力系统运行的经济性，要求在电能的生产、输送和分配过程中减少耗费，提高效率，同时也要求用户采用高效率、低损耗的用电设备。

总之，安全可靠、优质、经济地发电和供电是对电力系统运行的基本要求。但是，这些要求是相互联系和制约的：一个供电不安全可靠的电力系统谈不上优质和经济；电能质量低下的电力系统既不安全也不经济；片面地追求经济性可能会影响电能质量和运行安全。因此，对于一个具体的电力系统，应结合负荷的性质，全面衡量、统筹兼顾三方面的要求。合理的做法是：在安全可靠的前提下，保证质量，力求经济。

第四节　电力系统的发展及形成大型电力系统的优点

一、电力系统的发展

(一)国外电力系统的发展情况

1831 年，法拉第发现电磁感应定律后，出现了交流发电机、直流发电机和直流电动机及直流输电。当时输送的只是 100 ~ 400 V 的低压直流电，输送的距离很短，仅作照明用电。

1882 年，第一次出现输电线路。法国科学家德普勒将 1 500 ~ 2 000 V 直流电从密斯巴赫水电站送到慕尼黑，距离为 57 km，输送功率约 2 kW。

1883 年，出现了 6 000 V、112 km、200 kW 的高压直流输电试验。

随着输送功率和距离的增加，要求送电的电压不断提高，而直流发电机和电动机遇到换向和绝缘的困难，促使人们注意交流电的应用。

1885 年,在制成单相变压器的基础上,实现了单相交流输电。

1891 年,在制成三相异步电动机和三相变压器的基础上,实现了三相交流输电。同年,实现了 175 km、200 kW、15 kV 的三相交流输电。这一成就奠定了现代化电力工业的基础技术。三相交流制很快显示出了优越性,代替了直流制。

1952 年,瑞典首先建成了 380 kV 超高压输电线路,全长 620 km,输送功率 45 万 kW。

1956 年,苏联从古比雪夫到莫斯科的 400 kV 线路投入运行,全长 1 000 km,并于 1959 年升压至 500 kV,首次使用 500 kV 输电。

1965 年,加拿大首先建成 735 kV 的输电线路。

1969 年,美国实现了 765 kV 的超高压输电。

随着交流电力系统的不断扩大,系统中同步发电机并列运行的稳定性问题日益严重,交流电缆的输送容量又受到充电电流的限制。1960 年,出现可控硅换流技术,高压直流输电技术得到进一步发展。高压直流输电在远距离输电、海底电缆送电和交流系统间的非同步联系等方面明显优于交流输电。

1965 年,苏联建成 ±400 kV 的超高压直流输电线路,此后美国、加拿大等国又建成 ±500 kV直流输电线路。

1985 年,苏联建成 ±750 kV 线路,输送距离 2 400 km,输送功率 600 万 kW,是当时世界上规模最大的超高压直流输电。

实现超高压输电需要解决许多技术课题,如绝缘强度、过电压、电晕放电等。目前超高压输电技术已经成熟,并为许多国家所普遍采用。世界上出现了许多超高压交、直流输电的大型电力系统。

(二)我国电力工业的发展情况

1. 我国电力工业发展阶段

(1)新中国成立前。从 1882 年至 1949 年,我国电力发展缓慢,全国总装机容量为 185 万 kW,年发电量 43 亿 kWh,分别排在世界第 21 位和第 25 位,而且设备陈旧,类型庞杂,效率低下,安全可靠性差。

(2)新中国成立到 2000 年。我国电力工业快速发展,建立起了较为完善、具有相当规模的电力工业体系。截至 2000 年年底,全国总装机容量达到 3 亿 kW,年发电量 13 685 亿 kWh,均位居世界第 2 位。

(3)21 世纪前 10 年。进入 21 世纪以来,我国电力工业实现跨越式发展,截至 2012 年年底,我国发电装机容量达到 11.45 亿 kW,年发电量 49 774 亿 kWh,均位居世界第 2 位。

2. 我国电网的发展

1972 年,我国首先应用了 330 kV 输电;1981 年,首次建成 500 kV 交流输电线路;1989 年 9 月,第一条 ±500 kV 直流输电线路葛洲坝—上海线路投入运行。1994 年 12 月,首条 220 kV 紧凑型输电线路(北京安定门—河北廊坊)建成投运;1999 年 3 月,首条 500 kV 紧凑型输电线路(北京昌平—房山)建成投运;2009 年 6 月,500 kV 海南海底电缆联网工程正式建成投产;2009 年 1 月 6 日,晋东南—南阳—荆门 1×10^3 kV 特高压交流试验示范工程正式投运,这是我国乃至世界电网发展史上的重要里程碑;2010 年 7 月 8 日,向家坝—上海 ±800 kV 特高压直流输电示范工程投入运行，代表了当今世界高压直流输电技术的最高水平。“十二五”期间，建设哈密—河南 ±1 100 kV 直流输电工程，将哈密煤电和风电打捆外送；建设准东—重庆 ±1 100 kV 直流输电工程，满足煤电基地电力外送。截至 2011 年年底，全国 220 kV 以上输电线路回路长度达到 48 万 km，电网规模已居世界第一位。

目前，全国已经形成了东北电网、华北电网、华中电网、华东电网、西北电网和南方电网 6 个跨省的大型区域电网，并基本形成了完整的长距离输电电网网架。电网主网架如图 1-4 所示。其中，华东、华北、华中、东北 4 个区域电网和南方电网已经形成了 500 kV 的主网架，330 kV 电网主要作为西北地区内的省网主网架，750 kV 电网主要作为西北地区跨省联网送电线路，220 kV 电网主要作为西藏地区主网架。

图 1-4　我国电网主网架示意图(黑体字为国家电网)

根据我国电力发展规划，进一步加大“西电东送”工程的规划和建设，形成“南、中、北”三大通道：一是将贵州乌江、云南澜沧江和广西、云南、贵州三省区交界处的南盘江、北盘江、红水河的水电资源以及贵州、云南两省坑口火电厂的电能开发出来送往广东，形成南部通道；二是将三峡和金沙江干支流水电送往华东地区，形成中部通道；三是将黄河上游水电和山西、内蒙古坑口火电送往京津唐地区，形成北部通道。

根据国家电网公司网站数据，至 2012 年年底各电网装机容量及分类构成如表 1-1 所示。

表 1-1　国家电网公司发电装机容量(截至 2012 年年底)

单位名称	发电设备容量(万 kW)								
	合计	水电	火电	核电	风电	太阳能	生物质能	地热	潮汐
公司合计	88 306.43	16 816.46	65 806.63	639.60	4 708.49	318.45	11.00	2.72	1.79
华北电网	19 499.41	635.92	17 540.86		1 306.25	12.32	1.47		1.40
华东电网	23 278.20	2 515.09	19 669.23	639.60	402.82	47.74	3.23		0.39
华中电网	23 448.88	10 260.22	13 108.17		77.09	2.80	0.61		
东北电网	10 644.41	844.44	7 961.44		1 831.85	1.00	5.69		
西北电网	11 334.22	2 506.93	7 490.22		1 090.49	246.58			
西藏公司	101.31	53.87	36.70			8.01		2.72	

近年来，可再生能源得到大多数国家的高度重视，许多国家制定了支持可再生能源发展的法律和优惠政策，可再生能源成为世界能源中发展最快的领域。目前，水电已是能源供应体系中的重要组成部分；风电、太阳能、生物质能技术基本成熟，正处于快速发展时期；生物液体燃料对替代石油、发展农业经济的作用日益显著。我国有丰富的可再生能源资源，在水电、沼气、太阳能利用方面已取得了显著成效，近年来加快了风电、生物液体燃料和太阳能发电的发展，开发利用可再生能源已成为我国缓解能源供需矛盾、减轻环境污染、调整能源结构、转变经济增长方式和促进社会主义新农村建设的重要途径。在"十二五"期间，我国将积极推进技术较成熟、开发潜力大的风电、太阳能发电和生物质能发电等可再生能源发展；加快分布式可再生能源发电建设，解决偏远农村地区用电问题；促进可再生能源技术和产业发展，提高可再生能源技术研发能力和产业化水平，力争2020年我国风电技术处于世界领先水平，2030年我国太阳能技术处于世界领先水平。

智能电网作为世界电网发展的基本方向，也将成为我国"十二五"及以后电网建设的重点。智能电网是将现代先进的传感测量技术、通信技术、信息技术和控制技术等应用于电网，形成先进技术与物理电网高度集成的现代化电网，以实现电力行业的大变革。

二、形成大型电力系统的优点

各孤立运行的发电厂通过电力网连接起来，形成并联运行的电力系统。这在技术经济上带来很多好处，归纳起来有以下几个方面。

（一）提高供电可靠性和电能质量

通常孤立运行的发电厂必须装设一定的备用容量（一般为总容量的10%～15%，且不小于最大一台机组的容量），以防止机组检修或事故时中断对用户的供电。如果形成电力系统，则备用机组台数较多，几台同时发生故障的机会很少；而且个别机组故障对系统的影响也比较小，因此提高了供电的可靠性；形成电力系统后容量增大，则个别机组和负荷的变动不会引起电压和频率的显著变化，因而电能的质量也有所改善。

（二）合理利用能源，提高运行的经济性

水力发电厂、火力发电厂、潮汐电站、热能站、核电站以及风力发电厂等的发电机在大型电力系统中并列运行，可以合理地利用各种能源。例如，河流的天然流量与降水量有关，一般夏季为丰水期，冬季为枯水期。若一个水电厂孤立运行，丰水期可能弃水，枯水期可能来水过少而发电量减少。水力发电厂并入电力系统后，丰水期可以让水力发电厂尽量多发电，让火力发电厂少发电。这样，既充分利用了水力资源，又降低了火力发电厂的煤耗量；既降低了电能成本，又提高了运行的经济性。

核能发电厂的特点是基建投资大而运行费用低。核电站既不受气候的影响，也不受燃料运输条件的限制，但其允许负荷波动小，因此只有在大型电力系统中才有可能得以运行。

（三）减少系统的总装机容量

由于地区东西方向有时差，南北方向有季差，所以不同地区的负荷性质、最大负荷出现的时间不同。电力系统的综合最大负荷小于各个发电厂单独供电时最大负荷的总和，因此形成电力系统可以相应地减少总的装机容量。

（四）便于安装大型机组

电力系统中单台发电机组的经济装机容量与电力系统总容量及负荷增长速度等因素有关。一般认为，1 000 万 kW 以上的电力系统中最经济的机组单机容量为系统容量的 6% ~10%。机组单机容量小于这个比例不经济，大于这个比例则会造成系统设备运行和检修的困难。因此，形成大型电力系统，增大系统总容量，可以按比例地增大单机容量。大型机组每千瓦设备的投资、生产每度电能的燃料消耗及维护费用都比小型机组少。

第五节　电力网

一、电力网的接线方式

按供电可靠性不同，电力网的接线方式可分为无备用接线和有备用接线两大类。

（一）无备用接线

在无备用接线的网络中，负荷只能从一个方向获得电能，如图 1-5（a）所示。无备用接线的特点是：接线简单、经济、运行方便，但供电可靠性较低，并且当线路较长时，线路末端的电压往往偏低。

（二）有备用接线

在有备用接线的网络中，负荷能从两个或两个以上方向获得电能，如图 1-5（b）所示。常见的有双回路、环形网络、两端供电网络。有备用接线的特点是：供电可靠性较高，但投资较大，运行操作比较复杂。

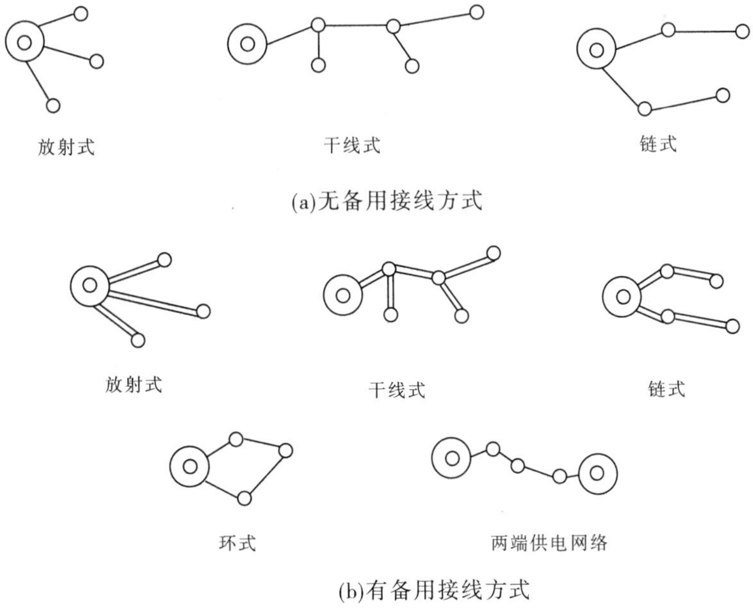

图 1-5　电力网接线方式

二、电力网的额定电压等级

对于三相交流系统，输电线路传输的功率 S 和线电压 U、线电流 I 之间的关系为

$$S = \sqrt{3}UI \tag{1-1}$$

$$I = \frac{S}{\sqrt{3}U} \tag{1-2}$$

当输送功率一定时，输电电压越高，电流越小，从而在电力网中产生的电压损耗和电能损耗也越小（详见第四章电力系统潮流计算），且输电导线的截面也可以较小。所以，为了提高电网的输电容量和距离，需要提高输电电压。但电网电压越高，对绝缘的要求也越高，电气设备的绝缘投资就越大。因此，对应一定的输电距离和输送功率，应确定一个在技术上和经济上均较合理的电压；反之，确定一个电压，也对应一个在技术上和经济上合理的输电距离和输送功率。

为了标准化、系列化地制造电力设备，便于电力设备的运行、维护和管理，我国国家标准规定了电力网的额定电压等级（见表 1-2）和电气设备的额定电压。经验表明：在同一个地区、同一个电网内，电压等级不宜过多。110 kV 及以下，电压级差一般在 3 倍以上；110 kV 以上，电压级差一般在 2 倍左右。选择电力网电压，应根据输电距离和输送功率经过技术经济比较确定。

表 1-2　电力网额定电压等级及其适用范围

额定电压等级（kV）	经济输送容量（MW）	经济输送距离（km）	适用范围
0.38	0.1 以下	0.6 以下	低压动力与三相照明
3	0.1 ~ 1.0	1 ~ 3	高压电动机
6	0.1 ~ 1.2	4 ~ 15	发电机电压、高压电动机
10	0.2 ~ 2.0	6 ~ 20	配电线路、高压电动机
35	2.0 ~ 10	20 ~ 50	县级输电网、用户配电网
110	10 ~ 50	30 ~ 150	地区级输电网、用户配电网
220	100 ~ 200	100 ~ 300	省、区级输电网
330	200 ~ 500	200 ~ 600	省、区级输电网和联合系统输电网
500	400 ~ 1 000	150 ~ 850	省、区级输电网和联合系统输电网

三、电力网的分类

（一）根据接线方式分类

根据接线方式不同，电力网可以分为单端电源供电网（又称为开式网）、两端电源供电网（包括环网）以及多端电源供电网（又称为复杂网）。

（二）根据电压等级和供电范围分类

根据电压等级的高低和供电范围的大小，电力网可以分为地方电力网、区域电力网以及超高压远距离输电网络。地方电力网一般电压等级小于 110 kV，输送距离一般在几十千米内，主要为一般城市、工矿业、农村配电网络；区域电力网一般电压等级为 110～220 kV，输送距离在几十至几百千米；超高压远距离输电网络电压等级为 330 kV、500 kV 以及 750 kV，它将远距离大容量发电厂的电能送往负荷中心，同时联系几个区域电力网形成联合电力系统。

（三）根据电力网的职能分类

按其职能不同，电力网可以分为输电网和配电网。

1. 输电网

输电网将大容量发电厂的电能输送到负荷中心地区。其通常由电力系统中电压等级最高的一级或两级电力线路组成，是电力系统中的主要网络（简称主网），起到电力系统骨架的作用，所以又称为网架。在一个现代电力系统中，既有超高压交流输电，又有超高压直流输电，通常称为交、直流混合输电系统。对输电网的接线方式，要求有足够的可靠性。

2. 配电网

配电网是将电能从枢纽变电站直接分配到用户区或用户的电网，它将电力分配到配电变电站后再向用户供电；也有一部分电力不经配电变电站直接分配到大用户，由大用户的配电装置进行配电。配电网接线方式主要取决于负荷的性质。无备用接线只适用于向第三级负荷供电。对于第一级负荷和第二级负荷占较大比重的用户，应该采用有备用接线。

四、电力网的结构

在电力系统中，电力网按电压等级的高低分层，按负荷密度进行地域分区。不同容量的发电厂和用户分别接入不同电压等级的电网。大容量主力发电厂应接入主网，较大容量的发电厂应接入较高电压等级的电网，容量较小的发电厂接入较低电压等级的电网。配电网按地区划分，一个配电网担负分配一个地区的电力以及向该地区供电的任务。它一般不与邻近的地区配电网直接进行横向联系，若要联系，则通过高一级的输电网联系。不同电压等级电网的纵向联系通过输电网逐级降压形成。不同电压等级的电网要避免电磁环网。一个大型的电力系统总是由许多子系统发展、互联而成的。子系统通过输电线路连接，形成互联电力系统。连接两个电力系统的输电线路称为联络线。

图 1-6 所示为电力网分层结构示意图。

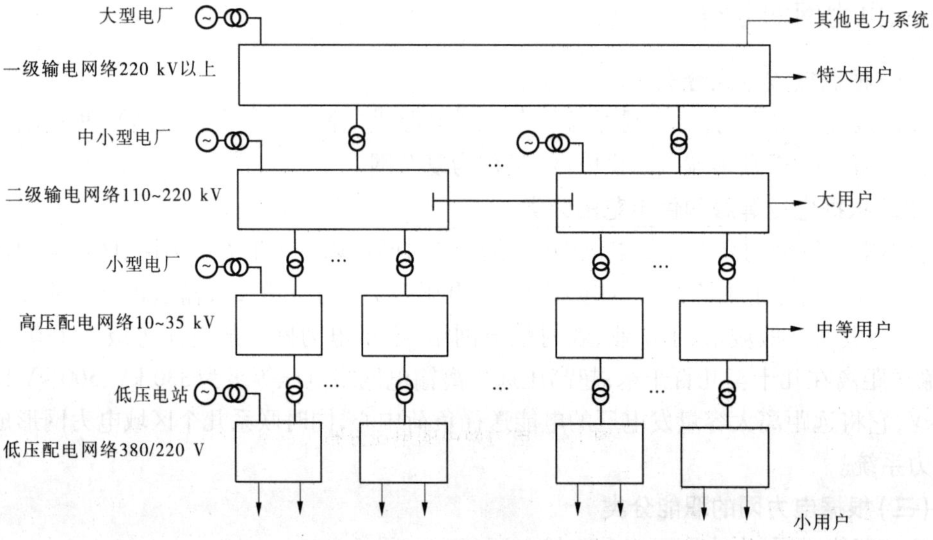

图 1-6　电力网分层结构

第六节　电力系统额定频率和电气设备额定电压

电气设备都是按照指定的频率和电压设计、制造的。这个指定的频率和电压为电气设备的额定频率和额定电压。电气设备在额定频率和额定电压下运行具有最佳的技术经济性能。

目前,世界上电力系统的额定频率有 60 Hz 和 50 Hz 两种。例如,美国等国家采用 60 Hz,我国采用 50 Hz。正常运行的电力系统,频率为额定频率(或在允许的偏移范围之内),全网统一;电压则各不相同,即使在同一个电压等级的电力网中,各点电压也不尽相同。例如,输电线路运行时,线路首端电压最高,沿线电压逐点下降,线路末端电压最低。如果输送的功率大小随时间变化,则线路各点的电压大小也随着时间发生变化。

图 1-7 所示为同一个电压等级(U_N)的电力网中的电压分布示意图。各点电压变化如下:线路输电时,在线路阻抗上存在电压损耗,线路电压逐点下降。因为电压损耗与电流成正比,所以沿线各点的电压呈直线下降,如图 1-7 中线段 U_aU_b 所示。以额定电压 U_N 为基准,线路的电压损耗一般不超过 10%(线路设计时控制);为满足沿线各点用电设备对电压质量的要求,沿线各点电压偏移不应超过 ±5%。因此,应将线路首端电压提高 5%,才能保证这个电网的电压质量。

根据上述分析,结合发电机、变压器、线路以及用电设备等在电力网中所处的位置,对它们额定电压的规定如表 1-3 所示。

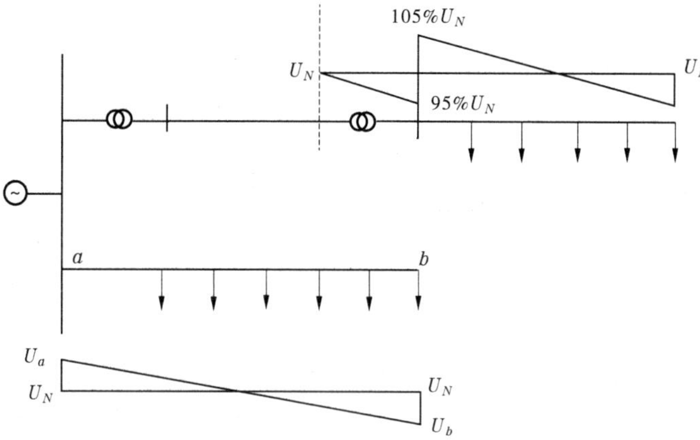

图 1-7　电力网中的电压分布

表 1-3　电气设备额定电压　　(单位: kV)

额定电压等级	用电设备额定电压	交流发电机额定电压	变压器一次绕组额定电压		变压器二次绕组额定电压	
			升压变压器	降压变压器	高阻抗变压器	低阻抗变压器
3	3	3.15	3.15	3	3.3	3.15
6	6	6.3	6.3	6	6.6	6.3
10	10	10.5	10.5	10	11	10.5
		13.8	13.8			
		15.75	15.75			
		18	18			
35	35			35	38.5	
60	60			60	66	
110	110			110	121	
220	220			220	242	
330	330			330	363	
500	500			500	550	

下面作具体说明:

(1)电力线路的额定电压和电力网的额定电压相等。

(2)用电设备的额定电压和电力线路的额定电压相等,因为用电设备总是和电力线路相连的,两者应一致。

(3)发电机的额定电压比电力线路的额定电压高5%,因为发电机总是接在电力线路的首端,而且发电机可能通过直馈线路向负荷供电,考虑沿线的电压损耗不超过10%,首端提高5%,可使末端的电压不低于额定值的95%。

(4)变压器具有双重性:一次侧接受电能(升压变压器从发电机接受电能,降压变压器从线路接受电能)，类似于用电设备；二次侧送出电能，类似于发电机。所以规定：

①升压变压器一次绕组额定电压与发电机的额定电压相等，比相连的电力线路额定电压高5%，因为升压变压器的一次绕组直接与发电机相连；降压变压器一次绕组额定电压与电力线路的额定电压相等，因为降压变压器一次绕组直接与电力线路相连。

②变压器二次绕组额定电压应比电力线路电压高10%(由于变压器二次绕组额定电压定义为空载电压，当变压器满载时，内部电压损耗约为额定电压的5%，再加上位于首端高5%，共10%)；如果变压器的电抗小(短路电压小于7.5%)或二次绕组线路短(如直接与用户连接)，则二次绕组额定电压比电力线路额定电压高5%。

除表1-3所列的额定电压外，电力系统分析计算中还要用到另一类额定电压——平均额定电压，其值大约为额定电压的1.05倍，如表1-4所示。在一些场合，如计算电力系统的短路电流，常采用平均额定电压。这样计算比较方便，又不至于引起很大的误差。

表1-4　和额定电压对应的平均额定电压　(单位：kV)

额定电压	3	6	10	35	110	220	330	500
平均额定电压	3.15	6.3	10.5	37	115	230	345	525

第七节　电力系统的运行状态和中性点接地方式

一、电力系统的运行状态

现代电力系统的特点是大机组、高电压、大电网、电网互联以及交、直流远距离输电等，因而其结构复杂，覆盖不同环境的辽阔地域。在电力系统运行时，许多因素(如电力负荷随机变化、外界自然灾害等各种干扰、设备缺陷和人员素质等)会造成其设备故障和运行条件发生变化。

电力系统的运行状态由电压、电流、功率和频率等一些运行参数表征。从电路的角度观察，电力系统运行可以分为正常运行状态和异常运行状态。其中，正常运行状态又分为安全状态和警戒状态；异常运行状态又分为紧急状态和恢复状态。电力系统运行包括了所有这些状态及其相互之间的转换。

在正常运行状态下，电力系统中有功功率和无功功率的供给和需求达到平衡；电力系统的各母线电压和频率均在正常运行的允许偏差范围之内；各电源设备和输配电设备均在规定的限额内运行；电力系统有足够的旋转备用和紧急备用以及必要的调节手段，使系统能承受正常的干扰(如无故障开断一台发电机或一条线路)，而不会产生系统中各设备的过载，或电压、频率偏差超出允许范围。在正常运行状态下，电力系统对不大的负荷变化能通过调节手段，从一种正常运行状态连续变化到另一种正常运行状态；还能在保证安全运行的条件下，实现电力系统的经济运行。

电力系统遭受严重的故障(或事故)，其正常运行状态将被破坏，进入紧急状态(事故状态)。电力系统的严重故障主要有短路故障、突然跳开大容量发电机或大的负荷引起电力系统的有功功率和无功功率严重不平衡、发电机失步(不能保持同步运行)等。电力系统出现紧急状态将危及其安全运行,引起的事故主要包括频率下降、电压下降、线路和变压器过负荷、系统出现稳定问题等。电力系统的稳定遭到破坏会对电力系统的安全运行产生最严重的后果,将可能导致全系统崩溃,造成大面积的停电事故。

电力系统进入紧急状态后,应及时依靠继电保护和安全自动装置有选择地快速切除故障,采取提高安全稳定性的措施,避免发生连锁性的故障、扩大事故。

在紧急状态后,借助继电保护和自动装置或人工干预,使故障隔离,事故不再扩大,电力系统基本可以稳定。这时,部分发电机或线路(变压器)仍处于断开状态,部分用户仍然停电,严重情况下电力系统可能被分解成几个独立部分,电力系统进入恢复状态。这时,要采取一系列操作,采取各种恢复出力和送电能力的措施,尽快恢复对用户的供电,使系统恢复到正常运行状态。

从控制的角度观察,电力系统可分为稳态和暂态。电力系统正常的、各运行参数变化相对较慢以至于可以忽略不计的运行状态,称为电力系统稳态。电力系统非正常的、各运行参数变化较大甚至引起系统从一种稳定运行状态向另一种稳定运行状态过渡的变化过程,称为电力系统暂态。相应地,电力系统分析也分为电力系统稳态分析和电力系统暂态分析。

二、电力系统中性点接地方式

电力系统的中性点是指三相电力系统中,电力设备(如发电机、变压器等)的三相绕组(或线圈)采用星形连接时的连接点。在正常运行时,电力系统三相对称或基本对称,中性点的对地电位为零或接近于零。在电力系统异常运行时,中性点的对地电位大小将和它的接地方式有关。

下面介绍电力系统中性点接地方式分类及其特点。

(一)中性点有效接地

中性点有效接地包括中性点直接接地和经过低阻抗接地。

电力系统中全部或部分中性点直接接地或经过低阻抗接地。当系统中发生单相接地故障时,故障点将经中性点接地支路形成回路,并有较大的故障电流流经故障回路,所以这种系统又称大接地电流系统。中性点有效接地方式的特点是:

(1)电力系统发生单相短路时,必须迅速切除故障部分。这样会造成部分负荷的供电中断,影响供电可靠性。线路装设自动重合闸装置,可以弥补这一缺点。当发生单相接地短路时,保护作用断开开关,经过一段时间后,自动重合闸装置将开关自动合闸。如果单相接地故障是瞬时性的,则线路接通后用户恢复供电;如果单相接地故障是永久性的,继电保护将再次使开关断开。

(2)单相短路时短路电流很大,对电力系统本身以及邻近的通信线路、信号线路都会造成较大的危险和干扰。

(3)在单相接地时,中性点的电位接近于零,未接地相对地电压接近于相电压。这样,设备和线路对地的绝缘可以按相电压确定,从而降低了造价。这是中性点直接接地系统的优点。

（二）中性点非有效接地

中性点非有效接地包括中性点不接地、中性点经消弧线圈接地和中性点经高阻抗接地。

电力系统中所有中性点均不接地，或部分经过高阻抗接地，或经消弧线圈接地。当系统中发生单相接地时，只有很小的故障电流，所以又称为小接地电流系统。系统中若发生单相接地故障，经线路对地电容形成回路，因而流经故障回路的电流是电容性电流。由于故障点并未流经短路电流，三相仍可维持平衡对称，所以系统仍可继续运行一段时间。当电压等级低时，网络规模小，故障电流一般都很小。当电压等级高时，网络规模扩大，接地电容性电流增大，故障点电弧不易自行熄灭，则需要在系统中部分中性点装设消弧线圈等设备。中性点非有效接地方式有如下特点：

（1）主要优点：系统中的单相接地故障能瞬时自动消除，或在系统继续运行一段时间后，在有准备的情况下（如负荷转移后）切除，因而减少了停电次数，提高了供电可靠性。另外，由于接地电流小，系统故障时非有效接地系统中输电线路对邻近的通信线路的干扰也小。

（2）主要缺点：系统要带单相接地故障运行，最大相对地运行电压为线电压，使电网的绝缘水平相应增高。超高压系统中各类绝缘的费用在总造价中占的比重很大，因而采用非有效接地方式是不经济的。同时，超高压系统中输电线路长、网络大，采用消弧线圈补偿后，故障点的电流仍难以限制到较低值，因而采用非有效接地方式在技术上也不合理。

电力系统中性点接地方式的选择是一个涉及系统绝缘水平、供电可靠性、继电保护、通信危险影响和干扰影响、开关容量、避雷器配置以及系统稳定安全等，影响面较大的技术经济问题。综合各种利弊，考虑到设备制造规范的统一性，我国有关规程中明确规定：110 kV 及以上电网采用中性点有效接地方式；60 kV 及以下电网采用中性点非有效接地方式；20～60 kV 电网接地电流大于 10 A、6～10 kV 电网接地电流大于 20 A 时，都应采用中性点经消弧线圈接地方式。

三、中性点非有效接地方式分析

下面以单相接地故障为例，具体分析中性点非有效接地方式对系统的影响。

等值电路如图 1-8（a）所示的中性点不接地三相系统，电源 A、B、C 三相绕组星形连接，三相对称，C_0 表示每相线路对地电容的大小。

在系统正常运行时，系统电源各相对地电压 $\dot{U}_A$、$\dot{U}_B$、$\dot{U}_C$ 三相对称，如图 1-8（b）所示。各相线路对地电容支路存在电容电流，三相电容电流相量之和等于零，地中没有电容电流，中性点的对地电压为 $\dot{U}_0=0$。

当系统发生单相接地故障时，为简单起见，假设 C 相发生单相金属性接地故障，各相故障电压分别以 $\dot{U}_{Ad}$、$\dot{U}_{Bd}$、$\dot{U}_{Cd}$ 表示，则故障后各电压为：

（1）C 相线路电压下降，故障电压为零，即 $\dot{U}_{Cd}=0$。

（2）中性点电压 $\dot{U}_0=-\dot{U}_C$，因为电源 C 相电压仍然保持 $\dot{U}_C$ 不变，$\dot{U}_C=\dot{U}_{Cd}-\dot{U}_0$。

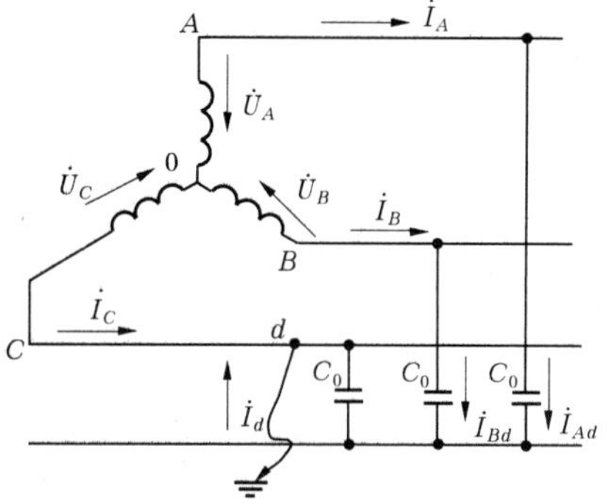

(a)等值电路及电流分布

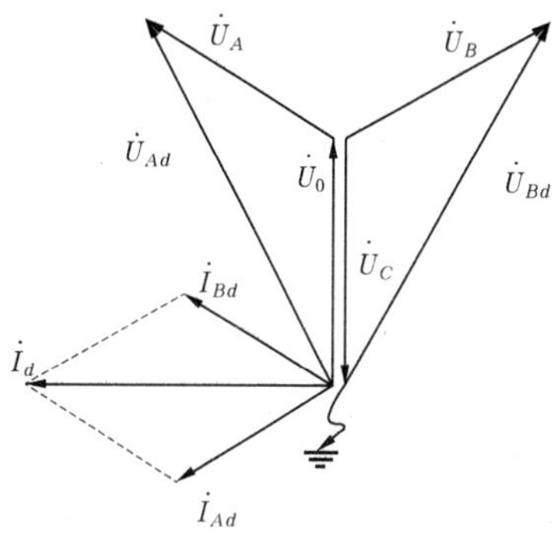

(b)电压、电流相量关系

图 1-8　中性点不接地系统单相金属性接地

(3)A 相故障电压 $\dot{U}_{Ad} = \dot{U}_A + \dot{U}_0 = \dot{U}_A - \dot{U}_C = \dot{U}_{AC}$，因为电源电压 $\dot{U}_A = \dot{U}_{Ad} - \dot{U}_0$。

(4)B 相故障电压 $\dot{U}_{Bd} = \dot{U}_B + \dot{U}_0 = \dot{U}_B - \dot{U}_C = \dot{U}_{BC}$。

可见，C 相发生单相金属性接地故障时，非故障的 A 相、B 相电压均上升为线电压，而三相线电压 $\dot{U}_{AB}$、$\dot{U}_{BC}$、$\dot{U}_{CA}$ 仍保持大小不变、三相对称。

C 相发生单相金属性接地故障后，因为各相电压 $\dot{U}_{Ad}$、$\dot{U}_{Bd}$、$\dot{U}_{Cd}$ 不再三相对称，所以三相电容电流相量之和不为零。它构成接地点的短路故障电流，相量图如图 1-8(b)所示。C 相电容电流为 $\dot{I}_{Cd} = 0$，短路故障电流 $\dot{I}_d = \dot{I}_{Ad} + \dot{I}_{Bd}$，大小为

$$I_d = \sqrt{3} \cdot \sqrt{3} \cdot U_\varphi \omega C_0 = 3U_\varphi \omega C_0 = 3I_{C0} \tag{1-3}$$

式中　U_φ ——相电压；

C_0 ——每相对地电容；

ω ——系统角频率；

I_{C0} ——正常运行时，每相对地电容电流大小。

由式(1-3)可知，电力系统发生单相金属性接地时，通过接地点的短路故障电流为正常运行时每相对地电容电流的 3 倍。

综上分析，中性点不接地三相电力系统发生单相接地故障时，有如下结论：

(1)非接地相对地电压升高。金属性接地时，非接地相对地电压升高为线电压。所以，在中性点不接地三相系统中，相对地的绝缘水平应根据线电压来设计。

(2)线电压保持不变，三相系统可继续供电。但应发出故障信号，尽快查清并消除故障，一般允许再持续时间不超过 2 h。这是中性点不接地系统的最大优点。

(3)通过接地点的电流为电容电流，其大小为正常时每相电容电流的 3 倍。这种电容电流可能周期性地熄灭和重燃，在接地点引起“弧光接地”。“弧光接地”的持续间歇很危险，可能引起线路的谐振现象而产生过电压，损坏电气设备或发展成为相间短路。

解决上述中性点非有效接地系统单相接地电流大、“弧光接地”问题，可采用中性点经消弧线圈接地的方式。

消弧线圈,由德国彼得森教授于 1916 年首创,故又名彼得森线圈,实为一个有很多抽头的线性电感线圈,下面分析消弧线圈的消弧原理。

如图 1-9(a)所示为中性点经消弧线圈接地系统,设线圈电感为 L。系统正常运行时,中性点电位为零,消弧线圈中没有电流。当发生单相接地故障时,以 C 相金属性接地为例,因为中性点电位 $\dot{U}_0 = -\dot{U}_C$,大小为相电压,则在消弧线圈中有电流 $\dot{I}_L$ 通过。接地点的电流为 $\dot{I}_L$ 和 $\dot{I}_d$ 之和。因为 $\dot{I}_L$ 为电感性,超前 $\dot{U}_0$,而短路电流 $\dot{I}_d$ 为电容性,滞后 $\dot{U}_0$,所以 $\dot{I}_L$ 与 $\dot{I}_d$ 的方向相反,如图 1-9(b)所示。因此,故障点原来的电容性短路故障电流可以被消弧线圈中的电感性电流所补偿。当消弧线圈正确调节时,电感电流与电容电流数值接近,故障点电流降至较低的数值,使电弧容易熄灭;在电弧熄灭以后,由于消弧线圈的存在,故障点弧道两端的电压上升缓慢,使电弧不易重燃,从而起到消弧作用。

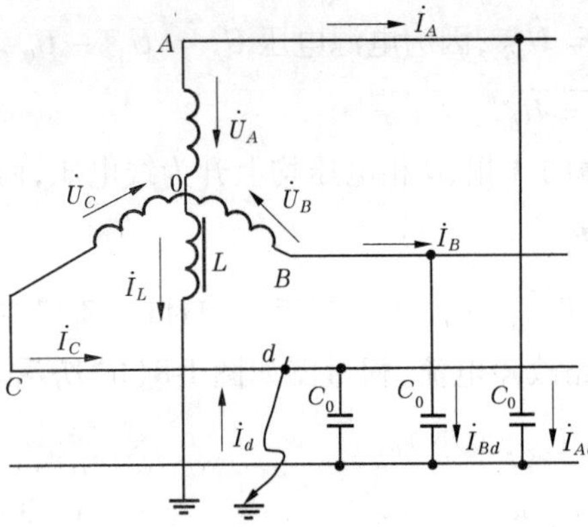

(a)等值电路及电流分布

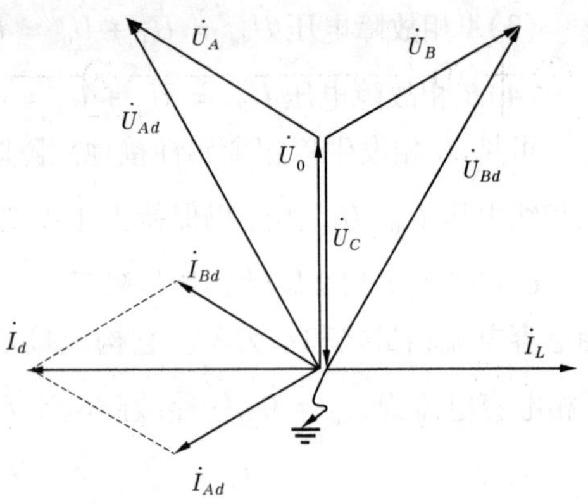

(b)电压、电流相量关系

图 1-9　中性点经消弧线圈接地系统单相金属性接地

根据消弧线圈的电感电流对短路电流的补偿程度不同,可分为三种补偿方式:

(1)全补偿:使 $I_L = I_d$,接地点电流为零。但实际系统中并不采用这种补偿方式,因为可能引起串联谐振过电压,危及电网的绝缘。

(2)欠补偿:使 $I_L < I_d$,接地点的电流仍然为容性。实际系统中也很少采用这种补偿方式,原因是在检修事故、切除部分线路或系统频率降低等情况下,可能使系统接近或达到全补偿方式,以致出现串联谐振过电压。

(3)过补偿:使 $I_L > I_d$,接地点的电流为感性。这是常用的方法。

中性点经消弧线圈接地,保留了中性点不接地方式的全部优点。我国规定,凡不符合采用中性点不接地运行方式的 3~60 kV 系统,均可采用中性点经消弧线圈接地的运行方式。但当 6~35 kV 系统为三角形接线时,无中性点引出,不能直接安装补偿设备,因此需要设置接地变压器,投资较大。在系统配电线路的投入和退出等运行方式改变时,若无自动跟踪补偿的消弧装置,造成补偿度不够,仍将产生幅值较大的弧光接地过电压。

习 题

1-1 什么叫电力系统？电力系统、动力系统、电力网有何差别？有何联系？

1-2 电能生产的主要特点是什么？

1-3 对电力系统的运行有哪些要求？

1-4 电能质量的主要指标有哪些？各有怎样的要求？

1-5 为什么要高压输电？形成大型电力系统有何优点？

1-6 我国现行主要的电压等级有哪些？其对应的平均额定电压分别是多少？

1-7 为什么要规定额定电压？电力线路、发电机、变压器和用电设备的额定电压是如何规定的？

1-8 标出图1-10所示的电力系统各元件的额定电压。

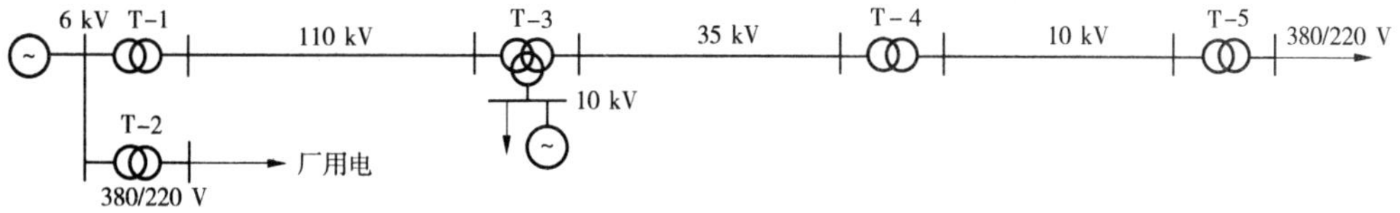

图1-10 习题1-8图

1-9 电力系统的结构有何特点？比较有备用接线方式和无备用接线方式的优缺点。

1-10 电力系统的接线图有几种？各有何特点？

1-11 电力系统的运行状态如何分类？何谓电力系统稳态？何谓电力系统暂态？

1-12 我国电力系统中性点接地方式主要有哪些？各有什么特点？

1-13 各种中性点接地方式的适用情况如何？

1-14 中性点不接地系统发生单相金属性接地时，非故障相电压为什么上升至线电压？

第二章　电力线路基本知识及机械计算

内容提要

本章介绍的主要内容有：电力线路的基本结构，导线的应力、弧垂和线长的力学分析方法（避雷线的分析方法与导线相同）。除特别指明者外，本章中导线泛指导线和避雷线。

架空电力线路必须符合经济合理、安全适用的原则。在线路设计时，必须计算导线的应力和弧垂，确定和掌握导线在各种气象条件下的应力和弧垂的变化情况，并保证当导线应力最大时，其值不超过导线强度允许值；而当弧垂最大时，要保证导线的对地安全距离，从而保证线路设计经济合理、运行安全可靠。

第一节　电力线路的基本结构

电力线路按结构型式分为架空电力线路和电力电缆线路。架空电力线路的导线用绝缘子和金具架设在杆塔上，电力电缆线路是把电力电缆埋在地下或敷设在沟道中。架空电力线路具有投资省、施工维护和检修较方便的优点，得到广泛的应用。电力电缆线路由于埋设在地下，可避免外力破坏和气象条件的影响，供电可靠性较高。

下面简要介绍这两种电力线路的结构。

一、架空电力线路

（一）架空电力线路的构成

架空电力线路的主要元件有导线、避雷线（或称架空地线）、金具、绝缘子、杆塔、拉线和基础，如图 2-1、图 2-2 所示。

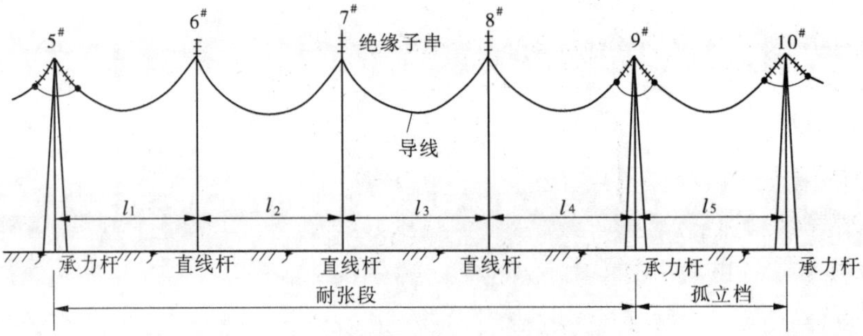

图 2-1　架空电力线路的组成

（二）架空电力线路各部件的作用和分类

1. 导线

导线是用来传导电流、输送电能的元件。

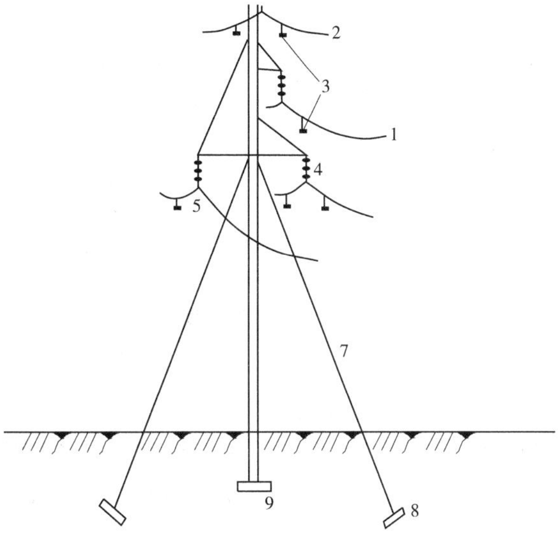

1—导线;2—避雷线;3—防振锤;4—绝缘子;5—线夹;
6—杆塔;7—拉线;8—拉线盘;9—底盘

图 2-2　架空电力线路的组成元件

一般的架空电力线路采用裸金属线,又称为裸导线。导线材料要求有良好的导电率、足够的机械强度和防腐性能。导线多为两种以上不同金属材料制成的绞线,如常用的钢芯铝绞线,如图 2-3 所示。它结合了钢和铝的材料优点,具有机械强度高、重量轻、价格便宜等特点。

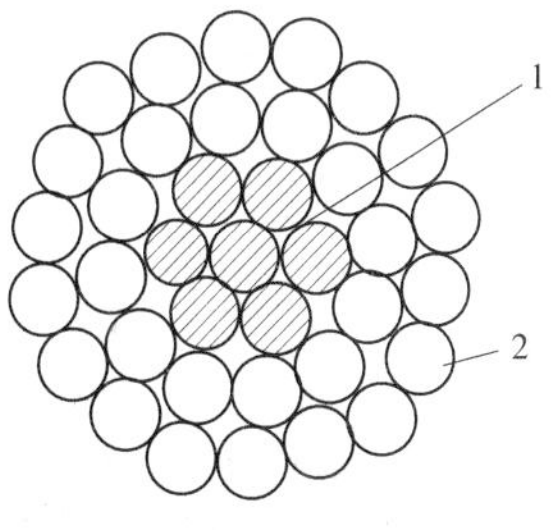

1—钢芯;2—铝线

图 2-3　钢芯铝绞线截面示意图

导线的型号由汉语拼音字母和阿拉伯数字组成。如 LGJ－50,表示普通型钢芯铝绞线,标称截面面积为 50 mm^2。

此外,还有以下几种特殊用途的导线:

(1)大档距导线:采用过硅铜线、镀锌钢线、铝包钢线等。

(2)防腐蚀导线:如镀铝钢线、钢芯涂防腐油等。

(3)自阻尼导线:又称为防振导线,可以提高运行应力而不必采取防振措施,加拿大、挪威等国已使用,已引起各国的重视。

(4)光滑导线:外径较普通导线略小,可减少导线承受的风和冰荷载,表面光滑,可减少导线舞动现象。在欧洲、美国、日本都已得到应用。

(5)分裂导线:每根导线布置在正多边形顶点上,如图 2-4 所示。分裂导线广泛用于超高压线路。其优点是:单位电抗小,其电气效果与缩短线路长度相同;单位导纳大,等于增加了无功补偿;由普通标号导线组成,制造较方便;分裂导线装间隔棒,可减少导线振动。

(6)扩径导线:这种导线是为了减少电晕损耗,增大导线直径制成的,如图 2-5 所示。

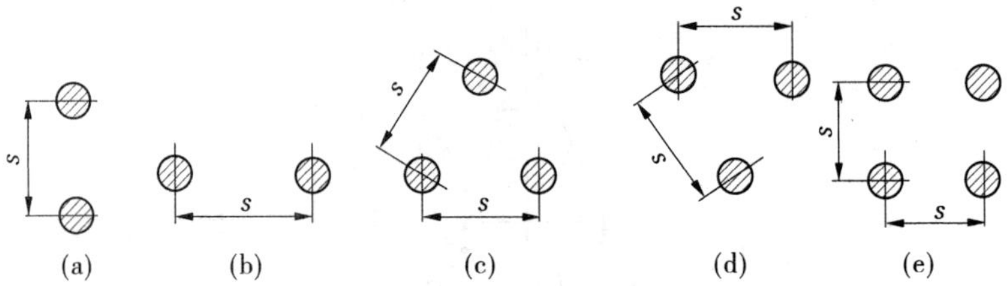

(a)双分裂垂直排列;(b)双分裂水平排列;(c)三分裂正三角形排列;
(d)三分裂倒三角形排列;(e)四分裂正方形排列

图 2-4　分裂导线示意图

2. 避雷线(架空地线)

避雷线架设在杆塔最高处,其作用如下:

(1)防止雷直击导线。

(2)雷击塔顶时对雷电流有分流作用,减少流入杆塔的雷电流,使塔顶电位降低。

(3)对导线有耦合作用,降低雷击塔顶时塔头绝缘(绝缘子串和空气间隙)上的电压。

(4)对导线有屏蔽作用,降低导线上的感应过电压。

最近在架空地线中采用通信用的光纤,这种架空地线称为光纤复合架空地线。

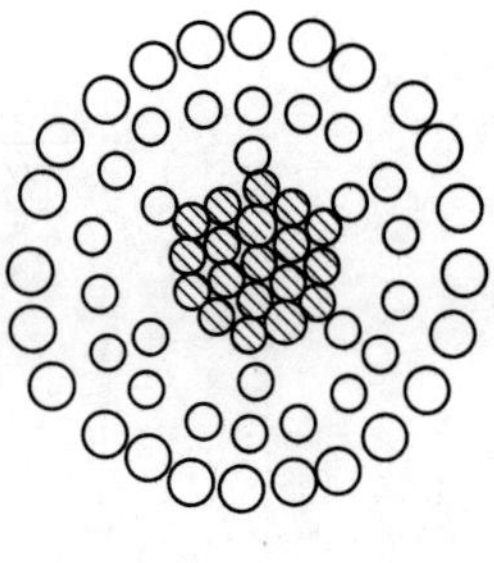

图 2-5　扩径导线

3. 金具

架空电力线路使用的金属部件总称为金具。金具主要用于支持、固定、连接导线及绝缘子串,也用于保护导线和绝缘体。它可以把导线连接在绝缘子串上,也可以把绝缘子串固定在杆塔横担上,还可以防止导线的振动。

按照性能和用途,金具可以分为线夹、连接金具、接续金具、保护金具和拉线金具 5 大类。

1)线夹

线夹分为悬垂线夹和耐张线夹两类。

悬垂线夹用于将导线固定在直线杆塔的悬垂绝缘子串上,或将避雷线悬挂在直线杆塔上,也可用于换位杆塔上支持换位导线以及非直线杆塔上跳线的固定,如图 2-6 所示。

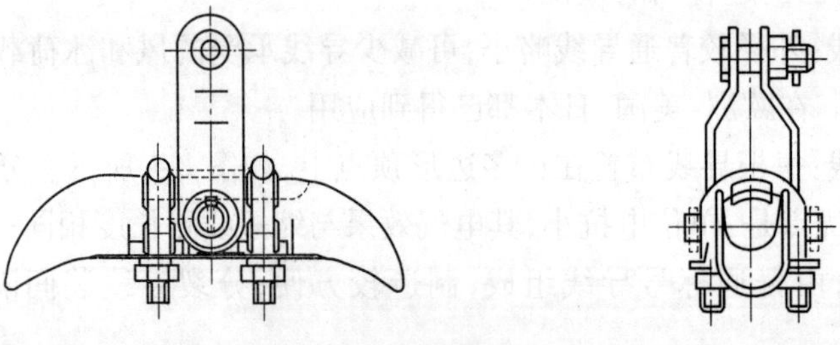

图 2-6　悬垂线夹

耐张线夹用于将导线固定在承力杆塔的耐张绝缘子串上，以及将避雷线固定在承力杆塔上，如图 2-7 所示。

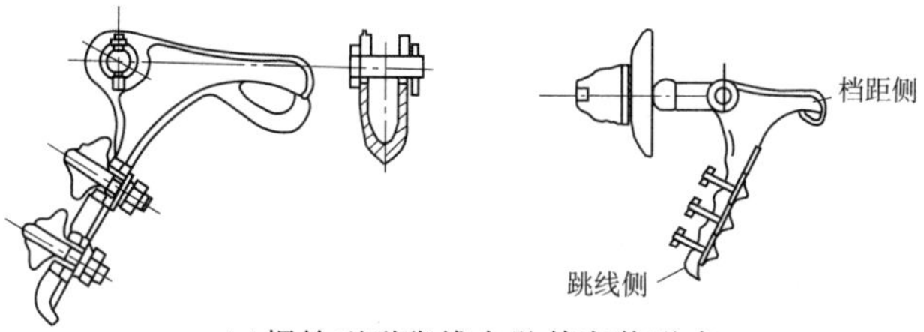

(a)螺栓型耐张线夹及其安装形式

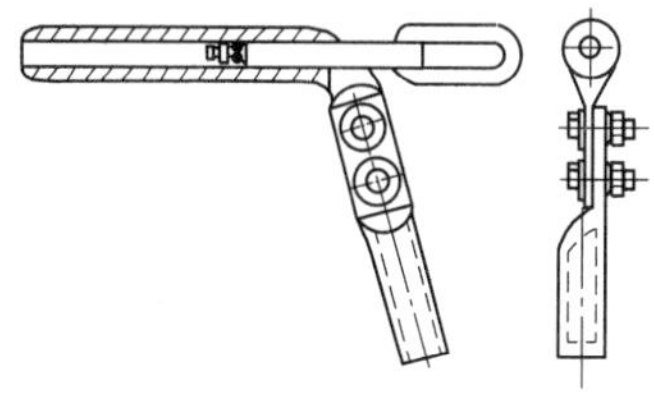

(b)压缩型耐张线夹

图 2-7　耐张线夹

2)连接金具

连接金具用于绝缘子串与杆塔和导线线夹的连接，可将悬式绝缘子连接成串，并将一串或数串绝缘子串连接或悬挂在杆塔横担上。连接金具可分为球头挂环、U 型挂环、碗头挂板、直角挂板等，如图 2-8 所示。

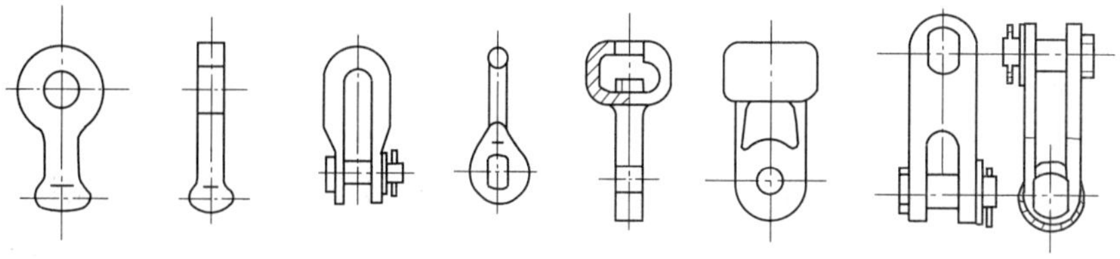

(a)球头挂环　(b)U型挂环　(c)碗头挂板　(d)直角挂板

图 2-8　常用的连接金具

3)接续金具

接续金具用于架空电力线路的导线及避雷线终端的接续、承力杆塔跳线的接续以及导线的修补等，主要为导线各种压接方式（钳压、液压、爆压等）所用的接续管及补修管、并沟线夹、预绞丝等。

导线的连接方法主要有钳接和压接，如图 2-9 所示。当导线截面面积≤240 mm^2 时，采用钳接管连接；当导线截面面积≥300 mm^2 时，采用压接管连接，例如用液压或爆压方法连接。避雷线均采用压接法连接。

4)保护金具

保护金具包括导线及避雷线的防振金具和绝缘金具。防振金具包括防振锤、护线条、阻尼线、补修条、铝包带等。绝缘金具包括间隔棒、均压环、屏蔽环、重锤等。间隔棒如图 2-10、图 2-11 所示。

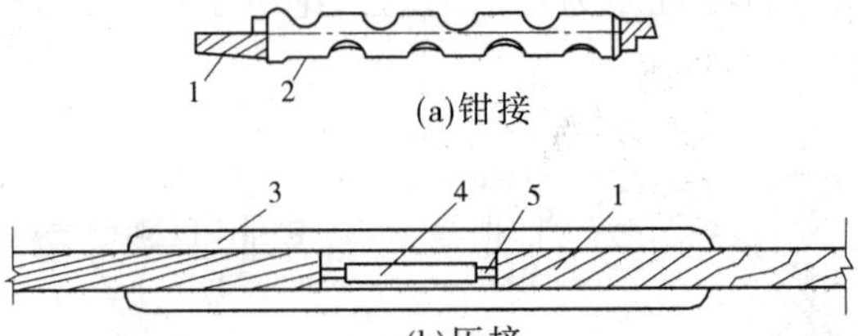

1—导线;2—钳压接续管;3—铝管;4—钢管;5—铝绞线(钢芯)

图 2-9 导线的连接方法

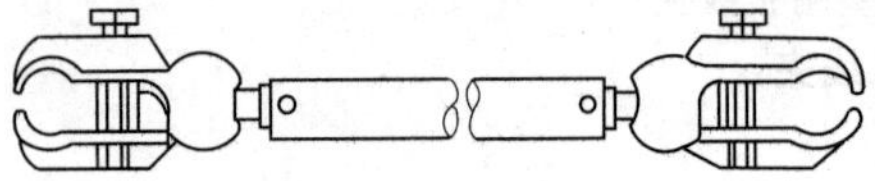

图 2-10 双分裂导线间隔棒

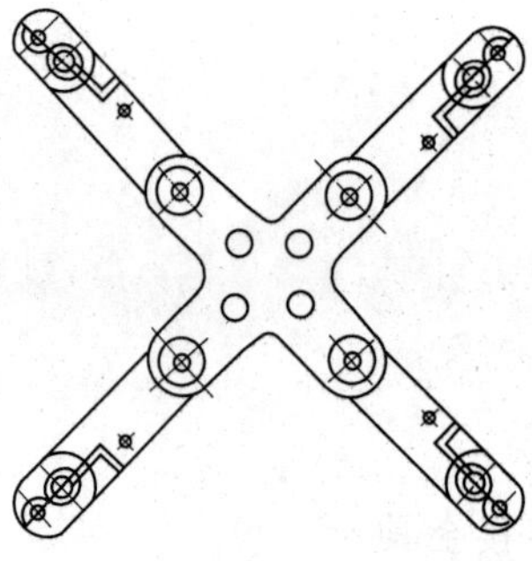

图 2-11 500 kV 四分裂导线间隔棒

防振锤可以减小振动的振幅,从而减小导线的振动,如图 2-12 所示。

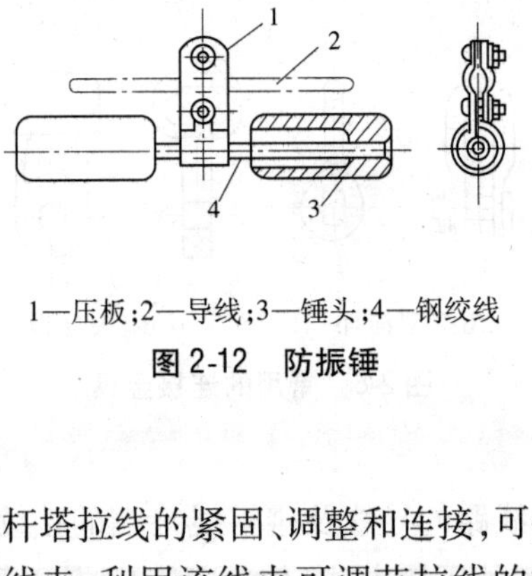

1—压板;2—导线;3—锤头;4—钢绞线

图 2-12 防振锤

5)拉线金具

拉线金具主要用于拉线杆塔拉线的紧固、调整和连接,可分为紧线、调节及连接三类。图 2-13 所示为可调式 UT 型线夹,利用该线夹可调节拉线的松紧。其中,可调式 U 型螺栓用以调节拉线的松紧,楔子与线夹本体用以固定拉线。图 2-14 所示为常用拉线的组合方法。

为了保证线路安全运行,金具的机械强度要有一定的安全系数(可参考规程 DL/T 5092—1999的相关规定)。在设计线路时,应尽量采用国家标准金具;特殊情况下,可根据使用情况另行加工。

4. 绝缘子

绝缘子用于支承或悬吊导线使之与杆塔绝缘,保证线路具有可靠的电气绝缘强度。它由绝缘部分和电极部分构成。绝缘部分常采用硬质陶瓷、玻璃或塑料等合成材料。

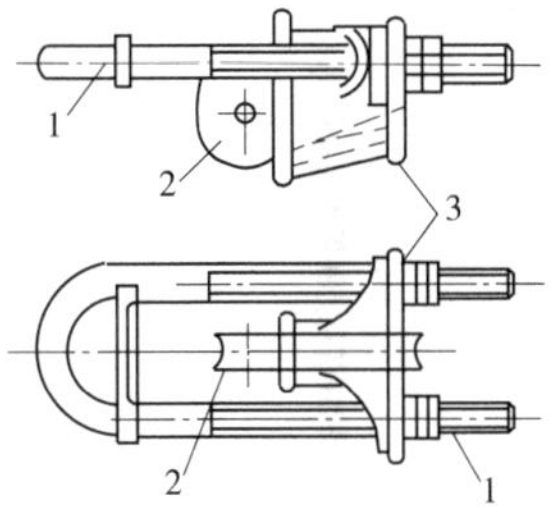

1—可调式 U 型螺栓;2—楔子;3—线夹本体

图 2-13　可调式 UT 型线夹

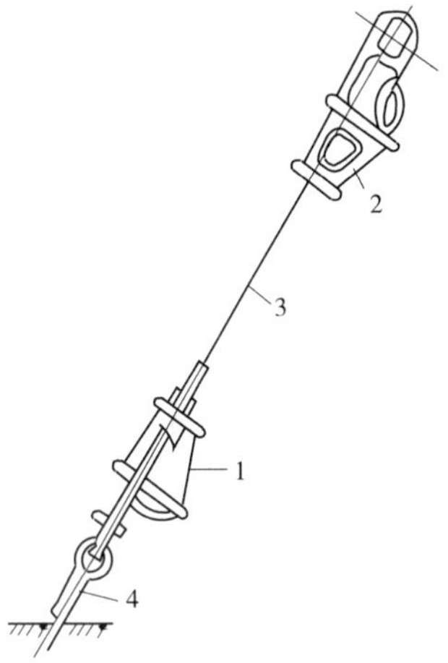

1—可调式 UT 型线夹;2—楔形线夹;3—拉线;4—拉线棒

图 2-14　常用拉线组合方法

1)绝缘子的种类和用途

(1)针式绝缘子:主要用于线路电压不超过 35 kV,导线张力不大的直线杆或小转角杆塔,如图 2-15 所示。其优点是制造简易、价廉;缺点是耐雷水平不高,容易发生闪络。

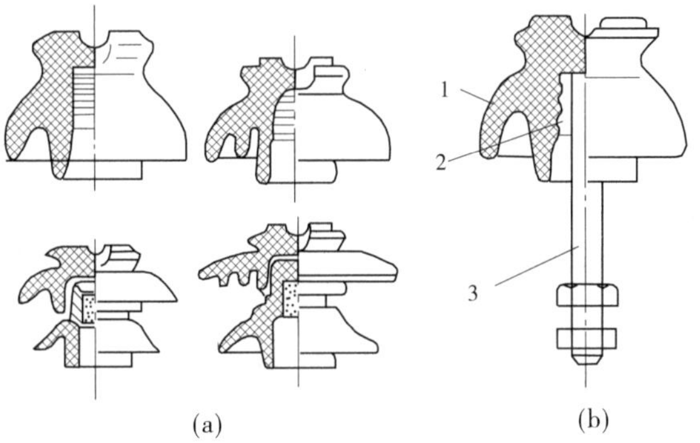

1—瓷体;2—水泥;3—铁脚

图 2-15　针式绝缘子

(2)瓷横担绝缘子:兼具横担和绝缘子的作用,如图 2-16 所示。其优点是:绝缘水平

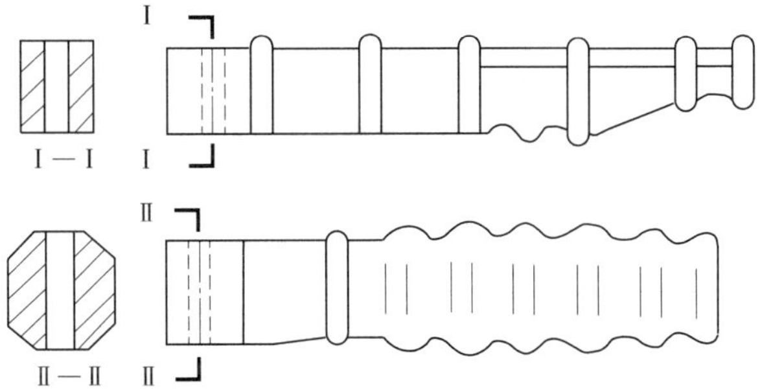

图 2-16　瓷横担绝缘子

高;能节约大量钢材;能提高杆塔悬点高度,从而可节约线路投资 25% ~30%;运行中便于雨水冲洗;在断线时转动,可避免事故扩大。其广泛用于 110 kV 及以下线路。

(3)悬式绝缘子:通常把它们组装成绝缘子串,在 35 kV 及以上架空线路中采用,如图 2-17 ~ 图 2-22 所示。每串绝缘子的数目与线路额定电压有关,如表 2-1 所示。

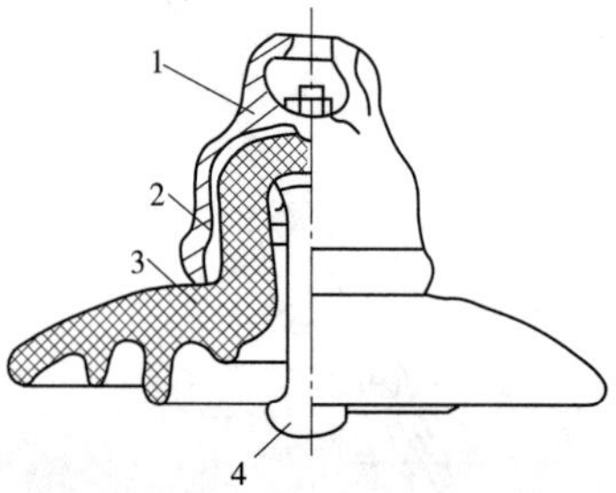

1—钢帽;2—水泥;3—瓷体;4—铁脚

图 2-17 单个悬式绝缘子

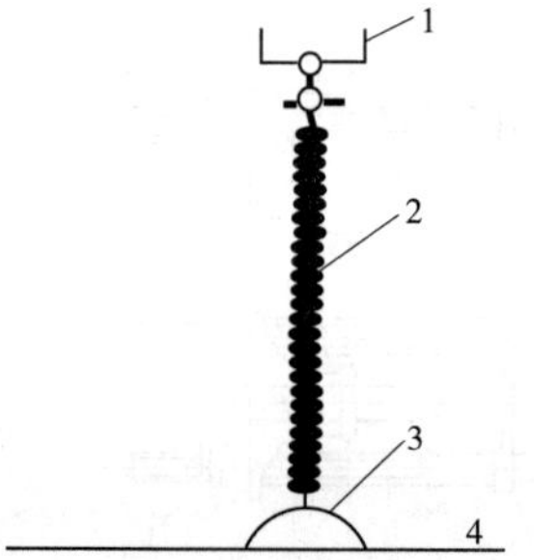

1—横担;2—绝缘子串;3—线夹;4—导线

图 2-18 悬式绝缘子串

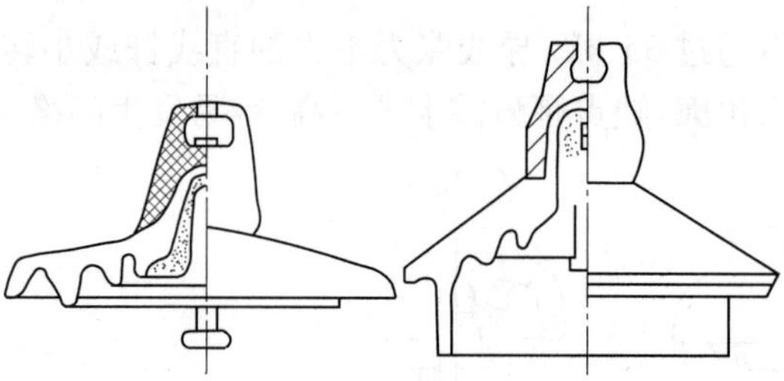

图 2-19 直流悬式绝缘子

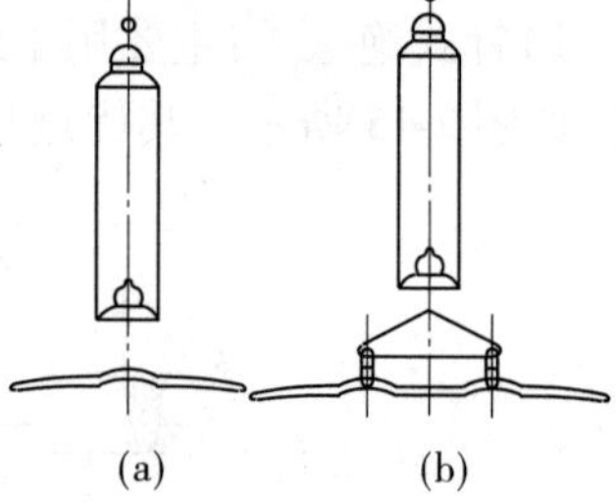

图 2-20 悬垂绝缘子串(单串)

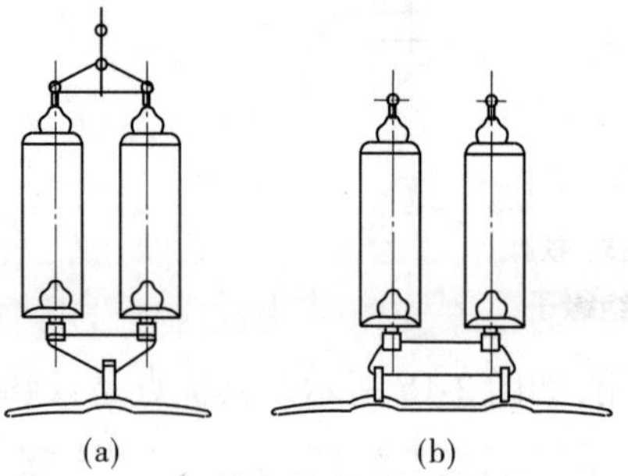

图 2-21 悬垂绝缘子串(双串)

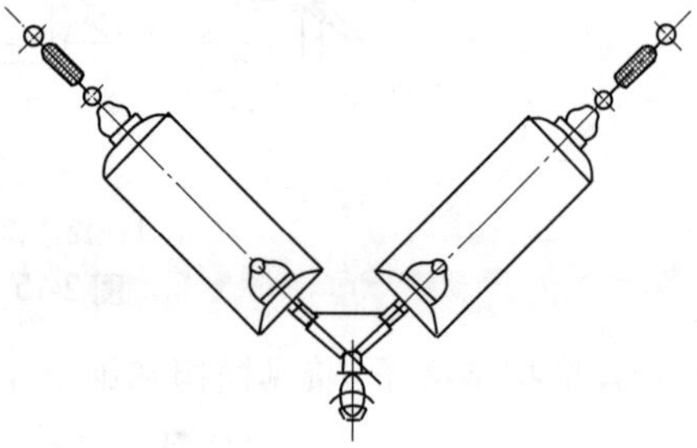

图 2-22 悬垂绝缘子串(V 形)

表 2-1 直线杆每串悬垂绝缘子的数目

线路额定电压(kV)	35	60	110	154	220	330	500
XP-6 型绝缘子数量(片)	3	5	7	10	13	19	28

注:海拔超过 1 000 m 的地区,一般每升高 100 m,内外绝缘增大 1%。

(4)其他类型绝缘子:如图 2-23 ~ 图 2-26 所示。其中,防污绝缘子用于通过污秽地区(工业、化工区或沿海、盐场、盐碱地区等)的线路区段上。

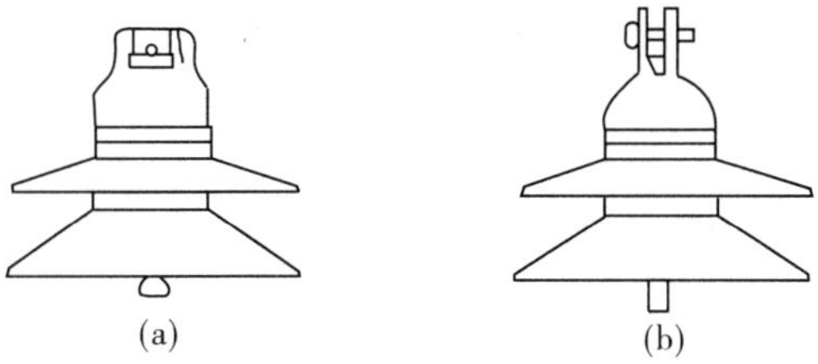

图 2-23　防污绝缘子

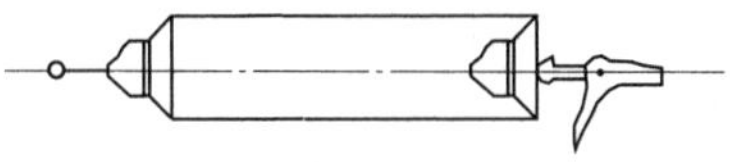

图 2-24　耐张绝缘子串(单串)

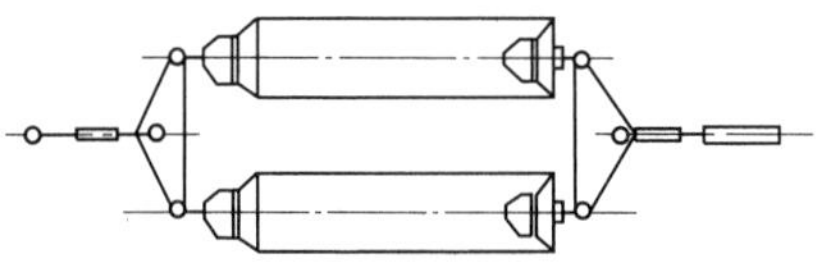

图 2-25　耐张绝缘子串(双串)

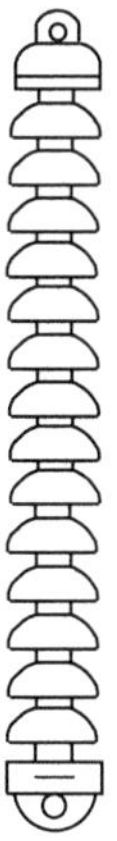

图 2-26　棒式绝缘子

2)绝缘子串片数的选择和组装形式

绝缘子串的片数是按工作电压所要求的泄漏距离来决定的。在海拔 1 000 m 以下非污秽地区,不同电压等级要求的 XP－6 型组合悬垂绝缘子串的片数如表 2-1 所示。

悬垂绝缘子串的组装有以下三个原则:

(1)一般直线杆塔多采用单串绝缘子。

(2)为了控制风偏角,有时采用 V 形绝缘子串。

(3)耐张、转角和终端杆塔均采用耐张绝缘子串,它承受着导线全部张力。小型号导线采用单串耐张绝缘子串,大型号导线采用双串耐张绝缘子串,330～500 kV 线路还常采用均压措施。

5. 杆塔

杆塔用于支持导线、避雷线及其他附件,使导线、避雷线彼此保持一定的安全距离,并使导线对地面、交叉跨越物或其他建筑物等设施保持允许的安全距离。

按照材料的不同,杆塔可分为木杆、钢筋混凝土杆和铁塔。在采用拉线困难的地方已开始使用钢管塔。我国森林资源缺乏,故木杆已不再使用。

按其在线路中的作用不同,杆塔可分为直线杆塔、耐张杆塔、转角杆塔、终端杆塔、换位杆塔以及跨越杆塔等。

1)直线杆塔(又称中间杆塔)

在线路正常运行时,直线杆塔不承受顺线路方向的张力,仅承受导线、避雷线、绝缘子和金具等的重量,其绝缘子串是垂直悬挂的(称为悬垂串);在杆塔两侧档距相差悬殊或一侧发生断线时,直线杆塔承受相邻两档导线的不平衡张力。直线杆塔一般不承受角度力。

2)耐张杆塔(又称承力杆塔)

在线路正常运行和断线事故情况下,耐张杆塔均能承受顺线路方向的张力。在耐张杆塔上,用耐张绝缘子串和耐张线夹来固定导线,其两侧导线通过跳线相连接。

直线杆塔对机械强度要求较低,造价也较低廉,而耐张杆塔对机械强度要求较高。在架空电力线路中,直线杆塔和耐张杆塔配合使用,直线杆塔一般占杆塔总数的80%左右。两个耐张杆塔之间的距离称为耐张段。当线路发生断线故障时,不平衡张力很大,直线杆塔可能逐个被拉倒,耐张杆塔则不会倒。这样,可将倒杆事故限制在一个耐张段内。

耐张段的长度通常为3~5 km,若运行和施工条件许可,可适当延长;在高差或档距相差非常悬殊的山区和重冰区,应适当缩小。大跨越处应自成一个耐张段。

3)转角杆塔

转角杆塔用于线路的转角处。线路转向内角的补角称为线路转角。转角杆塔两侧导线的张力不在一条直线上,要承受角度合力。角度力取决于转角的大小和导线的水平张力。转角杆塔分为耐张型和直线型,随线路转角大小而定。当转角小于30°时,一般可采用直线型;大于30°时,可采用耐张型。

4)终端杆塔

终端杆塔位于线路的首、末端,即为线路进线和出线的第一基杆塔。终端杆塔是一种承受单侧张力的耐张杆塔。

5)跨越杆塔

跨越杆塔位于线路与河流、山谷、铁路等交叉跨越的地方,其分为直线型和耐张型两种。当跨越档距很大时,需采用特殊设计的耐张型跨越杆塔,其高度也较一般杆塔高得多。

6)换位杆塔

换位杆塔用于导线互换位置。架空电力线路的换位杆塔分为滚式换位用的直线型换位杆塔和耐张型换位杆塔两种。

导线换位的目的是使线路三相参数趋于平衡。三相导线在杆塔上的布置有水平、垂直和三角形等。三相导线位置不一样会破坏三相对称性,所以要求每隔一定距离将三相导线交换位置,使三相导线机会均等地轮流交换位置。经过换位的线路,若其各相导线在空间每一位置的各段长度总和相等,则称为完全换位。进行一次完全换位,称为一个换位循环。

导线换位常导致换位杆塔或导线换位处成为线路的薄弱环节,影响线路的可靠性,这就要求对换位的次数加以限制。相关规程规定,在中性点直接接地的电网中,长度超过100 km的线路均应换位,换位循环长度不宜大于200 km。

6. 拉线和基础

1)拉线

拉线用于提高杆塔的强度,承担外部荷载对杆塔的作用力,以减少杆塔的材料消耗量,降低线路造价;拉线连同拉线棒和拉线盘一起将杆塔固定在地面上,以保证杆塔不发生倾斜和倒塌。

拉线材料一般采用镀锌钢绞线。拉线上端通过拉线抱箍和杆塔相连接,下端通过可调节的拉线金具与埋入地下的拉线棒、拉线盘相连接。

2）基础

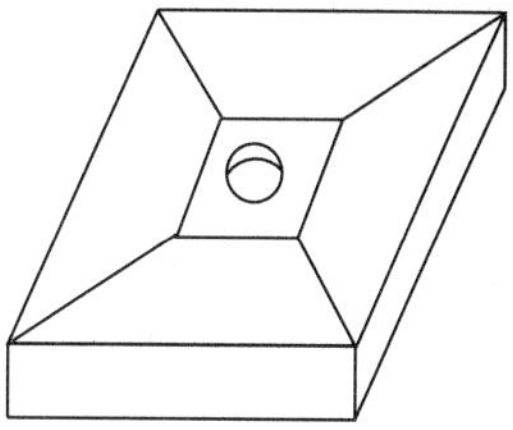

图 2-27　电杆底盘

基础用于支承杆塔，并将杆塔固定在地面上，以保证杆塔不发生上拔、倾斜、倒塌以及下沉等。其型式应结合架空线路沿线的地质物理特性、施工条件和杆塔型式等综合因素确定。图 2-27 所示为电杆底部的底盘，是防止电杆下沉的基础。

7. 防雷接地装置

防雷接地装置包括埋设在基础土壤中的圆钢、扁钢、角钢、钢管或其组合式结构。防雷接地装置与避雷线或杆塔直接相连，当雷击杆塔或避雷线时，将雷电流引入大地。

防雷接地装置主要根据土壤电阻率的大小设计，必须满足相关规程规定的接地电阻值。

二、电力电缆线路

电力电缆线路由电缆、电缆附件、电缆构筑物和构架组成。

（一）电力电缆

电力电缆包括导体（线芯）、绝缘层和保护层三大部分，其结构如图 2-28 所示。

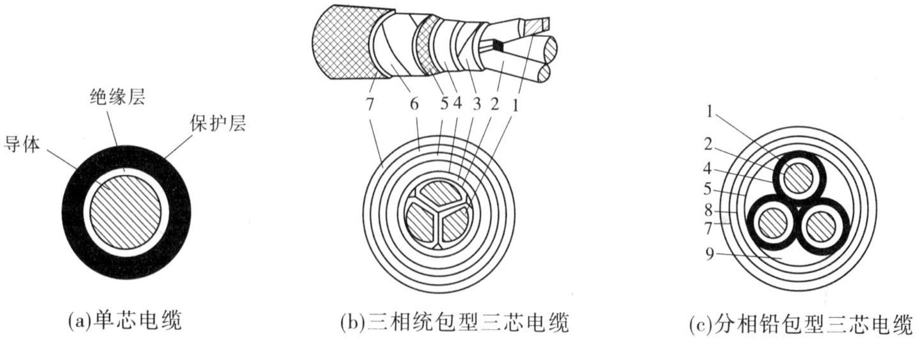

1—导体；2—相绝缘；3—纸绝缘；4—铅包皮；5—麻衬；6—钢带铠甲；7—麻被；8—钢丝铠甲；9—填充物

图 2-28　电力电缆结构示意图

导体用于传导电流，一般使用多股铜绞线或铝绞线。根据导体线芯数量不同，电缆可以分为单芯电缆、三芯电缆和四芯电缆等。

绝缘层用于使各导体之间及导体与保护层之间保持绝缘。绝缘材料包括橡胶、沥青、聚乙烯、聚丁烯、棉、麻、绸缎、纸、浸渍纸和矿物油等。一般多采用油浸纸绝缘。

保护层用于保护绝缘层不受外力损伤，同时防止内部浸渍剂外流或外界水分侵入。保护层分为内护层和外护层。内护层由铝或铅制成，外护层由内衬层、铠装层和外被层组成。

（二）电力电缆附件

电力电缆附件包括连接头（盒）、终端头（盒）以及压力箱等。

连接头用于两段电缆之间的连接；终端头用在电缆线路的末端，用于保护缆芯绝缘并将缆芯导体与其他电气设备相连。

（三）电缆构筑物和构架

电缆构筑物和构架用于安装电缆附件和支持电缆，包括电缆隧道、排管、构架、支架以及桥架等。

第二节　架空线路的机械计算

一、架空线路设计采用的气象条件

架空线路设计采用的气象条件从广义上说是指与架空线路电气强度和机械强度有关的气象参数。一般有以下九种气象组合：最高气温、最低气温、年平均气温、最大风速、最大覆冰厚度、内过电压、外过电压、安装以及断线。实际在架空线路机械计算中采用的气象参数为风速、覆冰厚度和气温，它们被称为气象条件三要素。

（一）设计用气象条件的组合

一般在进行气象条件组合时，应满足以下条件：

（1）线路在大风、覆冰及最高、最低气温时，仍能正常运行。

（2）在线路发生断线事故的情况下，不应使事故范围扩大。

（3）在线路安装过程中，不应发生人身或设备损坏事故。

（4）在线路正常运行的任何季节中，导线对地面及其被跨越物均应保持足够的安全距离。

（5）在线路长期运行中，导线、地线应有足够的耐振性能。

根据上述要求提出的气象条件的组合列举如下。

1. 正常运行情况下的气象条件组合

线路在正常运行中，使导线及杆塔受力最严重的气象条件有大风、覆冰及最低气温三种情况。这三种最严重的情况不应组合在一起。因为最大风速一般多在夏秋季节发生，最低气温在冬季无风时出现。大风、最低气温时，不可能发生覆冰。因此，线路在正常情况下的气象条件组合如下：

（1）最高气温，无风，无冰。

（2）最低气温，无风，无冰。

（3）最大风速，气温为大风季节最冷月的平均气温，无冰。

（4）覆冰时，根据“过冷却”水滴由雾凇和雨凇形成的规律，一般取风速 10 m/s。若地区最大风速在 35 m/s 以上，可取 15 m/s。覆冰时的气温取 -5 ℃。

2. 耐振计算的气象条件组合

导线的振动使导线、地线在线夹出口处不断发生拗折，引起材料疲劳，导致断股、断线事故。线路设计应保证其在长期运行中具有足够的耐振能力。线路振动应力越大，振动越严重，因此需将振动应力控制在一定限度内。在实际运行中，应力随气象变化，线路易在微风低温下振动，此时综合应力亦较大，故这一气象组合采用规程规定的年平均气温。耐振计算的气象条件组合是年平均气温、无风、无冰。

3. 事故情况下的气象条件组合

线路事故是指断线情况，不包括杆塔倾覆或其他停电事故。断线在多数情况下由外力引起，无明显规律。计算断线，从某种意义上讲只是为了计算杆塔强度。断线的气象条件是根据设计和运行经验逐渐演变得到的。断线气象条件组合如下：

（1）覆冰厚度 20 mm 及以下地区：无风，无冰，温度为历年最低气温月的最低平均气温（每年该月中每日最低气温平均后，再取历年平均值）。

（2）覆冰厚度 20 mm 及以上地区：无风，有冰，气温为 -5 ℃。

4. 安装、检修情况下的气象条件组合

线路在一年四季中均有安装、检修的可能，但遇严重的气象情况时则应暂停，有 6 级（风速 10.8～13.8 m/s）以上大风，禁止高空作业。因此，安装、检修情况下的气象条件组合是：风速 10 m/s，无冰，气温为历年最低气温月的平均气温。

5. 外过电压和内过电压情况下的气象条件组合

外过电压是指雷电引起的过电压，也称大气过电压。外过电压的气象条件组合根据历年雷电活动季节的气象情况和雷电活动规律并结合设计运行经验确定，一般取气温为 $+15$ ℃、无冰、风速 10～15 m/s。

内过电压是指电力系统内部的操作过电压。内过电压的气象条件组合根据历年设计运行经验确定。一般取气温为年平均气温、无冰、风速为最大风速的 1/2 且不低于 15 m/s。

（二）典型气象区

为了线路设计、设备制造的标准化和统一性，规程将我国各主要地区组合后的气象条件归纳为九个典型气象区，见附表 1-1。

由于我国幅员辽阔，九个典型气象区不能完全包括，各大区又根据本区的气象特点划分了各地区的典型气象区。华东电力设计院收集整理相关资料后，于 1964 年推荐出 16 个全国典型气象区，见附表 1-2。

当所设计线路经过地区的气象情况与某一典型气象区的气象情况接近时，可直接套用该典型气象区的气象条件进行组合设计；当所设计线路经过地区的气象条件与各典型气象区的气象条件相差较为悬殊时，则应按实际收集的气象资料经过换算后，组合为设计气象条件进行设计。

二、导线的机械物理特性和比载

（一）导线的机械物理特性

导线的机械物理特性是指导线的瞬时破坏应力、弹性系数以及温度线膨胀系数。它是架空线路力学计算的主要依据。

1. 导线的瞬时破坏应力（抗拉强度）σ_p

导线的瞬时破坏应力是指导线的计算拉断力与导线的计算截面面积的比值。对导线做拉伸试验，测得瞬时破坏拉断力 T_p（N）、导线截面面积 S（mm^2），则瞬时破坏应力为 $\sigma_p = T_p/S$（N/mm^2）。对于钢芯铝绞线来说，瞬时破坏应力是指综合瞬时破坏应力。

2. 导线的弹性系数 E

导线的弹性系数（又称弹性模量）是指在弹性限度内，导线受拉力 T（N）时，其应力 σ（N/mm^2）与应变 ε 的比例系数，即弹性系数为 $E = \sigma/\varepsilon = TL/(S\Delta L)$。

导线应变 ε 是指导线受拉力时单位长度的变形量，$\varepsilon = \Delta L/L$。钢芯铝绞线的弹性系数是一个综合弹性系数。

导线的弹性系数的倒数为弹性伸长系数。它表征导线受单位应力时，能产生的相对形变，表示导线受拉后易于伸长的程度。导线的弹性伸长系数为 $\beta = 1/E = \varepsilon/\sigma$ (mm^2/N)。

3. 导线的温度线膨胀系数 α

导线的温度线膨胀系数是指温度升高 1 ℃时,导线单位长度的伸长值。若温度变化 Δt (℃),引起导线的相对变形量为 ε,则导线的温度线膨胀系数为 $\alpha = \varepsilon/\Delta t$ (1/℃)。

钢芯铝绞线的温度线膨胀系数 α 介于钢的温度线膨胀系数 α_s 和铝的温度线膨胀系数 α_a 之间。

(二)架空线路的设计应力

架空线路的瞬时破坏应力是线路机械强度的极限值。当线路导线型号一定时,它是一个常数。架空线路的运行应力则是一个变数,随着气象条件变化。架空线路可能出现的最大运行应力就是架空线路强度设计应力(亦称架空线路的最大使用应力)。若架空线路瞬时破坏应力为 σ_p (N/mm^2)、强度安全系数为 K,架空线路最低点的最大应力为 $\sigma_m = \sigma_p/K = T_p/(KS)$ (N/mm^2)。

在跨越档距中,按稀有气象条件和重冰区较少出现的覆冰情况验算时,架空线路最低点的最大应力不应超过瞬时破坏应力的 60%,即最小安全系数不应小于 1/0.6 = 1.67。

相关规程规定:送电线路导线的设计安全系数不应小于 2.5,架线安装时不应小于 2.0。避雷线的安全系数宜大于导线的安全系数。钢芯铝绞线配电线路的设计安全系数,一般地区不应小于 2.5,重要地区不应小于 3.0。

工程中,一般导线的设计安全系数均取相关规程规定的最小值 2.5。这时导线应力为许用应力 $[\sigma]$,导线按正常应力架设。它一方面可以最大限度地利用导线的机械强度;另一方面,导线的应力大,弧垂就小,可充分利用杆塔的高度。但由于地形或其他条件的限制,有时需要将线路的导线应力控制在 $\sigma_m < [\sigma]$ 的某一水平上,即 $K > 2.5$。这时导线应力的最大设计值称为最大使用应力,我们称导线按松弛应力架设。例如,进出变电所的进出线档受进出线构架强度的控制;孤立档受紧线施工允许过牵引长度的控制;地形高差很大时,受导线悬挂点应力的控制等均需要放松导线的设计应力。配电线路的档距很小时,也需要将导线按松弛应力架设。

从导线的防振角度考虑,相关规程规定:导线在年平均气温气象条件下,年平均运行应力的上限 σ_{cp} 不应超过瞬时破坏应力 σ_p 的 25%,可写成 $\sigma_{cp} = 25\% \sigma_p$。

(三)导线的比载计算

导线的比载是指单位长度、单位截面面积导线上的荷载,即将单位长度(1 m)导线上的荷载(N)折算到单位截面面积(1 mm^2)上的数值,单位为 $N/(m \cdot mm^2)$。导线荷载包括导线的自重、导线覆冰重以及导线所受垂直于线路方向的水平风压。

在导线的应力弧垂分析中,常用的比载有七种,分为垂直、水平和综合三类。

1. 垂直比载

1)自重比载

自重比载是指导线自身重力引起的比载。如已知每千米导线的质量 m_0 (kg/km)、导线截面面积 S (mm^2),则导线的自重比载为 $g_1 = 9.8 \dfrac{m_0}{S} \times 10^{-3}$ ($N/(m \cdot mm^2)$)。

2）冰重比载（覆冰比载）

冰重比载是将 1 m 长导线的覆冰重量折算到每平方毫米导线截面面积上的数值。如已知导线覆冰厚度 b（mm）、导线直径 d（mm）、导线截面面积 S（mm^2），则冰重比载为 $g_2 = 27.708\frac{b(b+d)}{S}\times 10^{-3}$（$N/(m\cdot mm^2)$）。

3）覆冰时垂直总比载

覆冰时垂直总比载为导线的自重比载与冰重比载之和，即 $g_3 = g_1 + g_2$。

2. 水平比载

导线受垂直于线路方向的水平风压引起的比载为水平比载。

1）无冰时导线水平比载（风压比载）

无冰时导线每米每平方毫米的风压荷载称为无冰时导线水平比载。如已知设计风速 v（m/s），则导线风压比载为 $g_4 = \frac{0.6125\alpha Cdv^2}{S}\times 10^{-3}$。其中，$C$ 为风载体型系数，当导线直径 <17 mm 时，$C = 1.2$；当导线直径 ≥17 mm 时，$C = 1.1$；α 为风速不均匀系数，采用表 2-2所列数值。

表 2-2　风速不均匀系数 α 值

设计风速（m/s）	<20	20～30	30～35	>35
α	1.0	0.85	0.75	0.70

2）覆冰时的风压比载 g_5

覆冰时导线每米每平方毫米的风压荷载称为覆冰时的风压比载。此时，导线的挡风面积因覆冰而增大，受风面的宽度由 d 变为 $d + 2b$。将 g_4 计算式中的 d 用 $d + 2b$ 代替，就得到 g_5 的计算式，此时无论导线直径为多少，均有 $C = 1.2$。

3. 综合比载

在有风气象条件时，导线的综合比载为垂直比载和水平比载的几何和。

无冰有风时，导线自重比载和横向风压比载按向量合成得综合比载 $g_6 = \sqrt{g_1^2 + g_4^2}$。

有冰有风时，导线自重、冰重比载与覆冰时的风压比载按向量合成得综合比载 $g_7 = \sqrt{g_3^2 + g_5^2}$。

各种标准规格的常用导线，其比载一般已计算列成表格，使用时可查取相关资料。特别需注意，上述比载有七种，在使用时应根据计算气象条件和计算目的正确选用相应的比载。

第三节　架空线路的应力、弧垂和线长

在架空线路中，相邻两直线杆塔导线悬点间的水平距离称为档距。在平原地区，导线的悬挂点一般是等高的，称为悬点等高档距。两个耐张杆塔中心线间的水平距离称为耐张段长度。导线悬挂点到导线某一点的垂直距离称为线路在该点的弧垂。导线到地面、水面或其他被跨越物间的垂直距离，称为限距，或称为安全距离。

下面介绍悬点等高档距中导线的应力、弧垂和线长。

由于档距很大,导线材料的刚性影响可以忽略不计,架空线的形状就像一条两端悬挂的柔软的索链,所以架空线可按悬链线进行计算。

悬链线的自重是沿线长均匀分布的。如图 2-29 所示,根据材料力学,最低点 0 点导

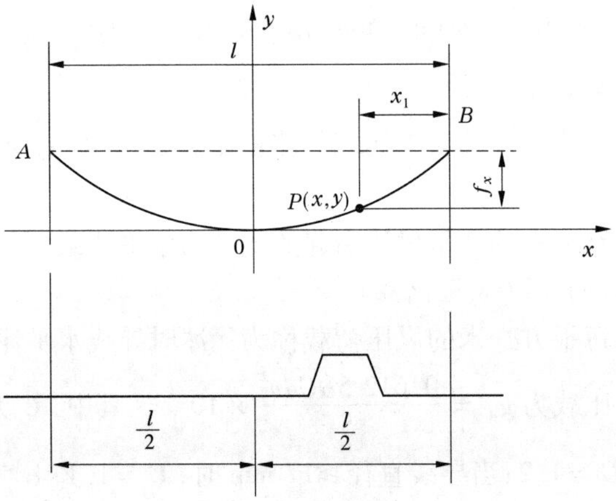

图 2-29　档距中架空线任一点的弧垂

线应力为 $\sigma_0 = \frac{T_0}{S}$。根据悬链线方程,导线上任一点 P 的纵坐标 y 为

$$y = \frac{\sigma_0}{g}\text{ch}\frac{gx}{\sigma_0} - \frac{\sigma_0}{g} = \frac{\sigma_0}{g}\left(\text{ch}\frac{gx}{\sigma_0} - 1\right) \tag{2-1}$$

坐标原点 0 到任一点 P 的线长为

$$L_x = \frac{\sigma_0}{g}\text{sh}\frac{gx}{\sigma_0} \tag{2-2}$$

导线上任一点 P 的应力 σ_x 为

$$\sigma_x = \sigma_0\text{ch}\frac{gx}{\sigma_0} \tag{2-3}$$

对于悬点等高档,在 $x = l/2$ 时,有 $f = y_A = y_B$,所以

$$f = \frac{\sigma_0}{g}\left(\text{ch}\frac{gl}{2\sigma_0} - 1\right) \tag{2-4}$$

将双曲函数按级数展开得到悬点等高的导线任一点纵坐标、弧垂、线长与应力的关系式为

$$y = \frac{gx^2}{2\sigma_0} + \frac{g^3x^4}{24\sigma_0^3} + \frac{g^5x^6}{720\sigma_0^5} + \cdots \tag{2-5}$$

$$f = \frac{gl^2}{8\sigma_0} + \frac{g^3l^4}{384\sigma_0^3} + \cdots \tag{2-6}$$

$$L = l + \frac{g^2l^3}{24\sigma_0^2} + \frac{g^4l^5}{1\,920\sigma_0^4} + \cdots \tag{2-7}$$

$$\sigma_x = \sigma_0 + \frac{g^2x^2}{2\sigma_0} + \frac{g^4x^4}{24\sigma_0^3} + \cdots \tag{2-8}$$

式中　l——档距,m;

g ——架空线路的比载,N/(m · mm²);

σ_0 ——架空线路最低点应力(水平应力),N/mm²;

f ——架空线路的弧垂,m;

L ——档距中架空线路的长度,m。

以上各式均为收敛级数,对于一般档距(l <1 000 m),可按下面公式近似计算

$$y = \frac{gx^2}{2\sigma_0} \tag{2-9}$$

$$f = \frac{gl^2}{8\sigma_0} \tag{2-10}$$

$$L = l + \frac{g^2 l^3}{24\sigma_0^2} = l + \frac{8f^2}{3l} \tag{2-11}$$

$$\sigma_x = \sigma_0 + \frac{g^2 x^2}{2\sigma_0} = \sigma_0 + gy \tag{2-12}$$

从而两悬点应力为

$$\sigma_A = \sigma_B = \sigma_0 + \frac{g^2 l^2}{8\sigma_0} = \sigma_0 + fg \tag{2-13}$$

以上各式为抛物线方程。当悬点高差(h)与档距(l)之比 $h/l < 0.1$ 时,用抛物线方程计算弧垂和线长,误差很小。

在跨越档距中,导线与被跨越物的距离应满足安全距离的要求。这就需要计算被跨越物上面导线的弧垂,即任一点的弧垂 f_x ,如图 2-29 所示。由图可知

$$f_x = y_B - y_x = \frac{g}{2\sigma_0}\left[\left(\frac{l}{2}\right)^2 - \left(\frac{l}{2} - x_1\right)^2\right] = \frac{x_1(l - x_1)g}{2\sigma_0} \tag{2-14}$$

式中　x_1 ——导线上任一点至悬点的水平距离。

第四节　导线的状态方程式

悬挂于两悬点之间的一档导线,当气象条件发生变化,即导线上作用的荷载或环境温度发生变化时,导线线长会随之发生变化,进而引起导线的应力和弧垂发生相应的变化。为保证导线在施工与运行中的安全可靠性,就必须掌握这种导线应力随气象条件变化的规律。导线的状态方程式是反映这一规律的数学表达式。在已知一种气象条件及应力时,应用状态方程式可求出另一种气象条件下的应力。

一、孤立档的状态方程式

在全程导线中,总会有一些一档导线两端都是耐张杆塔的档距,这就是孤立档距。

当气象条件发生变化时,引起导线线长变化的主要因素有两个:一是气温改变,导线因热胀冷缩而引起线长的变化;二是荷载变化,导线发生弹性变形而引起线长的变化。

对于一档导线,设档距为 l ,气象条件从 m 状态(气温 t_m 、比载 g_m 、应力 σ_m)变化到 n 状态(气温 t_n 、比载 g_n 、应力 σ_n),则线长从 L_m 变化到 L_n 。这种变化包括两部分:首先由于气温的变化,线长因热胀冷缩从 L_m 变化为 L_t ;然后,由于应力的变化,导线发生弹性

变形,线长从 L_t 变化为 L_n 。这个变化过程可表示为

$$L_t = [1 + \alpha(t_n - t_m)]L_m \tag{2-15}$$

$$L_n = [1 + \beta(\sigma_n - \sigma_m)]L_t \tag{2-16}$$

将式(2-15)代入式(2-16)可得

$$L_n = L_m[1 + \alpha(t_n - t_m)][1 + \beta(\sigma_n - \sigma_m)]$$

将上式展开后,会出现 $\alpha\beta(t_n - t_m)(\sigma_n - \sigma_m)$ 项,考虑到 α 和 β 的数值较小,它们的乘积更小,故将其舍去,从而上式可简化为

$$L_n = L_m[1 + \alpha(t_n - t_m) + \beta(\sigma_n - \sigma_m)] \tag{2-17}$$

再根据一定气象条件下的线长的表达式(2-11),写出 m 和 n 两种气象条件下的导线线长表达式:

$$L_m = l + \frac{g_m^2 l^3}{24\sigma_m^2} \tag{1}$$

$$L_n = l + \frac{g_n^2 l^3}{24\sigma_n^2} \tag{2}$$

将式(1)、式(2)代入式(2-17)得

$$l + \frac{g_n^2 l^3}{24\sigma_n^2} = l + \frac{g_m^2 l^3}{24\sigma_m^2} + [\alpha(t_n - t_m) + \beta(\sigma_n - \sigma_m)](l + \frac{g_m^2 l^3}{24\sigma_m^2}) \tag{3}$$

因式(3)中 $\frac{g_m^2 l^3}{24\sigma_m^2}$ 项数值较小,所以它与方括号中数值的乘积很小,可舍去,并将等式两侧各除以 βl ,则得

$$\sigma_n - \frac{g_n^2 l^2}{24\beta\sigma_n^2} = \sigma_m - \frac{g_m^2 l^2}{24\beta\sigma_m^2} - \frac{\alpha}{\beta}(t_n - t_m) \tag{2-18}$$

式中 g_m、g_n ——已知气象条件和待求气象条件下的比载,N/(m · mm^2);

σ_n ——待求气象条件下,温度为 t_n 、比载为 g_n 时的导线最低点应力,N/mm^2;

σ_m ——已知气象条件下,温度为 t_m 、比载为 g_m 时的导线最低点应力,N/mm^2;

α ——导线的线膨胀系数,1/℃;

β ——导线的弹性伸长系数,mm^2/N;

l——档距,m。

式(2-18)为导线在孤立档距中的状态方程式。当已知一种气象条件(气温 t_m 、比载 g_m)下导线的应力为 σ_m 时,可以求出另一种气象条件(气温 t_n 、比载 g_n)下的应力 σ_n 。此时状态方程式中只有待求应力 σ_n 是未知的。

为了便于计算,通常将状态方程式写成如下形式

$$\sigma_n^2(\sigma_n - A) = B \tag{2-19}$$

$$A = \sigma_m - \frac{g_m^2 l^2}{24\beta\sigma_m^2} - \frac{\alpha}{\beta}(t_n - t_m)$$

$$B = \frac{g_n^2 l^2}{24\beta}$$

式(2-19)为三次方程,可以利用试凑法求解,也可以利用计算机迭代法求解,还可以

用函数型计算器求解。

试凑法求解简单方便，是较常采用的方法，但精确度较低。

二、连续档耐张段的代表档距及状态方程式

在实际工程中，一个耐张段往往有许多档距连在一起，称为连续档耐张段。除档距长度、悬点高差相差十分悬殊外，一般情况下，耐张段中各档导线在一种气象条件下的水平张力（水平应力）总是相等或基本相等的。这个相等的水平应力称为该耐张段内导线的代表应力，其值是用耐张段内的所谓“代表档距”代入状态方程式（2-18）求出的。

当耐张段中各档悬点高差 $h/l < 0.1$ 时，该耐张段的代表档距可按下式计算

$$l_D = \sqrt{\frac{l_1^3 + l_2^3 + l_3^3 + \cdots + l_n^3}{l_1 + l_2 + l_3 + \cdots + l_n}} = \sqrt{\frac{\sum l_i^3}{\sum l_i}} \tag{2-20}$$

式中 l_D ——耐张段的代表档距，m；

l_i ——耐张段中各档档距，m。

将孤立档状态方程式（2-18）中的档距 l 用连续档的代表档距 l_D 代替，就得到连续档的状态方程式。所以，导线状态方程式一般只用式（2-18）的形式，只是档距 l 应理解为耐张段的代表档距。

第五节　临界档距

架空线路的导线应力随着档距的不同和气象条件的改变而变化。对于同一耐张段，导线应力随气象条件变化的规律符合导线状态方程式。为了保证架空线在任何气象条件下的应力都不超过最大使用应力，必须使架空线在长期运行中可能出现的最大应力等于最大使用应力。因此，需要找出出现最大应力时的气象条件。该气象条件称为控制气象条件，与之对应的导线的最大使用应力称为控制应力。以控制条件和相应的控制应力为已知状态，利用状态方程式求出架线时相应气象条件下的应力和弧垂。按照计算出的应力和弧垂安装导线，就可以保证导线在运行中，在任何气象条件下，其应力不超过允许值。

一般情况下，可能成为控制条件的气象条件有如下四种：

（1）最低气温、无风、无冰。

（2）最大风速、无冰、相应的气温。

（3）覆冰、相应风速、-5 ℃。

（4）年平均气温、无风、无冰。

第（1）、（2）、（3）种称为强度控制条件，第（4）种称为耐振控制条件。

一、第一类气象区的临界档距

架空线路能产生最大应力的气象情况有三种：①最低气温；②最大覆冰；③最大风速。凡最大风速时的气温和最大覆冰时的气温相同的气象区，称为第一类气象区，如典型气象区Ⅲ、Ⅳ、Ⅵ、Ⅶ、Ⅷ、Ⅸ等。在第一类气象区中，架空线的最大应力只可能在下列两种情况下产生：比载最大时和气温最低时。以下分析两种极端的情况。

（1）当档距很大时，将状态方程式（2-18）两边除以 l^2，可得

$$\frac{\sigma_n}{l^2}-\frac{g_n^2}{24\beta\sigma_n^2}=\frac{\sigma_m}{l^2}-\frac{g_m^2}{24\beta\sigma_m^2}-\frac{\alpha}{\beta l^2}(t_n-t_m)$$

令 $l\to\infty$,可得到

$$\frac{g_n^2}{24\beta\sigma_n^2}=\frac{g_m^2}{24\beta\sigma_m^2}$$

或

$$\frac{g_n}{\sigma_n}=\frac{g_m}{\sigma_m}$$

上式表明,当档距很大时,架空线应力变化的决定因素是比载,而温度因素可舍去;架空线的最大应力将在最大比载时出现。

(2)当档距很小时,将状态方程取极限情况,令 $l\to 0$,得到

$$\sigma_n=\sigma_m-\frac{\alpha}{\beta}(t_n-t_m)$$

上式表明,当档距很小时,架空线应力变化的决定因素是温度,而比载因素可舍去。此时,架空线应力的最大值仅在最低气温时出现。

上述两种极限情况可用图 2-30 来表示。当档距很小时,应力受温度控制,随着档距的增大,温度的控制在减弱。当档距很大时,应力受比载控制,随着档距的减小,比载的控制在减弱。在档距变化的过程中,必然存在这样的一个档距,在此档距下,温度和比载均对应力起控制作用,这个档距就称作临界档距,用 l_{ij} 表示。令 $l=l_{ij}$,将 $\sigma_n=\sigma_m$ 代入状态方程,可得

$$l_{ij}=\sigma_m\sqrt{\frac{24\alpha(t_n-t_m)}{g_n^2-g_m^2}} \tag{2-21}$$

这就是第一类气象区的临界档距,可用来判断最大应力出现的气象情况。当 $l>l_{ij}$ 时,最大应力在最大比载时出现;当 $l<l_{ij}$ 时,最大应力在最低气温时出现。

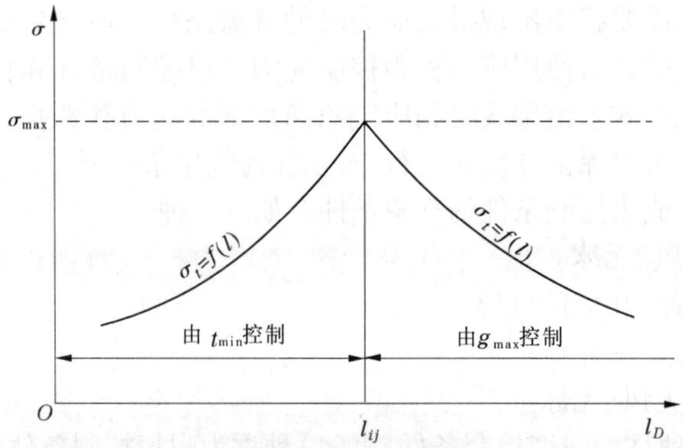

图 2-30 临界档距

二、第二类气象区的临界档距

凡最大风速时的气温与覆冰时的气温不相同的气象区,称为第二类气象区,如典型气象区的第Ⅱ、Ⅴ气象区。这类气象区,架空线的最大应力可能在最低气温、最大覆冰或最大风速三种情况之一时出现。根据临界档距的概念,每两种控制气象情况可有一个临界

档距。因此,第二类气象区将有三个临界档距出现。

如果考虑架空线的耐振条件,在第一类气象区里,共有三个临界档距:

(1)最低气温和最大比载的临界档距。

(2)最大比载和年平均气温的临界档距。

(3)年平均气温和最低气温的临界档距。

而在第二类气象区里,由于最大风速时的气温和覆冰时的气温不相等,将有六个临界档距。

由于耐振条件的控制应力和强度条件的控制应力不同,临界档距应按式(2-22)计算

$$l_{ij} = \sqrt{\frac{24\beta(\sigma_n - \sigma_m) + 24\alpha(t_n - t_m)}{\left(\frac{g_n}{\sigma_n}\right)^2 - \left(\frac{g_m}{\sigma_m}\right)^2}} \tag{2-22}$$

式中 l_{ij}——临界档距,m;

σ_n、σ_m——两种控制气象条件时的控制应力,N/mm^2;

g_n、g_m——两种控制气象条件时的比载,$N/(m \cdot mm^2)$;

t_n、t_m——两种控制气象条件时的气温,℃;

α——导线的线膨胀系数,1/℃;

β——导线的弹性伸长系数,mm^2/N。

三、有效临界档距的判别

在第二类气象区考虑耐振条件时,临界档距的计算值有六个。在整个代表档距的数轴上,一种控制条件的控制档距区间是连续的,最多只能是四个档距区间。所以,真正有意义的临界档距最多不会超过三个,必须进行判别,以确定有效临界档距,进而确定控制条件及其代表档距范围。判别有效临界档距的方法如下。

(一)按照 g/σ 值的大小排列四种可能控制条件的次序

考虑强度条件和耐振条件,控制气象条件对应的强度条件有最低气温、最大风速和最大覆冰,其设计控制应力为最大使用应力 σ_m。耐振条件有年平均气温,设计控制应力为 σ_{cp}。将以上四种控制气象条件的 $\frac{g}{\sigma}$ 值按由小到大的顺序编为 A、B、C、D。如果 $\frac{g}{\sigma}$ 相同,可取 $\left(\sigma + \frac{\alpha}{\beta}t\right)$ 较小者编入序号,而舍去较大者,列表如表 2-3 所示。

表 2-3 计算数据

气象条件	风速(m/s)	覆冰(mm)	气温(℃)	控制应力(MPa)	比载($N/(m \cdot mm^2)$)	g/σ(1/m)	编号
最低气温							
年平均气温							
最大风速							
最大覆冰							

(二)将临界档距列表

假设按最大可能,算出每两个气象条件组合之间的临界档距,并按表 2-4 的方法排列。

表 2-4　有效临界档距判别

A	B	C
l_{AB} =	l_{BC} =	l_{CD} =
l_{AC} =	l_{BD} =	
l_{AD} =		

(三)判别 A、B、C 栏的有效临界档距

(1)从 A 栏开始确定有效临界档距。首先查看本栏内临界档距有无零或虚数值,只要有一个临界档距值为零或虚数,则该栏内所有临界档距均被舍弃,这时可转到下一栏(如 B 栏)进行判别。若栏内所有临界档距值均不为零或不为虚数,则选取该栏中最小的一个临界档距为第一个有效临界档距(如 l_{AB}),下标中第一个字母表示控制条件(如 A)所控制的档距范围的上限值,下标中后一个字母表示控制条件(如 B)所控制的档距范围的下限值。其余临界档距均可舍弃(如 l_{AC}、l_{AD})。

(2)紧接着对所选得的第一个有效临界档距下标中后一个字母所代表的栏进行判别,如第一个有效临界档距为 l_{AB},则对 B 栏进行判别;若第一个有效临界档距为 l_{AC},则对 C 栏进行判别,这时 B 栏被跨越,临界档距全部被舍弃。再用(1)中的方法选取第二个有效临界档距。

(3)根据上述原则,依次类推,直至判别到最后一栏如 C 栏,或有效临界档距下标中后一字母为 D,则判别结束。例如,在判别 A 栏时,选取的第一个有效临界档距为 l_{AD},则判别结束,有效临界档距只有一个,为 l_{AD}。

(4)在有效临界档距的判别过程中,如在 A、B、C 三栏中均有零或虚数,则没有有效临界档距,此时所有可能的代表档距,其导线应力均受 D 控制条件控制。

(5)对于避雷线,如果是按防雷要求求得最大使用应力 σ_B(可参阅相关资料),然后推求各种气象情况下的应力,则其临界档距值与导线一致;否则,也要按上述步骤确定其有效临界档距。

通过上述有效临界档距的判别,最后得到一组有效临界档距,这组有效临界档距的下标是依次连接的。将这组有效临界档距标在代表档距的数轴上,即将数轴分成若干区间,然后可按有效临界档距下标字母确定每一区间的控制条件。例如,当有效临界档距为 l_{AB}、l_{BD} 时,其控制情况如图 2-31 所示。

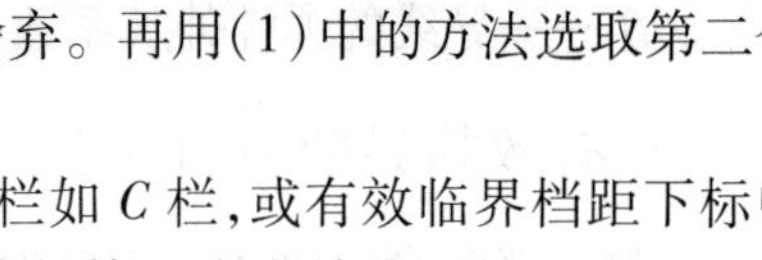

图 2-31　有效临界档距判别结果

判别结果的意义是:当代表档距 $l_D \leqslant l_{AB}$ 时,导线应力受 A 控制条件控制;当代表档距 $l_{AB} \leqslant l_D \leqslant l_{BD}$ 时,导线应力受 B 控制条件控制;当代表档距 $l_D \geqslant l_{BD}$ 时,导线应力受 D 控制条件控制。因此,在利用状态方程求解导线应力时,只需根据代表档距值确定其控制条件,然后将控制条件作为状态方程中的已知条件,即可求取其他气象条件下的应力。

【例 2-1】　某 110 kV 输电线路,导线为 LGJ－120/25 型,经过全国第Ⅴ气象区,导线强度安全系数为2.5，设防振锤防振，试确定该线路导线应力控制条件。

解：(1)计算数据。

首先查取有关数据查相关资料得导线的相关数据：导线截面面积 $A = 146.73\ mm^2$，热膨胀系数 $\alpha = 18.5 \times 10^{-6}\ 1/℃$；

弹性系数 $E = 76\ 000\ N/mm^2$；

弹性伸长系数 $\beta = \dfrac{1}{E} = 13.158 \times 10^{-6}\ (1/MPa)$；

计算拉断力 $T_p = 47\ 880\ N$。

导线最大使用应力为

$$\sigma_m = \frac{T_p}{KA} = \frac{47\ 880}{2.5 \times 146.73} = 130.53\ (MPa)$$

年平均运行应力

$$\sigma_n = \frac{0.25T_p}{A} = \frac{0.25 \times 47\ 880}{146.73} = 81.58(MPa)$$

其他应用数据列于表2-5。

表2-5 计算数据

气象条件	风速 (m/s)	覆冰 (mm)	气温 (℃)	控制应力 (MPa)	比载 (N/(m·mm²))	g/σ (1/m)	编号
最低气温	0	0	-10	130.53	35.195×10^{-3}	2.696×10^{-4}	A
年平均气温	0	0	15	81.58	35.195×10^{-3}	4.314×10^{-4}	B
最大风速	30	0	10	130.53	63.835×10^{-3}	4.890×10^{-4}	C
最大覆冰	10	10	-5	130.53	85.729×10^{-3}	6.568×10^{-4}	D

(2)临界档距计算。计算公式为

$$l_{ij\min} = \sqrt{\frac{24\beta(\sigma_m - \sigma_n) + 24\alpha(t_m - t_n)}{\left(\dfrac{g_m}{\sigma_m}\right)^2 - \left(\dfrac{g_n}{\sigma_n}\right)^2}}$$

将有关数据代入公式进行计算

$$l_{ijAB} = \sqrt{\frac{24 \times 13.158 \times 10^{-6} \times (130.53 - 81.58) + 24 \times 18.5 \times 10^{-6} \times (-10 - 15)}{\left(\dfrac{35.195 \times 10^{-3}}{130.53}\right)^2 - \left(\dfrac{35.195 \times 10^{-3}}{81.58}\right)^2}}$$

$$= 虚数$$

$$l_{ijAC} = 130.53 \times \sqrt{\frac{24 \times 18.5 \times 10^{-6} \times (-10 - 10)}{(35.195 \times 10^{-3})^2 - (63.835 \times 10^{-3})^2}} = 230.97(m)$$

$$l_{ijAD} = 130.53 \times \sqrt{\frac{24 \times 18.5 \times 10^{-6} \times (-10 + 5)}{(35.195 \times 10^{-3})^2 - (85.729 \times 10^{-3})^2}} = 78.68(m)$$

$$l_{ijBC} = \sqrt{\frac{24 \times 13.158 \times 10^{-6} \times (81.58 - 130.53) + 24 \times 18.5 \times 10^{-6} \times (15 - 10)}{\left(\dfrac{35.195 \times 10^{-3}}{81.58}\right)^2 - \left(\dfrac{63.835 \times 10^{-3}}{130.53}\right)^2}}$$

$$= 499.57(m)$$

$$l_{ijBD}=\sqrt{\frac{24\times13.158\times10^{-6}\times(81.58-130.53)+24\times18.5\times10^{-6}\times(15+5)}{\left(\frac{35.195\times10^{-3}}{81.58}\right)^2-\left(\frac{85.729\times10^{-3}}{130.53}\right)^2}}$$

$$=163.78(\text{m})$$

$$l_{ijCD}=130.53\times\sqrt{\frac{24\times18.5\times10^{-6}\times(10+5)}{(63.835\times10^{-3})^2-(85.729\times10^{-3})^2}}=\text{虚数}$$

(3)有效临界档距的判别。将计算出的各种临界档距列表,如表 2-6 所示,由表可判别出,全部临界档距中,只有一个有效临界档距,为 $l_{ijBD}=163.78$ m。判别结果如图 2-32 所示。

表 2-6　有效临界档距判别　　(单位:m)

A	B	C
l_{ijAB} = 虚数	$l_{ijBC}=499.57$	l_{ijCD} = 虚数
$l_{ijAC}=230.97$	$l_{ijBD}=163.78$	
$l_{ijAD}=78.68$		

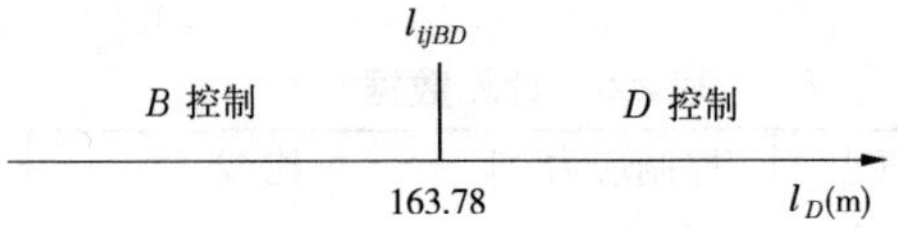

图 2-32　例 2-1 的判别结果图

(4)结论:①当 $l_r\leqslant163.78$ m 时,控制气象条件为年平均气温,控制应力为 $\sigma_n=81.58$ MPa;②当 $l_r\geqslant163.78$ m 时,控制气象条件为最大覆冰,控制应力为 $\sigma_m=130.53$ MPa。

第六节　导线应力弧垂特性曲线

在架空线路设计过程中,为了确定有关杆塔的设计荷载、导线对地安全距离以及交叉跨越的距离,必须计算导线(或避雷线)在各种气象条件下不同档距的应力或弧垂,并将计算的结果以横坐标为档距,以纵坐标为导线的应力或弧垂,并按一定比例绘制出在各种气象条件下的档距与应力、弧垂的关系曲线,这些曲线组称为导线(或避雷线)应力弧垂特性曲线或称为导线机械特性曲线,如图 2-33 所示。

当已知气象条件和档距时,利用导线和避雷线的机械特性曲线,可得相应的应力和弧垂。

导线机械特性曲线是在广泛调查分析沿线有关气象数据等资料的前提下确定设计条件,包括导线型号、气象区、安全系数和防振措施(以确定年平均运行应力),通过下述计算程序绘制的。任意改变其中某一设计条件,就有不同的机械特性曲线。所以,应用导线机械特性曲线时必须明确设计条件,特别是当输电线路较长时,可能在线路不同区段采用不同的设计条件。

导线机械特性曲线的计算程序如下:

(1)确定导线型号及设计气象区。

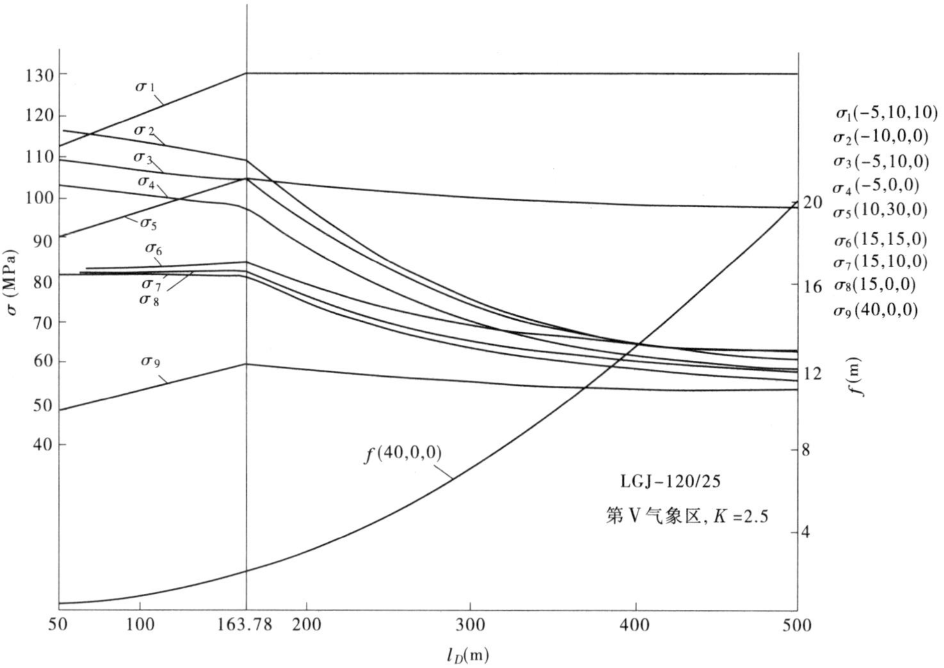

图 2-33　导线机械特性曲线

(2)确定导线在各种气象条件时的比载 $g_1 \sim g_7$。

(3)根据架空线型号查出 T_p 和 A,计算 σ_p。

(4)确定导线安全系数及防振措施,计算导线最大使用应力 σ_m 和年平均运行应力 σ_{cp}。

(5)计算临界档距并进行有效临界档距判别,确定控制条件及控制范围。

(6)以有效临界档距判别结果为已知条件,利用状态方程式和弧垂公式,逐一求出其他各种气象条件下各种代表档距值时的应力和弧垂值。

(7)以代表档距为横坐标,以应力或弧垂为纵坐标,绘制各种气象条件时的应力弧垂曲线。

导线的机械特性曲线并不需要按所有气象条件计算和绘制,根据工程需要一般须计算和绘制的曲线项目如表 2-7 所示。

表 2-7　机械特性曲线计算项目表

计算项目		大风	覆冰	安装	事故	低温	高温	平均气温	内过电压	外过电压	
										有风	无风
应力曲线	导线	△	△	△	△	△	△	△	△	△	△
	避雷线	△	△	△	△	△		△			△
弧垂曲线	导线	△	*				△				△
	避雷线										△

注:△表示需要绘制的曲线;*表示当导线最大弧垂发生在最大垂直比载时,应计算覆冰(无风)和稀有覆冰(无风)时的弧垂曲线;空格栏表示可以不计算。

第七节　导线安装曲线

一、导线的安装曲线

为了使运行线路的应力与设计值相等，首先必须使架空线在安装时的安装应力与设计值相等。这需要绘制导线安装曲线。

导线和避雷线的架线安装是在不同气温下进行的。施工前紧线时，要用事前做好的安装曲线查出各种施工气温下的弧垂，以确定架空线的松紧程度，使其在运行中在任何气象条件下的应力都不超过最大使用应力，且满足耐振条件，使导线任何点对地面及被跨越物之间的距离符合设计要求，保证运行的安全。

导线安装曲线通常绘制张力和弧垂两种曲线，如图 2-34 所示。

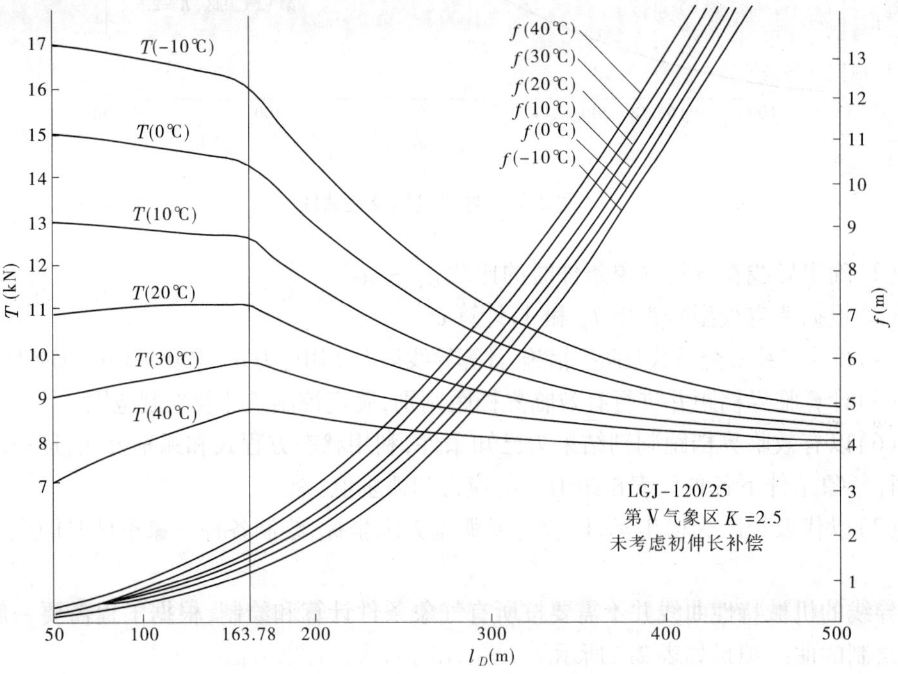

图 2-34　LGJ－120/25 型导线的弧垂安装曲线

安装曲线的计算方法与机械特性曲线计算相同，只是其气象条件为无冰无风情况，温度变化范围为最高气温到最低气温，其间隔可取 5 ℃（或 10 ℃）。档距的变化范围视工程实际情况而定。图中每一条曲线对应一种安装气象条件。

导线的张力和应力之间的关系为

$$T = \sigma_0 A \tag{2-23}$$

式中　T——导线张力，N；

σ_0——导线应力，N/mm²；

A——导线截面面积，mm²。

二、导线的初伸长

（一）初伸长及其影响

安装曲线在使用时，首先应注意曲线绘制时是否已考虑初伸长的影响。

在安装曲线的计算过程中，其应力是通过状态方程求出的，而状态方程中只考虑了导线的弹性变形，实际上金属绞线不是完全弹性体，因此在张力的作用下除产生弹性伸长外，还将产生塑性伸长和蠕变伸长，统称为塑蠕伸长。塑蠕伸长使导线、避雷线产生永久变形，即拉力除去后这两部分伸长仍不消失，在工程上称之为初伸长。

初伸长与作用于导线的张力大小和作用时间长短有关。在运行过程中随着导线张力的变化和时间的推移，这种初伸长被逐渐释放出来，最终在5～10年后趋于一稳定值。导线的初伸长增加了档距内导线长度，从而使弧垂产生了永久性增大，结果使导线对地和被跨越物的接近距离减小，危及线路的安全运行。因此，在线路设计或安装紧线时，导线若为未使用过的新线，则必须考虑初伸长的影响，对导线进行预拉或预作补偿。

（二）初伸长的补偿方法

补偿初伸长最常用的方法有减小弧垂法和降温法。

1. 减小弧垂法

减小弧垂法是在安装紧线时适当减小弧垂，待初伸长在运行过程中被释放出来后，所增加的弧垂恰好等于架线时减小的弧垂，从而达到设计弧垂。

相关规程规定，对于10 kV及以下的配电线路，一般采用减小弧垂法补偿初伸长对弧垂的影响，弧垂减小的百分数如下：

铝绞线　20%

钢芯铝绞线　12%

铜绞线　7%～8%

2. 降温法

降温法是将安装紧线时的气温降低一定的数值，然后按降低后的温度，从安装曲线查得代表档距的弧垂，再计算出观测档的弧垂。该弧垂即为考虑了初伸长影响的紧线时的观测弧垂。降温法是目前输电线路广泛采用的初伸长补偿方法。

降低的温度值可采用下列值：

钢芯铝绞线　15～20 ℃

钢绞线　10 ℃

钢芯铝绞线的降温值根据铝钢截面比的大小取用，铝钢截面比越大取值越小。

采用减小弧垂法或降温法进行初伸长补偿，其实质都是减小安装紧线时的弧垂，因而可以在设计绘制安装曲线时考虑，也可以在安装紧线确定观测弧垂时考虑，但不能重复。所以，安装曲线上一般均注有“已考虑初伸长补偿”或“未考虑初伸长补偿”字样，使用时需注意。

三、施工紧线时的观测弧垂

(一)观测档的选择

在连续档的施工紧线时,并不是每个档都进行弧垂观测,而是从一个耐张段中选出一个或几个观测档进行弧垂观测。为了使一个耐张段的各档弧垂都能满足要求,弧垂观测档要求符合两个条件,即档距较大和悬挂点高度差较小。具体选择原则如下:

(1)当紧线耐张段连续档在 6 档或 6 档以下时,靠近中间选择一大档距作为观测档。

(2)当紧线耐张段连续档为 7 ~ 15 档时,靠近两端各选择一大档距作为观测档,但不宜选择有耐张杆的档距。

(3)当紧线耐张段连续档在 15 档以上时,应在两端及中间附近各选择一大档距作为观测档。

(二)观测档的弧垂计算

线路施工时,一般根据各个耐张段的代表档距,分别从安装曲线上查出各种施工温度 t(要考虑初伸长的影响)下的弧垂。当曲线中没有温度为 t 的安装曲线时,可采用插入法查取,再换算到观测档的值,以便安装紧线时使用。

当已知代表档距的弧垂时,则观测档的弧垂计算如下

$$f_i = f_D\left(\frac{l_i}{l_D}\right)^2 \tag{2-24}$$

式中 f_i ——观测档的弧垂,m;

f_D ——代表档距的弧垂,m;

l_i ——观测档距,m;

l_D ——代表档距,m。

第八节　导线的振动和防振

一、振动的起因

架空电力线路的导线(或避雷线)受到稳定的微风作用时,在导线背后形成以一定频率上下交替变化的气流旋涡,使导线受到一个上下交变的脉冲力作用,如图 2-35 所示。当气流旋涡的交替变化频率与导线的固有自振频率相等时,导线在垂直平面内产生共振,即导线振动。

导线振动的波形为驻波,即波节不变,波腹上下交替变化。一年中,导线振动的时间常达全年的 30% ~50%。无论导线以什么频率振动,线夹出口处总是一波节点。所以,导线振动使导线在线夹出口处反复拗折,引起材料疲劳,最后导致断股、断线事故,对线路的正常安全运行危害较大。

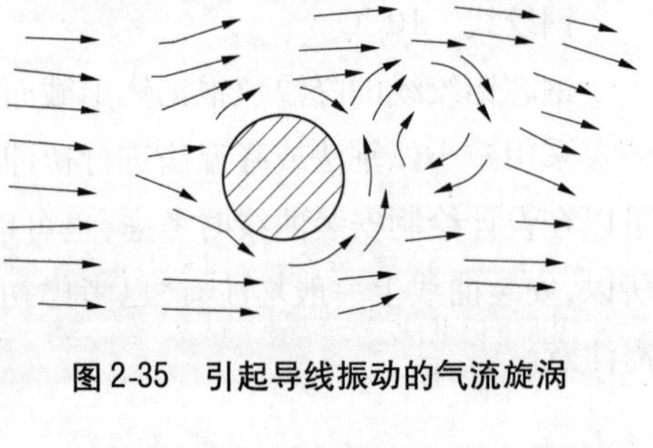

图 2-35　引起导线振动的气流旋涡

二、导线振动的特性和影响因素

(一)导线振动的特性

1. 导线的振动波形、振幅和振动角

导线的振动是沿整档导线呈驻波分布的,即导线离开平衡位置的位移大小无论在时间上还是沿档距长度上都按正弦规律变化。同时,在同一频率下,波腹点 a(最大振幅)及波节点 b 在导线上的位置恒定不变。图 2-36 为某一频率时导线振动的波形示意图。图中 O 为波节点;导线离开平衡位置 OX 轴的距离 A_x 称为振幅;位移中最大的 A_m 称为最大振幅。

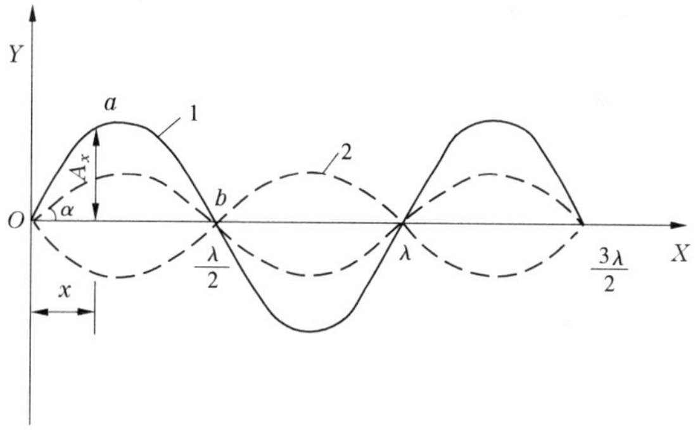

1—最大振幅时沿档距的波形;2—非最大振幅时沿档距的波形

图 2-36　导线振动的波形

在评价线夹出口处导线振动弯曲程度时,以线夹出口处的振动角来表示更为直观。所谓振动角,是指导线振动波的波节点处,导线对中心平衡位置的夹角,如图 2-36 中的 α。显然 α 就是振动波在节点处的斜率角,且最大振幅时振动角也最大。如果在运行中测得距线夹出口处为 x 的点的振幅为 A_x,则最大振动角 α_m 为

$$\alpha_m = \arctan\left(\frac{2\pi A_x}{\lambda \sin \frac{2\pi x}{\lambda}}\right) \tag{2-25}$$

式中　α_m——最大振动角;

λ——振动波波长,m;

x——测量点与线夹出口处的距离,m;

A_x——测量点振动波的振幅,m。

对于运行的线路,导线的振动角一般为 30′ ~ 50′,当振动特别强烈时,接近 1°。这样大的振动角,不需要很长时间就会使导线断股,因此一般架空电力线路均需采取防振措施,在导线紧线后应尽快安装防振器具,以使导线的振动角减小到允许范围之内。导线的允许振动角如表 2-8 所示,这是衡量

表 2-8　导线的允许振动角

平均运行应力	允许振动角
$\leqslant 25\%\sigma_p$	10′
$> 25\%\sigma_p$	5′

振动的严重程度和评价防振装置的防振效果的标准。

2. 导线的振动频率和波长

当导线受到稳定的微风作用时，若风速为 v（m/s）、导线直径为 d（mm），根据试验，气流旋涡的交替变化频率 f_F（Hz）为

$$f_F = 200\frac{v}{d} \tag{2-26}$$

导线的固有自振频率 f_D（Hz）可表示为

$$f_D = \frac{1}{\lambda}\sqrt{\frac{9.81T}{W}} \tag{2-27}$$

或

$$f_D = \frac{1}{\lambda}\sqrt{\frac{9.81\sigma}{g_1}} \tag{2-28}$$

式中 T ——导线的张力，N；

W ——导线单位长度的重力，N/m；

σ ——导线的应力，N/mm^2；

g_1 ——导线的自重比载，$N/(m \cdot mm^2)$。

当气流旋涡的交替变化频率与导线的固有自振频率相等（$f_F = f_D$）时，发生共振，引起导线振动。由此可以求出导线振动波的波长为

$$\lambda = \frac{d}{200v}\sqrt{\frac{9.81\sigma}{g_1}} \tag{2-29}$$

振动波的半波长为

$$\frac{\lambda}{2} = \frac{d}{400v}\sqrt{\frac{9.81\sigma}{g_1}} \tag{2-30}$$

必须注意的是，导线振动的频率不是唯一的。

（二）导线振动的影响因素

导线振动的主要影响因素包括风速、风向、档距、悬点高度、导线应力以及地形、地物等。

引起振动的基本因素是均匀稳定的微风。风速过小不足以形成涡流脉冲力；风速过大，气流和地面摩擦加剧而产生紊流，都不会使导线产生稳定的振动。一般引起导线振动的风速范围见表 2-9。

表 2-9 引起导线振动的风速范围

档距（m）	悬挂点高度（m）	引起振动的风速范围（m/s）	
		下限 v_n	上限 v_m
150～250	12	0.5	4.0
300～450	25	0.5	5.0
500～700	40	0.5	6.0
700～1 000	70	0.5	8.0

据观察，当风向和线路方向成 45°～90°夹角时，导线产生稳定振动；当风向和线路方

向成30°~45°夹角时，振动的稳定性较小；当风向和线路方向的夹角小于20°时，很少出现振动。

导线悬挂点越高，地面对风的均匀性破坏程度越小，风速较大时仍能出现足以引起导线振动的均匀性风速。因此，随着导线悬挂点的增高，将扩大振动风速的范围，从而增加振动的延续时间，增大了振幅。

由式(2-29)可知，振动波的波长和导线的直径有关；在振动过程中，档距 L 中振动波的半波数 n 为整数，则得

$$n = \frac{L}{\frac{\lambda}{2}} = \frac{2L}{\lambda}$$

则

$$\lambda = \frac{2L}{n}$$

将上式代入式(2-30)可得

$$n = \frac{L}{d} \times 400v\sqrt{\frac{g_1}{9.81\sigma}}$$

即当风速和导线应力不变时，有

$$n \propto \frac{L}{d}$$

由上式可知，档距越大、导线直径越小，档中形成完整半波数的机会越多，也就是导线产生共振的机会越多，导线振动程度也越严重。

综上所述，一般开阔地区易产生平稳、均匀的气流，因而凡输电线路经过的平原、沼地、漫岗、横跨河流以及平坦的风道，都被认为是易振区。当线路走向和全年主导风向垂直或夹角大于45°时，有较强的振动。

一方面，静态应力越大，振动的频带宽度越宽，越容易产生振动；另一方面，导线长期所受的振动的脉动力相当于一个动态应力叠加在导线的静态应力上，而导线的最大允许应力是一定的。因此，静态应力越大，振动越厉害，动态应力越大，对线路的危害越严重，而且随着静态应力的增大，导线本身对振动的阻尼作用显著降低，加重了振动的烈度，更易使导线材料疲劳，引起断股、断线事故。

为此，在线路设计考虑防振问题时，通常选择一个导线长期运行过程中运行时间最多、最有代表性的气象条件，即所谓"年平均气温"气象条件，并规定这个气象条件下导线的实际应力不得超过某一规定值，即"年平均运行应力"。相关规程规定，导线和避雷线的年平均运行应力上限和防振措施如表2-10所示。

三、导线的防振措施

(一)防振措施

导线的防振措施包括两个方面：一是在架空线上加装防振装置以吸收振动能量，减弱振动幅度；二是提高架空线的耐振强度，防止由振动而引起的损坏。前者常采用防振锤和阻尼线，见图2-37，后者常采取护线条及降低架空线的平均运行应力等措施。

表 2-10　架空输电线路的导线和避雷线的年平均运行应力和防振措施

情　况	防振措施	年平均运行应力上限占瞬时破坏应力的百分数(%)	
		钢芯铝绞线	钢绞线
档距不超过 500 m 的开阔地区	不需要	16	12
档距不超过 500 m 的非开阔地区	不需要	18	18
档距不超过 120 m	不需要	18	18
不论档距大小	护线条	22	—
	防振锤(阻尼线)另加护线条	25	25

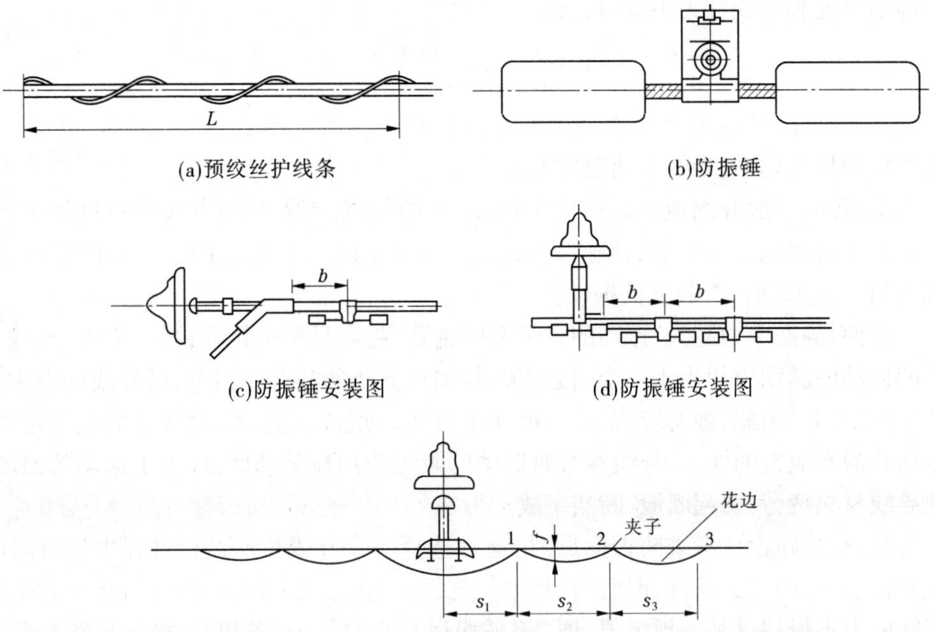

(a)预绞丝护线条　(b)防振锤

(c)防振锤安装图　(d)防振锤安装图

(e)阻尼线安装图

图 2-37　防振金具

(二)防振锤的安装

防振锤是目前架空电力线路防振的积极有效措施之一。但要求正确地选择型号、安装个数及安装位置,否则达不到预期的效果。防振锤的型号应与导线(或避雷线)的型号相配合,如表 2-11 所示,安装个数参见表 2-12。

表 2-11　防振锤型号及适用绞线截面面积

型号	适用绞线截面面积(mm^2)		质量(kg)
	钢绞线	铝绞线或钢芯铝绞线	
FD－1		35～50	1.5
FD－2		70～95	2.4
FD－3		120～150	4.5
FD－4		185～240	5.6
FD－5		300～400	7.2
FD－6		500～630	8.6
FG－35	35		1.8
FG－50	50		2.4
FG－70	70		4.2
FG－100	100		5.9

表 2-12　防振锤的安装个数

导线直径(mm)	防振锤的安装个数		
	1 m 档距下	2 m 档距下	3 m 档距下
<12	≤300	300～600	600～900
12～22	≤350	350～700	700～1 000
22～37.1	≤450	450～800	800～1 200

防振锤的安装,应使其在产生振动的各种风速下均能防振。为此,防振锤安装在波腹点附近,消耗振动能量最多。但是,导线振动的频率和波长是在一定范围内变化的,为使防振锤能对各种频率和波长的振动都发挥一定的防振作用,设计应符合的原则是:出现最大及最小半波长时,都能起到一定的防振作用,自然对中间波长的振动具有更好的防振效果。防振锤的安装距离 b (m)计算公式为

$$b = \frac{\frac{\lambda_m}{2} \times \frac{\lambda_n}{2}}{\frac{\lambda_m}{2} + \frac{\lambda_n}{2}} \tag{2-31}$$

$$\frac{\lambda_m}{2} = \frac{d}{400v_n}\sqrt{\frac{9.81\sigma_m}{g_1}} \tag{2-32}$$

$$\frac{\lambda_n}{2} = \frac{d}{400v_m}\sqrt{\frac{9.81\sigma_n}{g_1}} \tag{2-33}$$

式中　λ_m ——振动波的最大波长,m;

　　　λ_n ——振动波的最小波长,m;

σ_m ——最低气温时导线应力，N/mm²；

σ_n ——最高气温时导线应力，N/mm²；

v_m ——振动的上限风速，m/s；

v_n ——振动的下限风速，m/s。

当导线振动强烈时，需装多个防振锤，一般按等距离安装。

（三）阻尼线的安装

阻尼线是一种消振性能很好的防振装置。它采用一段挠性较好的钢丝绳或与导线同型号的绞线平行地敷设在导线下面，并在适当的位置用U形夹子或绑扎方法与导线固定，沿导线在线夹两侧形成递减型垂直花边波浪线，如图2-37(e)所示。

阻尼线的防振原理是：一方面相当于多个联合防振锤，使一部分振动能量被架空导线本身和阻尼线股之间的摩擦消耗；另一方面，在阻尼线花边的连接点处，使振动传来的能量产生分流，振动波在折射（并有少量反射）过程中能量被消耗，并有部分通过花边传到了线夹的另一侧。因此，传递至线夹出口处的振动能量很小。

阻尼线取材少、重力小、频率特性宽。通过试验证实，低频率振动时，防振锤效果较好，高频率振动时，阻尼线消振效果较好。从前面分析可知，导线直径小，悬挂点高，导线的振动频率高。所以，阻尼线较适合小截面导线的防振。大跨越档距通常采取阻尼线加防振锤的联合防振措施，以充分发挥各自的长处。

阻尼线的扎固点应考虑导线出现最大和最小振动波长时均能起到消振作用。当扎固点位于波腹点或两个相邻绑扎点的相对变位最大时消振性能最好。所以，阻尼线扎固点到线夹中心的距离可按下式确定

$$\left.\begin{aligned} s_1 &= \frac{\lambda_n}{4} = \frac{d}{800v_m}\sqrt{\frac{9.81\sigma_n}{g_1}} \\ s_1 + s_2 + s_3 &= \left(\frac{1}{4} \sim \frac{1}{6}\right)\lambda_m = \left(\frac{1}{4} \sim \frac{1}{6}\right)\frac{d}{200v_n}\sqrt{\frac{9.81\sigma_m}{g_1}} \\ s_2 &= s_3 \end{aligned}\right\} \tag{2-34}$$

式中符号意义同前。

阻尼线花边的个数一般随档距大小确定。一般的档距，悬点每侧采用两个花边（三个扎固点），500 m以上档距采用3～5个花边。花边弧垂大小对消振效果影响不大，一般取50～100 mm。从工艺上要求，一般各花边弧垂按图2-37(e)所示形式布置，并做成线夹两侧对称。

【例2-2】 某架空电力线路，有一耐张段各档档距分别为200 m、360 m、273 m，导线为LGJ－95/20型，导线直径为13.87 mm，自重比载 $g_1 = 35.187 \times 10^{-3}$ N/(m·mm²)，代表档距 $l_D = 300$ m。已知导线最高气温时应力为68.55 N/mm²，最低气温时应力为99.45 N/mm²。试选防振锤型号、安装距离，并统计该耐张段所需防振锤个数。

解：由表2-11，选用FD－2型防振锤。

选振动风速：$v_m = 5$ m/s，$v_n = 0.5$ m/s，则

$$\frac{\lambda_m}{2} = \frac{d}{400v_n}\sqrt{\frac{9.81\sigma_m}{g_1}} = \frac{13.87}{400 \times 0.5} \times \sqrt{\frac{9.81 \times 99.45}{35.187 \times 10^{-3}}} = 11.548(\mathrm{m})$$

$$\frac{\lambda_n}{2}=\frac{d}{400v_m}\sqrt{\frac{9.81\sigma_n}{g_1}}=\frac{13.87}{400\times 5}\times\sqrt{\frac{9.81\times 68.55}{35.187\times 10^{-3}}}=0.959(\mathrm{m})$$

$$b=\frac{\frac{\lambda_m}{2}\times\frac{\lambda_n}{2}}{\frac{\lambda_m}{2}+\frac{\lambda_n}{2}}=\frac{11.548\times 0.959}{11.548+0.959}=0.89(\mathrm{m})$$

由表2-12,该耐张段所需防振锤个数如表2-13所示。

表2-13 防振锤安装

<table>
<tr><td>杆号</td><td colspan="2">1</td><td colspan="2">2</td><td colspan="2">3</td><td colspan="2">4</td></tr>
<tr><td>档距(m)</td><td></td><td colspan="2">200</td><td colspan="2">360</td><td colspan="2">273</td><td></td></tr>
<tr><td>防振锤个数(三相)</td><td></td><td>3</td><td>3</td><td>6</td><td>6</td><td>3</td><td>3</td><td></td></tr>
<tr><td>安装距离(m)</td><td colspan="8">0.89</td></tr>
</table>

习 题

2-1 架空电力线路的主要组成部分有哪些?各部分的作用是什么?

2-2 架空电力线路一般采用哪几种导线?型号如何表示?

2-3 采用分裂导线的目的是什么?

2-4 绝缘子分哪几种类型?

2-5 架空电力线路连接金具包括哪些?各起什么作用?

2-6 架空电力线路的杆塔有哪些类型?其使用场合如何?

2-7 线路为什么要进行换位?

2-8 电力电缆线路的组成部分有哪些?各起什么作用?

2-9 试述架空电力线路和电缆电力线路的特点。

2-10 试确定全国¢级气象区在以下九种情况下的气象组合及比载:①最高气温;②最低气温;③覆冰;④最大风速;⑤年平均气温;⑥大气过电压;⑦内过电压;⑧安装;⑨事故(断线)。

2-11 试分析以下四种极限情况可能的气象组合及比载:①最大弧垂;②最小弧垂;③最大应力;④最小应力。

第三章　电力网元件参数及等值电路

内容提要

本章介绍的主要内容有：架空电力线路的电阻、电抗、电导和电纳四个参数代表的含义以及计算公式；用集中参数表示的架空电力线路等值电路；利用变压器的短路损耗、短路电压、空载损耗、空载电流等四个特性数据，计算双绕组和三绕组三相电力变压器的电阻、电抗、电导和电纳的方法；双绕组和三绕组三相电力变压器的等值电路等。

电力系统分析和计算的一般过程是：对电力系统进行简化分析；抽象出等效电路；确定其数学模型（把待求物理问题变成数学问题）；计算各元件参数；用各种数学方法进行求解；对结果进行分析。

所谓数学模型，是指元件或系统物理模型（物理特性）的数学描述，它包括描述静态问题的代数方程和描述动态问题的微分方程，描述线性系统的线性方程和描述非线性系统的非线性方程，定常系数方程和时变系数方程，描述非确定性过程的模糊数学方程及利用人工智能和神经元技术的网络方程等。元件参数是指描述元件电气特征的参量。元件特征不同，其参数也不完全相同。根据描述的不同运行状态，元件参数可以分为静态参数和动态参数、定参数和变参数等。

电力网元件参数的确定是电力系统分析和计算的基础。电力网元件包括电力线路和电力变压器。电力线路包括架空电力线路和电力电缆线路。电力电缆线路由工厂按标准规格制造，其参数可根据厂家提供的数据或者通过实测求得，所以本章着重介绍架空电力线路和电力变压器的参数计算。

第一节　架空电力线路的参数

架空电力线路的参数包括电阻、电抗、电导和电纳。它们分别反映架空电力线路的各个电气特征：

（1）电阻反映线路通过电流时产生有功功率的损失效应。

（2）电抗反映载流导线产生的磁场效应。

（3）电导反映线路带电时绝缘介质中产生泄漏电流及导线附近空气游离而产生的有功功率的损失。

（4）电纳反映带电导线周围的电场效应。

架空电力线路的电阻、电抗、电导和电纳四个参数通常认为是沿线路全长均匀分布的。单位长度的参数通常表示为电阻 r_1、电抗 x_1、电导 g_1 及电纳 b_1。在工程实践中，导线单位长度的参数值可以直接从有关参数表（如本书附录2）中查得。下面介绍利用公式计算线路参数的方法，以了解更为详细的知识。

一、电阻

有色金属导线单位长度的直流电阻 r_1 可按下式计算

$$r_1 = \rho / S \tag{3-1}$$

式中 ρ——导线的电阻率，$\Omega \cdot mm^2/km$；

S——导线载流部分的标称截面面积，mm^2。

由于架空电力线路要输送交流电流，所以要计算线路的交流电阻。计算线路的交流电阻时还要考虑以下几点：

(1)通过导线的是三相工频交流电流，由于集肤效应和邻近效应，交流电阻比直流电阻略大。

(2)由于多股绞线的扭绞，导体的实际长度比导线的长度长 2%~3%。

(3)在制造中，导线的实际截面面积比标称截面面积略小。

计算线路的交流电阻仍然采用式(3-1)，但考虑以上几个方面的因素，不用导线材料的标准电阻率，而是用修正以后略为增大了的电阻率，如铜的电阻率为 18.8 $\Omega \cdot mm^2/km$，铝的电阻率为 31.5 $\Omega \cdot mm^2/km$。

线路的总电阻计算公式为

$$R = \rho \frac{L}{S} \tag{3-2}$$

式中 ρ——导线材料修正后的电阻率，$\Omega \cdot mm^2/km$；

L——线路的长度，km；

S——线路导线的额定截面面积，mm^2。

另外，按式(3-1)计算或从参数表(见附录 2)中查得的电阻值，都是指导线温度为 20 ℃时的值。在精度要求较高时，温度 t 时的电阻值 r_t 可按下式计算

$$r_t = r_{20}[1 + \alpha(t - 20)] \tag{3-3}$$

式中 α——电阻温度系数，对于铜，$\alpha = 0.003\ 82/℃$，对于铝，$\alpha = 0.003\ 6/℃$。

二、电抗

电力线路的电抗是由导线中通过交流电时，在其内部和外部产生的交变磁场引起的。导线内部的交变磁场只与导线自感有关；导线外部的交变磁场不仅与自感有关，还与周围其他导线和它相互作用的互感有关。

当三相导线排列不对称时，各相导线所交链的磁链及各相等值电感不相同，这将引起三相参数不对称。因此，必须利用导线换位来使三相恢复对称，各相平均电感接近相等。

架空电力线路单位长度的电抗计算公式为

$$x_1 = 0.144\ 5 \lg \frac{D_{eq}}{r} + 0.015\ 7\mu_r \tag{3-4}$$

式中 D_{eq}——三相导线的几何平均距离(几何均距)，cm 或 mm；

r——导线的计算半径，cm 或 mm；

μ_r——导线材料的相对导磁率,对于有色金属,$\mu_r = 1$。

对于式(3-4),有以下几点需要进一步说明:

(1)几何平均距离的定义为

$$D_{eq} = \sqrt[3]{D_{12}D_{23}D_{31}} \tag{3-5}$$

式中,D_{12}、D_{23}、D_{31}——三相导线两两之间的距离。

设线路三相导线的相间距离为 D,当导线作等边三角形排列时,$D_{eq} = D$;当导线作水平排列时,$D_{eq} = \sqrt[3]{2D^3} = 1.26\ D$。

(2)计算半径 r 通过查导线的参数表求得,不能用截面推算,即 $r \neq \sqrt{S/\pi}$。

(3)D_{eq} 与 r 的单位应该一致。

架空线路的电抗一般为 0.35~0.45 Ω/km,随截面的变化较小。

线路采用分裂导线,大大增加了每相导线的等值半径,因而可以显著减小线路的电抗。每相具有 n 根分裂导线的线路,每相单位长度的电抗为

$$x_1 = 0.1445\lg\frac{D_{eq}}{r_n} + \frac{0.0157}{n} \tag{3-6}$$

式中 r_n——分裂导线的等效半径。

$$r_n = \sqrt[n]{rd_{eq}^{n-1}} = \sqrt[n]{rd_{12}d_{13}\cdots d_{1n}}$$

式中 r——每根次导线的计算半径;

d_{eq}——一相中分裂导线间的几何均距。

当同一杆塔上布置两回三相线路时,仍可用式(3-4)计算电抗,因为两回线路间的互感影响对于正序来说是不大的,可以略去不计。

对于钢导线,由于集肤效应及导线内部的磁导率均随导线通过的电流大小变化,它的电阻和电抗均是不恒定的。钢导线构成的输电线路将是一个非线性元件。钢导线的阻抗无法用解析法确定,只能用试验测得其特性,根据电流值来确定其阻抗。实际使用时查相关的参数表即可。

三、电导

架空输电线路的电导是用来反映泄漏电流和空气游离所引起的有功功率损耗的一种参数。

一般线路绝缘良好,泄漏电流很小,可以忽略泄漏电流引起的有功功率损耗,而主要考虑电晕现象引起的功率损耗。

所谓电晕现象,是指在架空线路带有高电压的情况下,当导线表面的电场强度超过空气击穿强度时,导体附近的空气游离而产生的局部放电现象。

电晕的产生与线路电压大小、导线截面大小、导线表面的粗糙状况以及空气湿度等气象状况有关。产生电晕时会发出咝咝声,并产生臭氧,夜间还可以看到紫色的晕光。电晕不仅消耗能量,而且会造成腐蚀导线等危害。

设三相线路每千米的电晕损耗为 ΔP_g,则每相等值电导为

$$g_1 = \frac{\Delta P_g}{U^2} \tag{3-7}$$

增大导线的有效半径是防止和减小电晕损耗的有效方法。在线路设计时，对 220 kV 以下的线路，通常按避免电晕损耗的条件选择导线半径；对 220 kV 及以上的线路，为了减小电晕损耗，常常采用分裂导线来增大每相导线的等值半径，特殊情况下也采用扩径导线。

由于在线路设计时总是尽量避免在正常气象条件下发生电晕，在一般的电力系统计算中可以忽略电晕损耗，即认为 $g_1 \approx 0$。

四、电纳

线路的电纳是由导线之间及导线与大地之间的电容所决定的。经过换位后的三相线路，每相导线每千米的等效电容可用下式计算

$$c_1 = \frac{0.0241}{\lg \frac{D_{eq}}{r}} \times 10^{-6} \tag{3-8}$$

每相导线每千米的电纳为

$$b_1 = \omega c_1 = \frac{7.58}{\lg \frac{D_{eq}}{r}} \times 10^{-6} \quad (\mathrm{S/km}) \tag{3-9}$$

式中，D_{eq}与 r 的单位同式(3-4)。

如果采用分裂导线，式中的 r 用分裂导线的等效半径 r_n 代替。

与电抗一样，线路的电纳值随导线截面变化不大。对于单导线线路，电纳值一般为 2.8×10^{-6} S/km 左右；对于分裂导线线路，当每相分裂根数分别为 2 根、3 根和 4 根时，每千米电纳分别约为 3.4×10^{-6} S、3.8×10^{-6} S 和 4.1×10^{-6} S。

【例 3-1】 一条 110 kV 架空电力线路，导线型号为 LGJ－185，三相导线水平排列，相间距离为 4 m，线路长度为 100 km。求线路参数。

解：线路单位长度的电阻为

$$r_1 = \frac{\rho}{S} = \frac{31.5}{185} = 0.17(\Omega/\mathrm{km})$$

由附表 2-1 查得 LGJ－185 的计算直径为 19.0 mm，计算半径为 9.5 mm。

线路单位长度的电抗为

$$x_1 = 0.1445 \lg \frac{D_{eq}}{r} + 0.0157 \mu_r$$

$$= 0.1445 \lg \frac{1.26 \times 4000}{9.5} + 0.0157 \times 1 = 0.409(\Omega/\mathrm{km})$$

线路单位长度的电纳为

$$b_1 = \frac{7.58}{\lg \frac{D_{eq}}{r}} \times 10^{-6} = \frac{7.58}{\lg \frac{1.26 \times 4000}{9.5}} \times 10^{-6} = 2.78 \times 10^{-6}(\mathrm{S/km})$$

线路电阻为

$$R = r_1 L = 0.17 \times 100 = 17(\Omega)$$

线路电抗为

$$X = x_1 L = 0.409 \times 100 = 40.9(\Omega)$$

线路电纳为

$$B = b_1 L = 2.78 \times 10^{-6} \times 100 = 2.78 \times 10^{-4}(\text{S})$$

第二节　架空电力线路的等值电路

架空电力线路的四个参数 r_1、x_1、b_1、g_1 实际上是沿线路均匀分布的。若取一小段输电线来看,线路的每一相可用如图 3-1 所示的等值电路表示。所以,架空电力线路的等值电路是具有分布参数特性的等值电路。

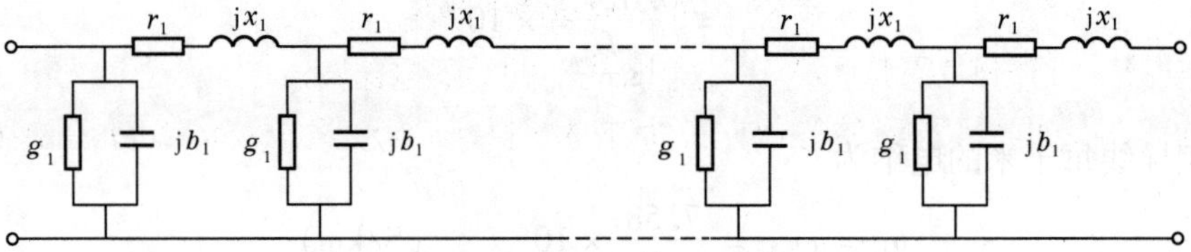

图 3-1　具有分布参数特性的等值电路

具有分布参数特性的等值电路能较好地反映电力线路,但电路复杂,电气计算烦琐。由于我们考虑的电力线路不长,而且只需分析其端点的情况,如线路首末端的电压、电流和功率等,通常可以不考虑线路的分布参数特性,而是用集中参数表示。线路长的高压线路才考虑其分布特性。当架空电力线路的长度在 300 km 以内时,其等值电路常采用由集中参数构成的电路。

线路集中参数的等值电路包括 Π 型和 T 型两种,常用的是 Π 型。由于正常运行的电力系统可以认为是三相对称的,所以可以用单相等值电路来代表三相。

Π 型等值电路的制作方法是:将全线的阻抗集中在一起,用一个集中参数 $Z = R + \mathrm{j}X$ 表示;将全线的导纳集中起来平分为二,成为两个集中参数:$\frac{Y}{2} = \frac{G}{2} + \mathrm{j}\frac{B}{2}$,分别布置在阻抗的首端和末端,如图 3-2(a)所示。

T 型等值电路是将全线的导纳集中在线路中间成为一个集中参数,而将全线的阻抗集中起来平均分置在集中导纳的两侧,成为两个集中参数。

当线路的电导 G 忽略不计时,$\frac{Y}{2} \approx \mathrm{j}\frac{B}{2}$,等值电路可以简化为如图 3-2(b)所示。对于中等长度(100 ~ 300 km)的架空电力线路均可以采用这种等值电路。

对于 35 kV 及以下的短线路,由于电压较低,电容影响较小,导纳往往略去不计,便得到了更为简单的仅用阻抗表示的等值电路,如图 3-2(c)所示。

在电力网计算中,由于线路导纳支路消耗的功率和节点电压平方成正比,而节点电压相对固定不变,所以常将线路导纳支路直接用其所消耗的功率表示,如图 3-2(d)所示。线路导纳支路消耗容性无功,我们定义感性无功为正(详见第四章),则容性无功为负。

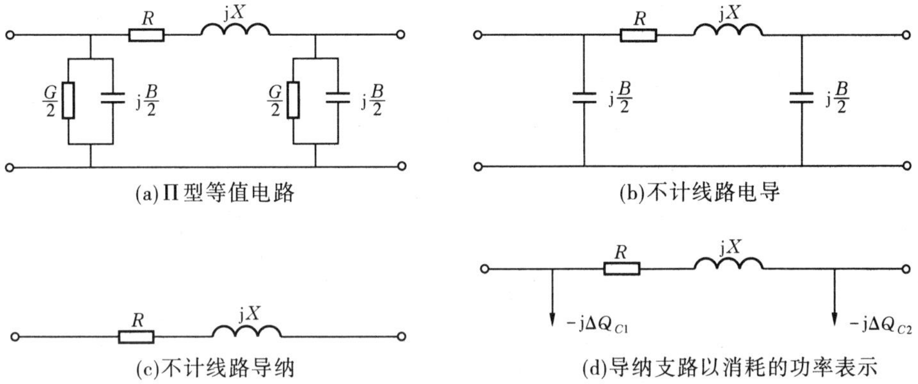

图 3-2　电力线路的等值电路

【例 3-2】 试作例 3-1 110 kV 架空电力线路的等值电路。

解:不计线路电导,线路的等值电路如图 3-3 所示,其中阻抗单位为 Ω,导纳的单位为 S。

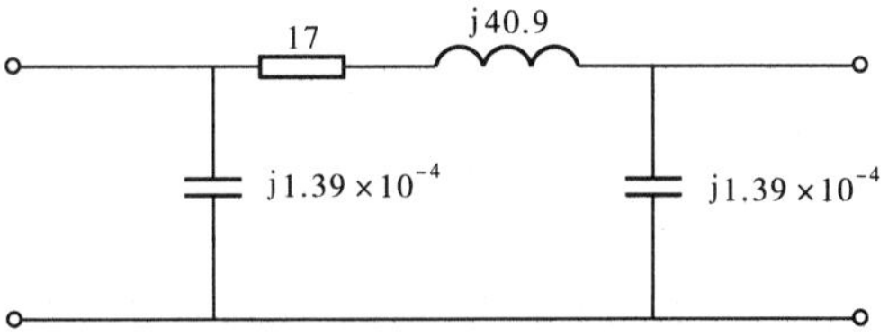

图 3-3　例 3-2 电力线路等值电路

第三节　电力变压器的等值电路和参数

电力变压器包括双绕组变压器、三绕组变压器等。在地方电网中常用的是双绕组三相电力变压器。

一、双绕组三相电力变压器的等值电路

电力系统正常运行时,三相电力变压器对称运行,因此三相电力变压器的等值电路也可以用一相表示。

在电机学中,双绕组三相电力变压器通常采用 T 型等值电路;在电力系统计算中,则通常采用 Γ 型等值电路,如图 3-4(a)所示。在 Γ 型等值电路中,将励磁支路前移到一次侧,并用并联导纳 $Y_T = G_T - jB_T$ 表示,因为并联导纳支路为感性,所以电纳前面采用“ - ”;将变压器一次、二次绕组的电阻、电抗归算到同一侧,合并用等值阻抗 $Z_T = R_T + jX_T$ 表示。

对于高压侧为 35 kV 及以下的电力变压器,其空载损耗较小,可以忽略不计,等值电路可以表示为一个串联阻抗,如图 3-4(b)所示。

在电力网计算中,考虑变压器导纳支路消耗的功率和电压平方成正比,也相对固定不变,近似为变压器的空载损耗,常将变压器导纳支路直接用其所消耗的功率表示,等值电

路可以表示为如图 3-4(c)所示。

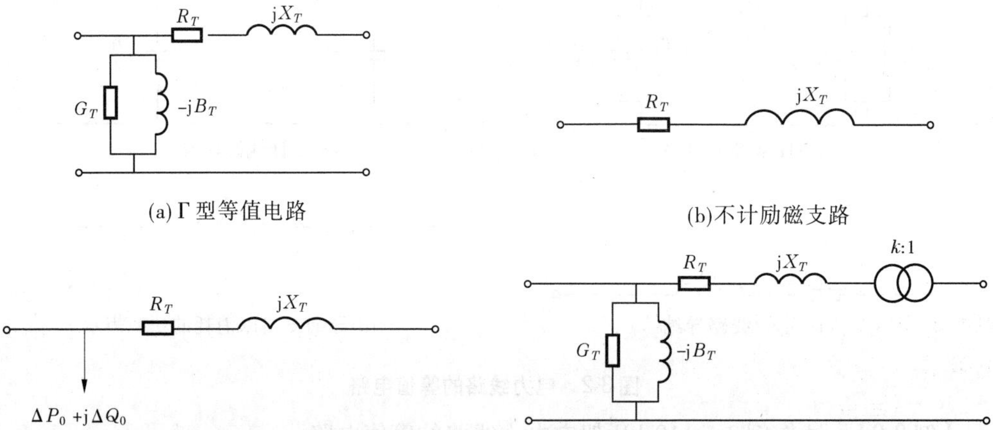

(a) Γ 型等值电路　　(b)不计励磁支路

(c)励磁支路以消耗的功率表示　　(d)计及变压比的等值电路

图 3-4　双绕组变压器等值电路

如果要反映变压器的变压特性,又可采用将变压器的阻抗 Z_T 和理想变压器相串联的等值电路,如图 3-4(d)所示。图中所示的变压器阻抗 $Z_T=R_T+jX_T$ 是折算到一次侧的值;所谓理想变压器,是指无损耗、无漏磁、无需励磁电流的变压器,图中理想变压器的变比为 $k=\dfrac{U_{1N}}{U_{2N}}$。

变压器采用图 3-4(a)、(b)、(c)所示的等值电路时,设参数都是归算到一次侧的值,则阻抗环节末端的电流和电压都是二次绕组的电流和电压折算到一次绕组的值;需将它们再除以变压器的变比,才得到变压器二次侧的实际电流和电压值。图 3-4(d)所示的等值电路,则更清楚地表达了实际的电流、电压和变比之间的关系。

二、双绕组电力变压器的参数计算

变压器的参数一般是指变压器等值电路中的电阻 R_T、电抗 X_T、电导 G_T 和电纳 B_T。变压器的变比也可以作为变压器的一个参数。

每一台变压器在出厂时,在其铭牌上或试验书中都要提供代表其电气特性的四个参数:短路损耗 ΔP_k、短路电压 $U_k\%$、空载损耗 ΔP_0 和空载电流 $I_0\%$。短路损耗、短路电压由变压器短路试验得到,用以确定 R_T 和 X_T;空载损耗、空载电流由空载试验得到,用以确定 G_T 和 B_T。变压器的特性参数也可以在产品样本或参数表格中查到。下面推导利用它们求变压器参数的计算公式。

(一)电阻 R_T

变压器做短路试验时,将一侧绕组短接,在另一侧绕组施加电压,使短路绕组的电流达到额定值。由于此时外加电压较小,相应的铁耗也小,可以认为短路损耗即等于变压器通过额定电流时原、副边绕组电阻的总损耗(亦称铜耗),即 $\Delta P_k\approx 3I_N^2R_T$,于是

$$R_T=\frac{\Delta P_k}{3I_N^2}=\frac{\Delta P_kU_N^2}{S_N^2}\quad(\Omega)\tag{3-10}$$

式中 ΔP_k——变压器短路损耗，W；

S_N——变压器的额定容量，VA；

U_N——变压器的额定电压，V。

在电力系统计算中，常用 ΔP_k 的单位为 kW，S_N 的单位为 kVA，U_N 的单位为 kV，如此代入式(3-10)，可得

$$R_T = \frac{\Delta P_k U_N^2}{S_N^2} \times 10^3 \quad (\Omega) \tag{3-11}$$

式(3-11)中，U_N 既可以选择变压器一次侧的额定电压，也可以选择变压器二次侧的额定电压，具体由参数归算到哪一侧决定。如果采用变压器一次侧的额定电压 U_{1N}，则求得的电阻是归算到变压器一次侧的值；如果采用变压器二次侧的额定电压 U_{2N}，则求得的电阻是归算到变压器二次侧的值。下述的变压器其他参数的计算也与此相同。

(二)电抗 X_T

变压器的特性参数短路电压(百分数)$U_k\%$，是指变压器绕组阻抗上通过额定电流 I_N 时产生的电压损耗(百分数)，即

$$U_k\% = \frac{\sqrt{3} I_N Z_T}{U_N} \times 100$$

对于大容量的电力变压器，其绕组电阻比电抗小得多，可以近似地认为变压器绕组阻抗上的电压损耗约等于绕组电抗上的电压损耗，即

$$U_k\% = \frac{\sqrt{3} I_N Z_T}{U_N} \times 100 \approx \frac{\sqrt{3} I_N X_T}{U_N} \times 100$$

所以

$$X_T = \frac{U_k\% \cdot U_N}{100\sqrt{3} \cdot I_N} = \frac{U_k\% \cdot U_N^2}{100 S_N} \tag{3-12}$$

若 S_N 的单位采用 kVA，U_N 的单位采用 kV，则

$$X_T = \frac{U_k\% \cdot U_N^2}{100 S_N} \times 10^3 = \frac{U_k\% \cdot U_N^2}{S_N} \times 10 \quad (\Omega) \tag{3-13}$$

若参数归算到变压器一次侧，则用一次侧的额定电压 U_{1N} 代入式(3-13)中；若参数归算到变压器二次侧，则用二次侧的额定电压 U_{2N} 代入式(3-13)中。

(三)电导 G_T

变压器的电导用于表示变压器的铁芯损耗。虽然变压器的空载损耗包括变压器绕组铜耗和铁耗，但由于变压器加额定电压时的空载电流很小，绕组中的铜耗也很小，可近似认为变压器的空载损耗等于铁耗，于是

$$\Delta P_0 \approx 3 G_T \left(\frac{U_N}{\sqrt{3}}\right)^2 = G_T U_N^2$$

$$G_T = \frac{\Delta P_0}{U_N^2} \tag{3-14}$$

式(3-14)中 ΔP_0 的单位采用 kW、U_N 的单位采用 kV 时，有

$$G_T = \frac{\Delta P_0}{U_N^2} \times 10^{-3} \quad (\mathrm{S}) \tag{3-15}$$

（四）电纳 B_T

变压器的电纳代表变压器的励磁无功功率。变压器空载电流包括有功电流和励磁电流两部分。有功电流供给铁损，励磁电流供给励磁无功功率。由于励磁无功功率比铁损大得多，因此可以认为励磁电流约等于空载电流，于是有

$$I_0\% = \frac{I_0}{I_N} \times 100 \approx \frac{B_T \dfrac{U_N}{\sqrt{3}}}{I_N} \times 100 = \frac{B_T U_N}{\sqrt{3} I_N} \times 100$$

所以

$$B_T = \frac{I_0\% \cdot \sqrt{3} I_N}{100 U_N} = \frac{I_0\% \cdot S_N}{100 U_N^2} \tag{3-16}$$

式(3-16)中 S_N 的单位采用 kVA、U_N 的单位采用 kV 时，有

$$B_T = \frac{I_0\% \cdot S_N}{100 U_N^2} \times 10^{-3} \quad (\mathrm{S}) \tag{3-17}$$

（五）变比 k_T

在电力系统计算中，变压器的变比 k_T 通常是指两侧绕组空载线电压的比值，它与同一铁芯柱上的原、副边绕组匝数 w 之比是有区别的。对于 Y，y 和 D，d 接法的变压器，$k_T = \frac{U_{1N}}{U_{2N}} = \frac{w_1}{w_2}$，即变比与原、副边绕组匝数比相等；对于 Y，d 接法的变压器，$k_T = \frac{U_{1N}}{U_{2N}} = \frac{\sqrt{3} w_1}{w_2}$。

根据电力系统运行调节的要求，变压器不一定工作在主抽头上，因此变压器运行中的实际变比，应是工作时两侧绕组实际抽头的空载电压之比。

【例 3-3】 有一台 $\mathrm{SFL_1}-20000/110$ 型的降压变压器，向 10 kV 网络供电，铭牌给出的试验数据为：$\Delta P_k = 135$ kW，$U_k\% = 10.5$，$\Delta P_0 = 22$ kW，$I_0\% = 0.8$。试计算归算到高压侧的变压器参数，并作等值电路图。

解：$S = 20\ 000$ kVA，计算归算到高压侧的变压器参数，额定电压 $U_N = 110$ kV。各参数如下：

$$R_T = \frac{\Delta P_k U_N^2}{S_N^2} \times 10^3 = \frac{135 \times 110^2}{20\ 000^2} \times 10^3 = 4.08(\Omega)$$

$$X_T = \frac{U_k\%}{100} \times \frac{U_N^2}{S_N} \times 10^3 = \frac{10.5 \times 110^2}{100 \times 20\ 000} \times 10^3 = 63.53(\Omega)$$

$$G_T = \frac{\Delta P_0}{U_N^2} \times 10^{-3} = \frac{22}{110^2} \times 10^{-3} = 1.82 \times 10^{-6}(\mathrm{S})$$

$$B_T = \frac{I_0\%}{100} \times \frac{S_N}{U_N^2} \times 10^{-3} = \frac{0.8}{100} \times \frac{20\ 000}{110^2} \times 10^{-3} = 13.2 \times 10^{-6}(\mathrm{S})$$

$$k_T = \frac{U_{1N}}{U_{2N}} = \frac{110}{11} = 10$$

变压器等值电路如图 3-5(a)所示。

变压器励磁支路有功功率损耗 $\Delta P_0 = 22$ kW,无功功率损耗为

$$\Delta Q_0 = \frac{I_0\%}{100} \cdot S_N = \frac{0.8}{100} \times 20\ 000 = 160(\text{kvar})$$

变压器励磁支路直接用其消耗的功率表示,等值电路如图 3-5(b)所示。

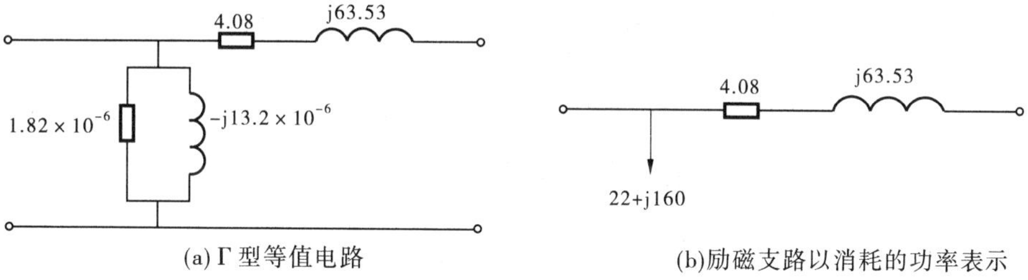

图 3-5　例 3-3 变压器等值电路

三、三绕组电力变压器的等值电路

对于三绕组变压器,采用励磁支路前移的星形等值电路,如图 3-6 所示,图中的所有参数值都是折算到一次侧的值。

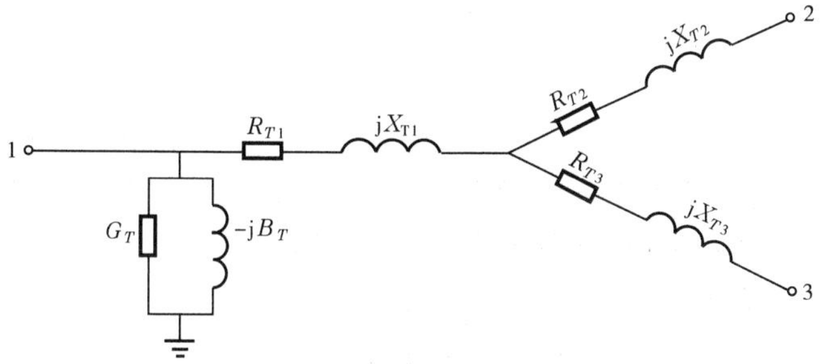

图 3-6　三绕组变压器等值电路

四、三绕组电力变压器的参数计算

三绕组变压器等值电路中的参数计算原则与双绕组变压器相同。其电导、电纳和变比的计算与双绕组变压器相同,三个绕组的电阻、电抗要分别计算。下面分别介绍电阻和电抗的计算公式。

(一)电阻 R_{T1}、R_{T2}、R_{T3}

三绕组变压器的短路试验是依次让一个绕组开路,按双绕组变压器来做的。通过两两三次短路试验,可得到三组短路试验数据。若三个绕组分别以 1、2、3 表示,则短路损耗分别为 $\Delta P_{k(1-2)}$、$\Delta P_{k(2-3)}$、$\Delta P_{k(3-1)}$。设 1、2、3 三个绕组通过额定电流时的功率损耗分别为 ΔP_{k1}、ΔP_{k2}、ΔP_{k3},根据短路试验的原理,可得

$$\Delta P_{k(1-2)}=\Delta P_{k1}+\Delta P_{k2}$$
$$\Delta P_{k(2-3)}=\Delta P_{k2}+\Delta P_{k3}$$
$$\Delta P_{k(3-1)}=\Delta P_{k3}+\Delta P_{k1}$$

可推得

$$\left.\begin{aligned}\Delta P_{k1}&=\frac{1}{2}[\Delta P_{k(1-2)}+\Delta P_{k(3-1)}-\Delta P_{k(2-3)}]\\\Delta P_{k2}&=\frac{1}{2}[\Delta P_{k(1-2)}+\Delta P_{k(2-3)}-\Delta P_{k(3-1)}]\\\Delta P_{k3}&=\frac{1}{2}[\Delta P_{k(2-3)}+\Delta P_{k(3-1)}-\Delta P_{k(1-2)}]\end{aligned}\right\}\qquad(3\text{-}18)$$

求出各绕组的短路损耗后，便可导出与双绕组变压器计算 R_T 相同形式的算式，即

$$\left.\begin{aligned}R_{T1}&=\frac{\Delta P_{k1}U_N^2}{S_N^2}\times10^3\quad(\Omega)\\R_{T2}&=\frac{\Delta P_{k2}U_N^2}{S_N^2}\times10^3\quad(\Omega)\\R_{T3}&=\frac{\Delta P_{k3}U_N^2}{S_N^2}\times10^3\quad(\Omega)\end{aligned}\right\}\qquad(3\text{-}19)$$

式中 ΔP_k——变压器短路损耗，kW；

S_N——变压器三相额定容量，kVA；

U_N——变压器的额定电压，kV。

上述电阻归算到变压器的哪一侧，则采用哪一侧的额定电压。

值得注意的是，三绕组电力变压器三个绕组的容量可以不一样。目前我国生产的电力变压器三个绕组的容量比，按高、中、低压绕组的顺序主要有 100/100/100、100/100/50、100/50/100 三种，老式变压器尚有 100/66.7/100、100/100/66.7 两种。变压器铭牌上的额定容量是指容量最大的一个绕组的容量，也就是高压绕组的容量。上述计算公式适用于三个绕组的额定容量都相等的情况。

当各绕组额定容量不相等时，短路试验时的额定电流将受到较小容量绕组额定电流的限制。当容量比为 100/50/100 时，与第二绕组一起做短路试验时的绕组电流为额定电流(与额定容量对应)的 1/2，此时得到的短路试验数据必须先进行折算，归算到额定容量下，才能代入式(3-18)计算。

设短路试验得到的值分别为 $\Delta P'_{k(1-2)}$、$\Delta P'_{k(2-3)}$、$\Delta P'_{k(3-1)}$，且编号 1 表示高压绕组，则归算到额定容量下的短路损耗为

$$\left.\begin{aligned}\Delta P_{k(1-2)}&=\Delta P'_{k(1-2)}\left(\frac{S_N}{S_{2N}}\right)^2\\\Delta P_{k(2-3)}&=\Delta P'_{k(2-3)}\left(\frac{S_N}{\min\{S_{2N},S_{3N}\}}\right)^2\\\Delta P_{k(3-1)}&=\Delta P'_{k(3-1)}\left(\frac{S_N}{S_{3N}}\right)^2\end{aligned}\right\}\qquad(3\text{-}20)$$

（二）电抗 X_{T1}、X_{T2}、X_{T3}

和双绕组变压器一样，近似地认为电抗上的电压损耗就等于短路电压。在给出短路电压 $U_{k(1-2)}\%$、$U_{k(2-3)}\%$、$U_{k(3-1)}\%$后，可计算各绕组的短路电压百分数分别为

$$\left.\begin{aligned} U_{k1}\% &= \frac{1}{2}[U_{k(1-2)}\% + U_{k(3-1)}\% - U_{k(2-3)}\%] \\ U_{k2}\% &= \frac{1}{2}[U_{k(1-2)}\% + U_{k(2-3)}\% - U_{k(3-1)}\%] \\ U_{k3}\% &= \frac{1}{2}[U_{k(2-3)}\% + U_{k(3-1)}\% - U_{k(1-2)}\%] \end{aligned}\right\} \tag{3-21}$$

各绕组的等值电抗为

$$\left.\begin{aligned} X_{T1} &= \frac{U_{k1}\% \cdot U_N^2}{100S_N} \times 10^3 \quad (\Omega) \\ X_{T2} &= \frac{U_{k2}\% \cdot U_N^2}{100S_N} \times 10^3 \quad (\Omega) \\ X_{T3} &= \frac{U_{k3}\% \cdot U_N^2}{100S_N} \times 10^3 \quad (\Omega) \end{aligned}\right\} \tag{3-22}$$

应该指出，手册和制造厂提供的短路电压值，不论变压器各绕组容量比如何，一般都已折算为与变压器额定容量相对应的值，因此可以直接用公式计算。

三绕组变压器各绕组等值电抗的相对大小，与三个绕组在铁芯上的排列有关。高压绕组因绝缘要求排在外层，中压和低压绕组均有可能排在中层。排在中层的绕组，受两侧互感影响，其等值电抗较小，或具有不大的负值。

升压变压器常用低压绕组位于中层的排列结构，有利于功率从低压侧向高、中压侧传送；降压变压器常用中压绕组位于中层的排列结构，有利于功率从高压侧向中压侧传送。

【例 3-4】 有一容量比为 90/90/60 MVA，额定电压为 220/38.5/11 kV 的三绕组变压器。工厂给出试验数据为 $\Delta P'_{k(1-2)} = 560$ kW、$\Delta P'_{k(2-3)} = 178$ kW、$\Delta P'_{k(3-1)} = 363$ kW；$U_{k(1-2)}\% = 13.15$、$U_{k(2-3)}\% = 5.7$、$U_{k(3-1)}\% = 20.4$；$\Delta P_0 = 187$ kW，$I_0\% = 0.856$。试求归算到 220 kV 侧的变压器参数。

解：先折算短路损耗试验数据

$$\Delta P_{k(1-2)} = \Delta P'_{k(1-2)}\left(\frac{S_N}{S_{2N}}\right)^2 = 560 \times \left(\frac{90}{90}\right)^2 = 560(\text{kW})$$

$$\Delta P_{k(2-3)} = \Delta P'_{k(2-3)}\left(\frac{S_N}{S_{3N}}\right)^2 = 178 \times \left(\frac{90}{60}\right)^2 = 401(\text{kW})$$

$$\Delta P_{k(3-1)} = \Delta P'_{k(3-1)}\left(\frac{S_N}{S_{3N}}\right)^2 = 363 \times \left(\frac{90}{60}\right)^2 = 817(\text{kW})$$

各绕组的短路损耗为

$$\Delta P_{k1} = \frac{1}{2}[\Delta P_{k(1-2)} + \Delta P_{k(3-1)} - \Delta P_{k(2-3)}] = \frac{1}{2} \times (560 + 817 - 401) = 488(\text{kW})$$

$$\Delta P_{k2} = \frac{1}{2}[\Delta P_{k(1-2)} + \Delta P_{k(2-3)} - \Delta P_{k(3-1)}] = \frac{1}{2} \times (560 + 401 - 817) = 72(\text{kW})$$

$$\Delta P_{k3}=\frac{1}{2}[\Delta P_{k(2-3)}+\Delta P_{k(3-1)}-\Delta P_{k(1-2)}]=\frac{1}{2}\times(401+817-560)=329(\text{kW})$$

各绕组的电阻为

$$R_{T1}=\frac{\Delta P_{k1}U_N^2}{S_N^2}\times 10^3=\frac{488\times 220^2}{90\ 000^2}\times 10^3=2.92(\Omega)$$

$$R_{T2}=\frac{\Delta P_{k2}U_N^2}{S_N^2}\times 10^3=\frac{72\times 220^2}{90\ 000^2}\times 10^3=0.43(\Omega)$$

$$R_{T3}=\frac{\Delta P_{k3}U_N^2}{S_N^2}\times 10^3=\frac{329\times 220^2}{90\ 000^2}\times 10^3=1.97(\Omega)$$

各绕组短路电压为

$$U_{k1}\%=\frac{1}{2}[U_{k(1-2)}\%+U_{k(3-1)}\%-U_{k(2-3)}\%]=\frac{1}{2}\times(13.15+20.4-5.7)=13.93$$

$$U_{k2}\%=\frac{1}{2}[U_{k(1-2)}\%+U_{k(2-3)}\%-U_{k(3-1)}\%]=\frac{1}{2}\times(13.15+5.7-20.4)=-0.78$$

$$U_{k3}\%=\frac{1}{2}[U_{k(2-3)}\%+U_{k(3-1)}\%-U_{k(1-2)}\%]=\frac{1}{2}\times(5.7+20.4-13.15)=6.48$$

各绕组的等值电抗分别为

$$X_{T1}=\frac{U_{k1}\%}{100}\times\frac{U_N^2}{S_N}\times 10^3=\frac{13.93}{100}\times\frac{220^2}{90\ 000}\times 10^3=74.9(\Omega)$$

$$X_{T2}=\frac{U_{k2}\%}{100}\times\frac{U_N^2}{S_N}\times 10^3=\frac{-0.78}{100}\times\frac{220^2}{90\ 000}\times 10^3=-4.2(\Omega)$$

$$X_{T3}=\frac{U_{k3}\%}{100}\times\frac{U_N^2}{S_N}\times 10^3=\frac{6.48}{100}\times\frac{220^2}{90\ 000}\times 10^3=34.8(\Omega)$$

变压器的电导和电纳分别为

$$G_T=\frac{\Delta P_0}{U_N^2}\times 10^{-3}=\frac{187}{220^2}\times 10^{-3}=3.9\times 10^{-6}(\text{S})$$

$$B_T=\frac{I_0\%}{100}\times\frac{S_N}{U_N^2}\times 10^{-3}=\frac{0.856}{100}\times\frac{90\ 000}{220^2}\times 10^{-3}=15.9\times 10^{-6}(\text{S})$$

习　题

3-1　输电线路参数有哪四个？各反映了什么？

3-2　110 kV 架空输电线路的导线型号为 LGJ－120，线路长度为 120 km，导线相间距离为 3.3 m，分别按照等边三角形和水平排列，试：

(1)计算不同排列方式下的线路参数；

(2)作线路的等值电路图。

3-3　一台 $SFL_1-31500/35$ 型双绕组三相变压器，额定变比为 35/11 kV，查得 $\Delta P_0=30$ kW，$I_0\%=1.2$，$\Delta P_k=177.2$ kW，$U_k\%=8$。求变压器参数归算到高、低压侧的值，并作变压器的等值电路图。

3-4 型号为 SFS－40000/220 的三相三绕组变压器，容量比为 100/100/100，额定变比为 220/38.5/11 kV，查得 $\Delta P_0 = 46.8$ kW，$I_0\% = 0.9$，$\Delta P_{k(1-2)} = 217$ kW，$\Delta P_{k(1-3)} = 200.7$ kW，$\Delta P_{k(2-3)} = 158.6$ kW，$U_{k(1-2)}\% = 17$，$U_{k(1-3)}\% = 10.5$，$U_{k(2-3)}\% = 6$。试求归算到高压侧的变压器参数的值，作变压器的等值电路图。

3-5 一台 SFSL－31500/110 型三绕组变压器，额定变比为 110/38.5/11 kV，容量比为 100/100/66.7，空载损耗 80 kW，励磁功率 850 kvar，短路损耗 $\Delta P_{k(1-2)} = 450$ kW，$\Delta P_{k(2-3)} = 270$ kW，$\Delta P_{k(1-3)} = 240$ kW，短路电压 $U_{k(1-2)}\% = 11.55$，$U_{k(2-3)}\% = 8.5$，$U_{k(1-3)}\% = 21$。试计算变压器归算到各电压级的参数。

3-6 一台三相双绕组变压器，已知：$S_N = 31\ 500$ kVA，$k_{TN} = 220/11$，$\Delta P_0 = 59$ kW，$I_0\% = 3.5$，$\Delta P_k = 208$ kW，$U_k\% = 14$。计算归算到高压侧的参数有名值，作变压器的等值电路图。

第四章　电力系统潮流计算

内容提要

电力系统的等值电路分有名制等值电路和标幺制等值电路，有名制等值电路主要用于潮流计算的手算方法，标幺制等值电路主要用于计算机算法以及短路电流的计算。本章对计算机算法只作简单介绍，主要介绍潮流计算的手算方法。手算方法只适用于简单电力系统，也可用于各种简化和精度不高的网络的计算。但手算方法有助于掌握电力网各电气量之间的物理关系，并加深对电力系统正常运行状态中各种物理概念的理解，同时为用计算机进行潮流计算取得某些原始数据。

电力系统潮流计算是指采用一定的方法确定系统中各处的电压和功率分布。功率分布实为功率流，惯称潮流。电力系统各处的电压、电流、功率的分布，又称为潮流分布。

电力系统潮流的计算与分析是指在给定的某些运行条件和系统接线方式下，用数学或试验的方法来确定电力系统中各部分的运行状态，如各母线上的电压（幅值及相角）、各元件中通过的功率大小以及功率损耗等。

电力系统潮流计算与分析是研究和分析电力系统的基础。对于新的电力系统的规划设计和现有电力系统的扩建及运行等，要进行大量的潮流计算和研究，以便得出合理的供电方案和运行方式。同时，继电保护和自动装置的设计和整定，电气设备、导线截面面积的选择，也需要进行潮流计算。此外，电力系统的经济运行计算、短路计算、稳定计算，也都以潮流计算为基础；电力系统的有功功率平衡和频率调整以及无功功率平衡和电压调整，是电力系统潮流计算的继续和发展。

第一节　电力系统的等值电路

电力系统的等值电路是进行电力系统分析计算的基础。电力系统等值电路的制定方法分为有名制和标幺制两类。

有名制是指所有参数和变量都以有名单位表示，如 Ω、S、kV（V）、kA（A）、MVA（VA）等。

标幺制是指所有参数和变量都以与它们同名基准值相对的标幺值表示，都没有单位。

一、有名制等值电路

对于同一电压等级的电力网，其等值电路由各组成元件的等值电路直接连接得到。多个电压等级的电力网，各元件的参数在不同的电压等级下，中间串联有变压器，必须先将各元件的参数归算到同一电压等级（称为基本级），再作等值电路。通常选择网络中最高电压级或被研究对象所在电压级为基本级。

将某电压级的元件参数归算到基本级的方法如下：

设待归算的电压级与基本级之间串联有 n 台变压器，变比分别为 k_1、k_2、k_3、…、k_n，该电压级中的电阻、电抗、电导、电纳、电压、电流值分别表示为 R'、X'、G'、B'、U'、I'，归算到基本级的值分别为 R、X、G、B、U、I，则

$$\left.\begin{aligned} R &= R'(k_1k_2k_3\cdots k_n)^2 \\ X &= X'(k_1k_2k_3\cdots k_n)^2 \\ G &= G'\left(\frac{1}{k_1k_2k_3\cdots k_n}\right)^2 \\ B &= B'\left(\frac{1}{k_1k_2k_3\cdots k_n}\right)^2 \\ U &= U'(k_1k_2k_3\cdots k_n) \\ I &= I'\left(\frac{1}{k_1k_2k_3\cdots k_n}\right) \end{aligned}\right\} \tag{4-1}$$

变压器变比 k_1、k_2、k_3、…、k_n 的计算方式：从基本级算起，分子为靠近基本级一侧的电压，分母为靠近待归算级一侧的电压。

例如图 4-1 中，取 500 kV 为基本级，若将 10 kV 侧的参数和变量归算到基本级，则变压器 T－1、T－2、T－3 的变比 k_1、k_2、k_3 应分别取 35/11、110/38.5、500/121。

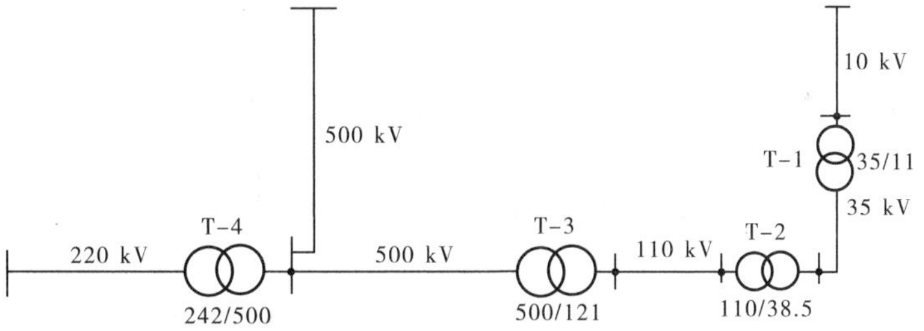

图 4-1　多电压级网络

【例 4-1】　有一个三级电压的简单电力系统，其接线和元件参数如图 4-2 所示。在略去元件的电阻和变压器、线路的导纳时，试求用有名制归算到电压级 Ⅰ 的各元件的电抗值。

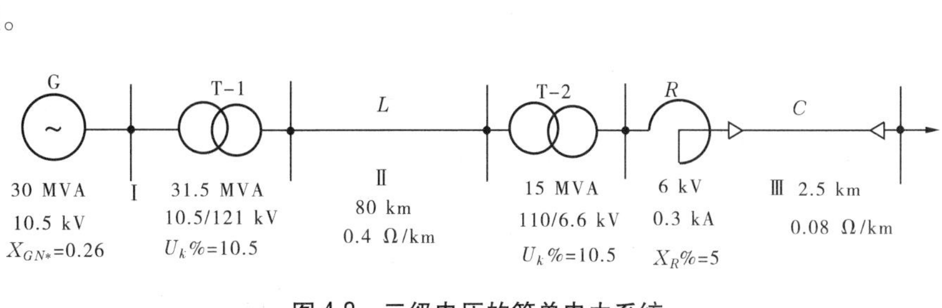

图 4-2　三级电压的简单电力系统

已知参数如下：发电机 G：$S_N=30$ MVA，$U_{GN}=10.5$ kV，$X_{GN*}=0.26$；

变压器 1：$S_{T1N}=31.5$ MVA，$U_k\%=10.5$，$k_{T1}=10.5/121$；

变压器2：$S_{T2N}=15$ MVA，$U_k\%=10.5$，$k_{T2}=110/6.6$；

电抗器：$U_{RN}=6$ kV，$I_{RN}=0.3$ kA，$X_R\%=5$；

架空线路长80 km，每千米电抗为0.4 Ω；

电缆线路长2.5 km，每千米电抗为0.08 Ω。

解：取基本级电压为10.5 kV。

$$X_G=0.26\times\frac{10.5^2}{30}=0.956(\Omega)$$

$$X_{T-1}=\frac{10.5}{100}\times\frac{10.5^2}{31.5}=0.368(\Omega)$$

$$X_L=80\times0.4\times(\frac{10.5}{121})^2=0.241(\Omega)$$

$$X_{T-2}=\frac{10.5}{100}\times\frac{110^2}{15}\times(\frac{10.5}{121})^2=0.638(\Omega)$$

$$X_R=\frac{5}{100}\times\frac{6}{\sqrt{3}\times0.3}\times(\frac{110}{6.6})^2\times(\frac{10.5}{121})^2=1.208(\Omega)$$

$$X_C=2.5\times0.08\times(\frac{110}{6.6})^2\times(\frac{10.5}{121})^2=0.418(\Omega)$$

二、标幺制等值电路

（一）标幺值的概念

标幺值的定义为

$$\text{标幺值}=\frac{\text{实际有名值(任意单位)}}{\text{基准值(与实际有名值同单位)}}\tag{4-2}$$

标幺值是一个没有量纲的数值。以标幺值表示的物理量，通常在其符号下角加“＊”，基准值通常在其符号下角加“B”，以示区别。对于一个实际有名值，选择不同的基准值，就得到不同的标幺值。所以，说一个量的标幺值时，必须同时说明它的基准值，否则标幺值的意义是不明确的。

采用标幺制具有计算结果清晰、便于迅速判断计算结果的正确性、可简化计算等优点，所以电力系统计算常用标幺制。

（二）基准值的选取

基准值的选取应注意以下三点：

（1）基准值的单位应与有名值的单位相同，基准值量的含义应与有名值量的含义相同（如三相的量对应三相量的基准值，单相的量对应单相量的基准值）。

（2）基准值之间应满足电路的基本关系：

三相系统　$S_B=\sqrt{3}U_BI_B$　$U_B=\sqrt{3}Z_BI_B$　$Z_B=\frac{1}{Y_B}$

单相系统　$S_B=U_BI_B$　$U_B=Z_BI_B$　$Z_B=\frac{1}{Y_B}$

通常是，先选定三相功率和线电压的基准值S_B、U_B，其余阻抗、导纳、电流由上列公

式推导求得,即

$$Z_B = \frac{U_B^2}{S_B} \qquad Y_B = \frac{1}{Z_B} \qquad I_B = \frac{S_B}{\sqrt{3}U_B}$$

(3)基准值 S_B 和 U_B 原则上是可以任意确定的。但为了方便计算,功率的基准值往往取系统中某一发电厂的总容量或系统的总容量,或取某发电机或变压器的额定容量,更多地直接选定为 100 MVA 或 1 000 MVA 等。线电压的基准值一般选取基本级的额定电压或平均额定电压。

当选定电压、电流、功率和阻抗的基准值分别为 U_B、I_B、S_B、Z_B 时,相应的标幺值如下

$$U_* = \frac{U}{U_B} \qquad I_* = \frac{I}{I_B}$$

$$S_* = \frac{S}{S_B} = \frac{P + \mathrm{j}Q}{S_B} = \frac{P}{S_B} + \mathrm{j}\frac{Q}{S_B} = P_* + \mathrm{j}Q_*$$

$$Z_* = \frac{Z}{Z_B} = \frac{R + \mathrm{j}X}{Z_B} = \frac{R}{Z_B} + \mathrm{j}\frac{X}{Z_B} = R_* + \mathrm{j}X_*$$

(三)不同基准值的标幺值之间的换算

不同基准值的标幺值之间换算的思路是:将某一基准下的标幺值乘以其基准值,换算成有名值;再除以另一基准值,得到新的标幺值。

下面以电抗参数为例说明不同基准值的标幺值之间的换算。

某设备以其自身的额定参数 X_N 为基准值时的标幺值为 X_{*N},现统一选定的基准值为 X_B,则在新的基准值下的标幺值 X_{*B} 为

$$X_{*B} = \frac{X}{X_B} = \frac{X_{*N}X_N}{X_B} = X_{*N}\frac{X_N}{X_B}$$

根据电抗与电压、电流、功率之间的关系,进一步可得到下面两个换算公式

$$X_{*B} = X_{*N}\frac{S_B}{S_N}\left(\frac{U_N}{U_B}\right)^2 \tag{4-3}$$

$$X_{*B} = X_{*N}\frac{I_B}{I_N}\frac{U_N}{U_B} \tag{4-4}$$

对于铭牌上给出 U_N、S_N 的电气设备(如发电机、变压器等),使用式(4-3)较方便;对于铭牌上给出 U_N、I_N 的电气设备(如电抗器等),则多用式(4-4);对于变压器短路电压、电抗器电抗等以百分值给出参数的,可先将百分值化为以额定参数为基准值的标幺值。同一基准的标幺值和百分值之间的关系是

标幺值 = 百分值/100

(四)用标幺值表示的等值电路

用标幺值表示的等值电路的计算方法可以分为精确计算法和近似计算法两种。

1.精确计算法

计算用标幺值表示的等值电路中的参数,可以有以下两种途径:

(1)将各元件参数的有名值先归算到基本级,再选取统一的电压基准值 U_B 和功率基准值 S_B 计算标幺值。其特点是:有统一的基准值,但众多参数需归算较烦琐。另外,计算

得到的各支路电流、各节点电压的标幺值，化成有名值(对应于基本级的有名值)后，还必须归算回原电压级。

(2)各电压级参数的有名值不归算到基本级，而是在基本级选定电压基准值 U_B 和功率基准值 S_B 后，将各电压基准值按变压器的实际变比向各被归算级归算，然后在各电压级用归算得到的基准电压和所取的功率基准值 S_B 计算各元件的标幺值。其特点是：各电压级的基准值不同，计算结果化成有名值时只要将标幺值乘以自身电压级的基准值即可。

这两种方法的结果完全一样，这里不再证明。

2. 近似计算法

近似计算法用平均额定电压代替额定电压作为电压基准值。这样，就可在各电压级用选定的功率基准值和电压基准值计算标幺值，完全不用归算。另外，近似计算是以平均额定电压为电压基准值，通常标示的电力系统各元件参数的标幺值是以额定电压为基准的，两种电压差别不大，一般可不再进行电压归算。但个别元件如电抗器有不按额定电压使用的情况，如 10 kV 电抗器用在 6 kV 系统中，此时应进行电压归算。

【例 4-2】 系统接线与已知数据同例 4-1，试用标幺制的精确计算法和近似计算法计算各元件的电抗标幺值。

解：(1)精确计算法。

选取 $S_B = 100$ MVA，第Ⅰ段基准电压 $U_{B(\mathrm{I})} = 10.5$ kV，于是

$$U_{B(\mathrm{II})} = 10.5 \times \frac{121}{10.5} = 121(\mathrm{kV})$$

$$U_{B(\mathrm{III})} = 10.5 \times \frac{121}{10.5} \times \frac{6.6}{110} = 7.26(\mathrm{kV})$$

第Ⅲ段相应的基准电流

$$I_{B(\mathrm{III})} = \frac{100}{\sqrt{3} \times 7.26} = 7.95(\mathrm{kA})$$

各元件的电抗标幺值分别为

$$X_{G*} = 0.26 \times \frac{100}{30} \times \frac{10.5^2}{10.5^2} = 0.87$$

$$X_{\mathrm{T-1}*} = \frac{10.5}{100} \times \frac{100}{31.5} \times \frac{10.5^2}{10.5^2} = 0.33$$

$$X_{L*} = 0.4 \times 80 \times \frac{100}{121^2} = 0.22$$

$$X_{\mathrm{T-2}*} = \frac{10.5}{100} \times \frac{100}{15} \times \frac{110^2}{121^2} = 0.58$$

$$X_{R*} = \frac{5}{100} \times \frac{7.95}{0.3} \times \frac{6}{7.26} = 1.10$$

$$X_{C*} = 2.5 \times 0.08 \times \frac{100}{7.26^2} = 0.38$$

(2)近似计算法。

选取 $S_B = 100$ MVA，基准电压等于平均额定电压，即 $U_{B(\mathrm{I})} = 10.5$ kV，$U_{B(\mathrm{II})} = 115$

kV,$U_{B(Ⅲ)}=6.3$ kV,第Ⅲ段相应的基准电流为

$$I_{B(Ⅲ)}=\frac{100}{\sqrt{3}\times 6.3}=9.2(\text{kA})$$

各元件的电抗标幺值分别为

$$X_{G*}=0.26\times\frac{100}{30}=0.87$$

$$X_{T-1*}=\frac{10.5}{100}\times\frac{100}{31.5}=0.33$$

$$X_{L*}=0.4\times 80\times\frac{100}{115^2}=0.24$$

$$X_{T-2*}=\frac{10.5}{100}\times\frac{100}{15}=0.7$$

$$X_{R*}=\frac{5}{100}\times\frac{9.2}{0.3}=1.53$$

$$X_{C*}=2.5\times 0.08\times\frac{100}{6.3^2}=0.504$$

第二节　电力网中的功率损耗

电力网在传输功率的过程中要产生功率损耗。功率损耗可以分为两部分:一是在输电线路和变压器的串联阻抗上产生的损耗,它随传输功率的增大而增大,属于变动损耗,是电力网损耗的主要部分;二是在输电线路和变压器并联导纳上产生的损耗,它和电压平方成正比,属于固定损耗。

由于本章开始涉及复功率,有必要先介绍一下负荷复功率的表示方法。

一、负荷复功率的表示方法

负荷功率包括有功功率和无功功率。将有功功率作为实部,无功功率作为虚部,即构成以复数形式表示的复功率。

设负荷电压为 $\dot{U}=U\angle\varphi_U$,电流为 $\dot{I}=I\angle\varphi_I$,根据国际电工委员会的定义:复功率 $\tilde{S}=\dot{U}\overset{*}{I}=P+\text{j}Q$。其中,$\overset{*}{I}=I\angle\varphi_I$,表示电流相量的共轭相量。

根据定义展开:$\tilde{S}=\dot{U}\overset{*}{I}=UI\angle\varphi_U-\varphi_I=UI\angle\varphi=S(\cos\varphi+\text{j}\sin\varphi)=P+\text{j}Q$。其中,$\varphi=\varphi_U-\varphi_I$,表示电流相量和电压相量的夹角,为负荷的功率因数角;S、P、Q 分别为负荷的视在功率、有功功率和无功功率。

对于电感性负荷,如电动机,电流相量滞后于电压相量,$\varphi_U>\varphi_I$,$\varphi>0$,$Q>0$,说明电感性负荷的无功功率为正,消耗无功功率。

对于电容性负荷,电流相量超前于电压相量,$\varphi_U<\varphi_I$,$\varphi<0$,$Q<0$,说明电容性负荷的无功功率为负,消耗负的无功功率。实际上电容性负荷是一个无功电源,发出无功功率。

二、电力线路的功率损耗

电力线路的等值电路如图4-3所示。线路电阻为R、电抗为X、电纳为B，电导G忽略不计。已知线路末端电压为$\dot{U}_2$、末端负荷为$\tilde{S}_2=P_2+\mathrm{j}Q_2$，则线路的功率损耗包括以下三部分：

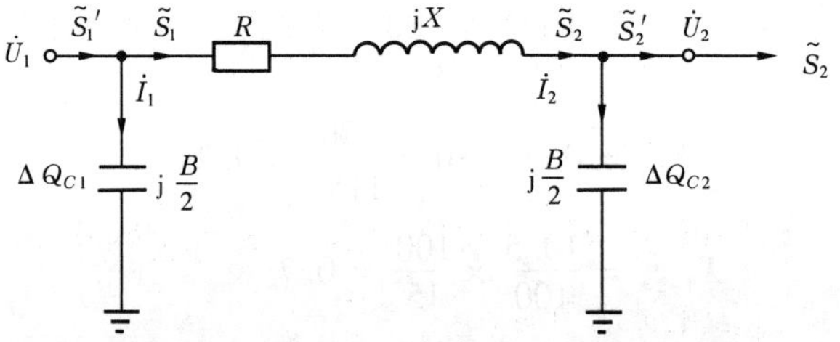

图4-3 计算电力线路功率损耗的等值电路

(1)线路末端电纳中的功率损耗。线路末端电纳中的功率损耗计算公式为

$$\Delta Q_{C2}=-\mathrm{j}\frac{B}{2}U_2^2 \tag{4-5}$$

图中负号表示该支路消耗负的无功功率。实际上，线路电纳支路是一个无功电源，发出无功功率。ΔQ_{C2}又称为线路末端电容的充电功率。

(2)电路阻抗中的功率损耗。线路阻抗中的功率损耗为

$$\Delta\tilde{S}=3I^2(R+\mathrm{j}X)=\frac{P_2^2+Q_2^2}{U_2^2}(R+\mathrm{j}X)=\Delta P+\mathrm{j}\Delta Q \tag{4-6}$$

式中 I——流过阻抗环节的电流；

P_2、Q_2——流过阻抗环节末端的有功功率、无功功率；

U_2——阻抗环节末端的电压。

(3)线路首端电纳中的功率损耗。线路首端电纳中的功率损耗计算公式为

$$\Delta Q_{C1}=-\mathrm{j}\frac{B}{2}U_1^2 \tag{4-7}$$

式中 U_1——阻抗环节首端的电压。

图中负号表示该支路消耗负的无功功率。ΔQ_{C1}又称为线路首端电容的充电功率。

近似计算时，采用线路额定电压，则$\Delta Q_{C1}\approx\Delta Q_{C2}=-\mathrm{j}\frac{B}{2}U_N^2=\Delta Q_C$。

如果已知线路首端的送出功率，则式(4-6)线路阻抗中的功率损耗应该用首端的功率计算

$$\Delta\tilde{S}=3I^2(R+\mathrm{j}X)=\frac{P_1^2+Q_1^2}{U_1^2}(R+\mathrm{j}X)=\Delta P+\mathrm{j}\Delta Q \tag{4-8}$$

上述计算时应注意：

(1)针对三相电力系统，功率和功率损耗均为三相总功率，电压为线电压；等值电路采用单相电路，线路阻抗、导纳等参数均指一相的参数。

(2)公式中各个量的单位采用SI制国际单位；若功率采用MW、Mvar，电压采用kV，

则要注意换算。

(3)近似计算时,电压可用线路的额定电压代替。

三、变压器的功率损耗

变压器的功率损耗包括串联阻抗上的功率损耗和并联导纳上的功率损耗。

变压器串联阻抗上的功率损耗可参见上述电力线路阻抗功率损耗的计算。

变压器并联导纳上的功率损耗近似等于变压器的空载损耗。因其大小只与电压和变压器容量有关,变化不大。

变压器空载功率为

$$\Delta\tilde{S}_0 = \Delta P_0 + \mathrm{j}\Delta Q_0 = \Delta P_0 + \mathrm{j}\frac{I_0\%}{100}S_N \tag{4-9}$$

式中 $I_0\%$——变压器空载电流百分数;

S_N——变压器的额定容量。

近似计算中,可用变压器额定电压代替实际运行电压。在 $U \approx U_N$ 的条件下,将 R_T 及 X_T 的公式代入式(4-6)、式(4-9),可得到直接利用变压器特性数据求功率损耗的表达式

$$\Delta P_T = \Delta P_0 + \Delta P_k\left(\frac{S}{S_N}\right)^2 \tag{4-10a}$$

$$\Delta Q_T = \frac{I_0\%}{100}S_N + \frac{U_k\% S_N}{100}\left(\frac{S}{S_N}\right)^2 \tag{4-10b}$$

式中 ΔP_k——变压器的短路损耗;

$U_k\%$——变压器的短路电压百分数;

S——通过变压器的负荷视在功率。

当有 n 台同型号、同容量的变压器并联对功率为 S 的负荷供电时,其总功率损耗为

$$\Delta P_T = n\Delta P_0 + \frac{\Delta P_k}{n}\left(\frac{S}{S_N}\right)^2 \tag{4-11a}$$

$$\Delta Q_T = n\frac{I_0\%}{100}S_N + \frac{U_k\% S_N}{100n}\left(\frac{S}{S_N}\right)^2 \tag{4-11b}$$

对于三绕组变压器,功率损耗为

$$\Delta P_T = \Delta P_0 + \frac{P_1^2 + Q_1^2}{U_1^2}R_{T1} + \frac{P_2^2 + Q_2^2}{U_2^2}R_{T2} + \frac{P_3^2 + Q_3^2}{U_3^2}R_{T3} \tag{4-12a}$$

$$\Delta Q_T = \frac{I_0\%}{100}S_N + \frac{P_1^2 + Q_1^2}{U_1^2}X_{T1} + \frac{P_2^2 + Q_2^2}{U_2^2}X_{T2} + \frac{P_3^2 + Q_3^2}{U_3^2}X_{T3} \tag{4-12b}$$

式中各量意义与双绕组变压器相同。下标1、2、3分别表示变压器高压、中压、低压绕组对应的量。

在求得电力线路和变压器的有功损耗后,可计算衡量输电经济性的指标——输电效率。供电支路的始端输入有功功率 P_1 等于末端输出有功功率 P_2 加上功率损耗 ΔP。输电效率是末端输出有功功率 P_2 与始端输入有功功率 P_1 比值的百分数,即

$$输电效率 = \frac{P_2}{P_1} \times 100\% \tag{4-13}$$

第三节　电力网中的电压计算

下面介绍在电力网电压计算中常用到的电压降落、电压损耗、电压偏移以及电压调整等的概念及计算。

一、电压降落

电力网中任意两点电压的相量差，称为电压降落，表示为

$$\mathrm{d}\dot{U} = \dot{U}_1 - \dot{U}_2 \tag{4-14}$$

下面以图 4-4 所示的串联阻抗支路为例，已知一端的功率和电压，讨论其首末端电压降落的计算。

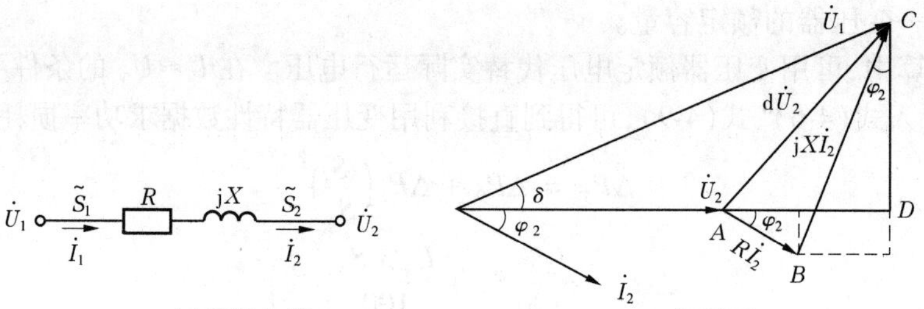

(a)等值电路　　(b)相量图

图 4-4　串联阻抗支路等值电路及相量图

(1)已知阻抗末端三相功率为 $\tilde{S}_2$，末端线电压为 $\dot{U}_2$。令 $\dot{U}_2$ 为参考相量，$\dot{U}_2 = U_2\angle 0°$，则有

$$\mathrm{d}\dot{U}_2 = \dot{U}_1 - \dot{U}_2 = \sqrt{3}\dot{I}_2 Z = \sqrt{3}\dot{I}_2(R + \mathrm{j}X)$$

根据

$$\tilde{S} = \sqrt{3}\dot{U}\overset{*}{I}$$

得

$$\dot{I}_2 = \frac{\overset{*}{S}_2}{\sqrt{3}\overset{*}{U}_2} = \frac{P_2 - \mathrm{j}Q_2}{\sqrt{3}U_2}$$

则

$$\mathrm{d}\dot{U}_2 = \dot{U}_1 - \dot{U}_2 = \sqrt{3}\dot{I}_2 Z = \frac{P_2 - \mathrm{j}Q_2}{U_2}(R + \mathrm{j}X) = \frac{P_2R + Q_2X}{U_2} + \mathrm{j}\,\frac{P_2X - Q_2R}{U_2}$$

令

$$\Delta U_2 = \frac{P_2R + Q_2X}{U_2}, \delta U_2 = \frac{P_2X - Q_2R}{U_2}$$

则

$$\mathrm{d}\dot{U}_2 = \Delta U_2 + \mathrm{j}\delta U_2$$

上式表示，可把电压降落沿 $\dot{U}_2$ 方向分解成两部分。通常，实部 ΔU_2 称为电压降落的纵分量，虚部 δU_2 称为电压降落的横分量。

串联阻抗支路首端电压为

$$\dot{U}_1 = \dot{U}_2 + \mathrm{d}\dot{U}_2 = \dot{U}_2 + \Delta U_2 + \mathrm{j}\delta U_2 \tag{4-15}$$

其大小为

$$U_1 = \sqrt{(U_2 + \Delta U_2)^2 + (\delta U_2)^2} \tag{4-16}$$

相角为

$$\delta_1 = \arctan \frac{\delta U_2}{U_2 + \Delta U_2} \tag{4-17}$$

系统正常运行时，相角通常很小，可以近似计算 $U_1 \approx U_2 + \Delta U_2$。

(2)已知阻抗首端三相功率 $\tilde{S}_1$ 和电压 $\dot{U}_1$，则令 $\dot{U}_1 = U_1 \angle 0°$，同理可得末端电压为

$$\dot{U}_2 = \dot{U}_1 - \mathrm{d}\dot{U}_1 = \dot{U}_1 - \Delta U_1 - \mathrm{j}\delta U_1 = U_1 - \frac{P_1 R + Q_1 X}{U_1} - \mathrm{j}\frac{P_1 X - Q_1 R}{U_1} \tag{4-18}$$

电压大小为

$$U_2 = \sqrt{(U_1 - \Delta U_1)^2 + (\delta U_1)^2} \approx U_1 - \Delta U_1 \tag{4-19}$$

相角(滞后)为

$$\delta_2 = \arctan \frac{\delta U_1}{U_1 - \Delta U_1} \tag{4-20}$$

将上述两种情况用相量图表示，如图 4-5 所示。由于参考轴不同，同一个电压降落的两个分量并不相同，即 $\Delta U_1 \neq \Delta U_2$，$\delta U_1 \neq \delta U_2$。

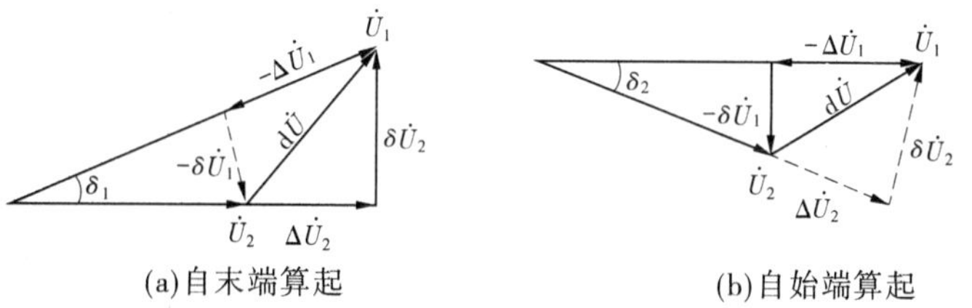

图 4-5　电压降落的两种计算方法

二、电压损耗

电力网中两点电压的代数差，称为电压损耗，表示为

$$\Delta U = U_1 - U_2 \tag{4-21}$$

近似计算时，即忽略不计电压降落横分量 δU 的值，可以认为电力网的电压损耗等于对应的电压降落的纵分量，即

$$\Delta U_2 = \frac{P_2 R + Q_2 X}{U_2} \quad 或 \quad \Delta U_1 = \frac{P_1 R + Q_1 X}{U_1}$$

应用上面公式计算电压降落、电压损耗时应注意：

(1)上面公式单相电路和三相电路都适用。用于三相电路时，功率用三相功率，电压为线电压；用于单相电路时，功率用单相功率，电压为相电压。无论是单相电路还是三相电路，阻抗均为一相参数。

(2)公式中单位为国际单位，若直接代入的功率单位为 MW、Mvar，阻抗单位为 Ω，则电压单位为 kV。

(3)公式是按感性无功推导的，当负荷为容性无功时，式中与 Q 有关的项要变号。

(4)应用同一点的电压和功率计算,若仅已知功率,可近似用额定电压计算。

三、电压偏移

电力网中某节点的实际电压 U 与额定电压 U_N 的数值差,称为电压偏移。一般以百分数表示为

$$m\% = \frac{U - U_N}{U_N} \times 100 \tag{4-22}$$

四、电压调整

电压调整是指线路末端的空载与负载时电压的数值差($U_{20} - U_2$),常以百分数表示为

$$电压调整\% = \frac{U_{20} - U_2}{U_{20}} \times 100 \tag{4-23}$$

空载输电线路特别是超高压线路,由于电容效应,线路末端电压值高于首端电压。

第四节　开式电力网潮流分析

一、开式网络的潮流分析

开式网络的潮流分析,主要是求取电力网供电支路首端功率、电压和末端功率、电压四个参数中的未知量。根据已知原始条件的不同,计算的方法也不同。电力网实际计算中常见的有两种类型,下面通过例题作一介绍。

【例 4-3】　有一额定电压为 110 kV 的架空线路,导线型号为 LGJ－150,线间几何平均距离为 5 m,线路长度为 100 km,如图 4-6 所示。已知线路末端负荷为 40＋j30(MVA),当线路末端电压为 103 kV 时,试计算线路首端电压以及首端功率。

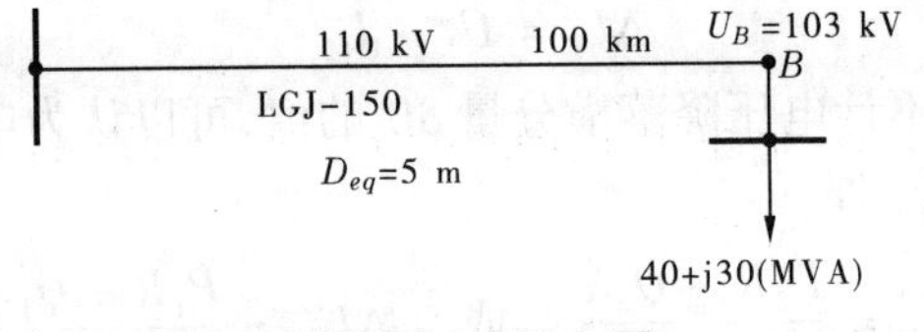

图 4-6　例 4-3 图

解:(1)计算参数,作等值电路图。

查相关资料得架空线路每相每千米的参数为

$$r_1 = 0.21\ \Omega/\text{km} \qquad x_1 = 0.416\ \Omega/\text{km} \qquad b_1 = 2.74 \times 10^{-6}\ \text{S/km}$$

线路总的电阻、阻抗和导纳为

$$R = r_1 l = 0.21 \times 100 = 21(\Omega)$$

$$X = x_1 l = 0.416 \times 100 = 41.6(\Omega)$$

$$\frac{1}{2}B = \frac{1}{2}b_1 l = \frac{1}{2} \times 2.74 \times 10^{-6} \times 100 = 1.37 \times 10^{-4}(\mathrm{S})$$

等值电路如图 4-7 所示。

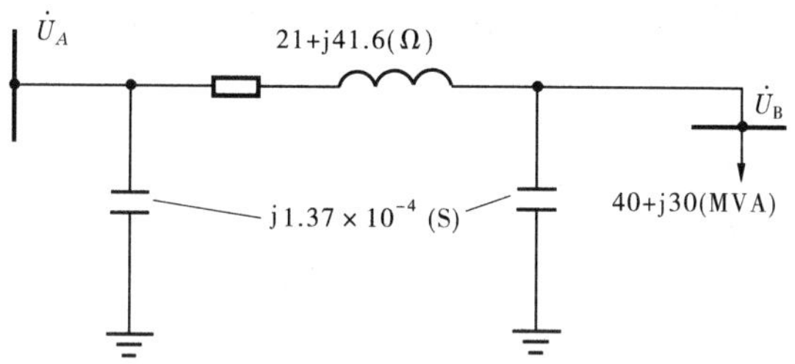

图 4-7　例 4-3 等值电路图

(2)功率和电压计算。

线路末端负荷

$$\tilde{S}_B = 40 + \mathrm{j}30(\mathrm{MVA})$$

线路末端电纳中的功率损耗为

$$\Delta Q_{C2} = -\mathrm{j}\frac{1}{2}BU_B^2 = -\mathrm{j}1.37 \times 10^{-4} \times 103^2 = -\mathrm{j}1.45(\mathrm{Mvar})$$

线路阻抗环节末端功率为

$$\tilde{S}_2 = \tilde{S}_B + \Delta Q_{C2} = 40 + \mathrm{j}30 - \mathrm{j}1.45 = 40 + \mathrm{j}28.55(\mathrm{MVA})$$

线路阻抗中功率损耗为

$$\Delta\tilde{S}_Z = \frac{40^2 + 28.55^2}{103^2} \times (21 + \mathrm{j}41.6) = 4.78 + \mathrm{j}9.47(\mathrm{MVA})$$

线路阻抗环节首端功率为

$$\tilde{S}_1 = \tilde{S}_2 + \Delta\tilde{S}_Z = 40 + \mathrm{j}28.55 + 4.78 + \mathrm{j}9.47 = 44.78 + \mathrm{j}38.02(\mathrm{MVA})$$

线路阻抗中的电压损耗为

$$\Delta U_Z = \frac{P_2R + Q_2X}{U_B} = \frac{40 \times 21 + 28.55 \times 41.6}{103} = 19.7(\mathrm{kV})$$

线路首端电压为

$$U_A = U_B + \Delta U_Z = 103 + 19.7 = 122.7(\mathrm{kV})$$

线路首端电纳中的功率损耗为

$$\Delta Q_{C1} = -\mathrm{j}\frac{1}{2}BU_A^2 = -\mathrm{j}1.37 \times 10^{-4} \times 122.7^2 = -\mathrm{j}2.06(\mathrm{Mvar})$$

线路首端功率为

$$\tilde{S}_A = \tilde{S}_1 + \Delta Q_{C1} = 44.78 + \mathrm{j}38.02 - \mathrm{j}2.06 = 44.78 + \mathrm{j}35.96(\mathrm{MVA})$$

【例 4-4】　一开式电力网,由输电线路和降压变压器组成,如图 4-8 所示。线路长 50 km,导线型号为 LGJ－185,$D_{eq}=5.0$ m,降压变压器型号 $SFL_1-50000/110$,额定电压为 110/11 kV,末端负荷为 40＋j30(MVA),首端电压保持 118 kV。试求功率分布、电压分布及变压器在额定分接头运行时低压侧的实际电压。

解:(1)计算参数,作等值电路图。

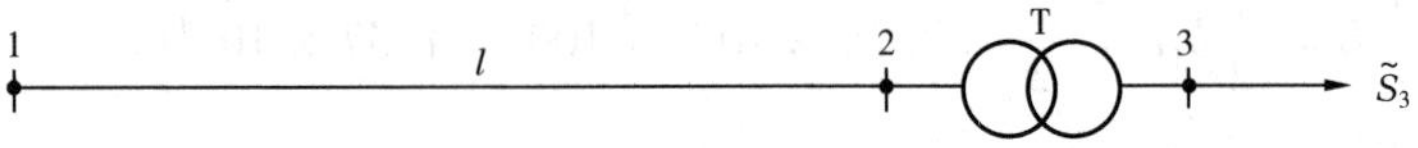

图 4-8　例 4-4 图

查相关资料得输电线路每相每千米的参数为

$$r_1 = 0.17\ \Omega/\text{km} \qquad x_1 = 0.409\ \Omega/\text{km} \qquad b_1 = 2.79 \times 10^{-6}\ \text{S/km}$$

线路总的电阻、阻抗和导纳为

$$R_L = r_1 l = 0.17 \times 50 = 8.5(\Omega)$$

$$X_L = x_1 l = 0.409 \times 50 = 20.5(\Omega)$$

$$\frac{1}{2}B_L = \frac{1}{2}b_1 l = \frac{1}{2} \times 2.79 \times 10^{-6} \times 50 = 0.7 \times 10^{-4}(\text{S})$$

查有关资料可知变压器的试验数据如下：

$$\Delta P_k = 260\ \text{kW} \qquad \Delta P_0 = 65\ \text{kW} \qquad U_k\% = 10.5 \qquad I_0\% = 0.7$$

则变压器归算到 110 kV 侧的阻抗和励磁功率为

$$R_T = \frac{\Delta P_k U_N^2}{S_N^2} \times 10^3 = \frac{260 \times 110^2}{50\ 000^2} \times 10^3 = 1.26(\Omega)$$

$$X_T = \frac{U_k\% U_N^2}{S_N} \times 10 = \frac{10.5 \times 110^2}{50\ 000} \times 10 = 25.41(\Omega)$$

$$\Delta P_0 = 65\ \text{kW} = 0.065\ \text{MW}$$

$$\Delta Q_0 = \frac{I_0\%}{100}S_N = \frac{0.7}{100} \times 50\ 000 = 350(\text{kvar}) = 0.35\ \text{Mvar}$$

等值电路如图 4-9 所示。

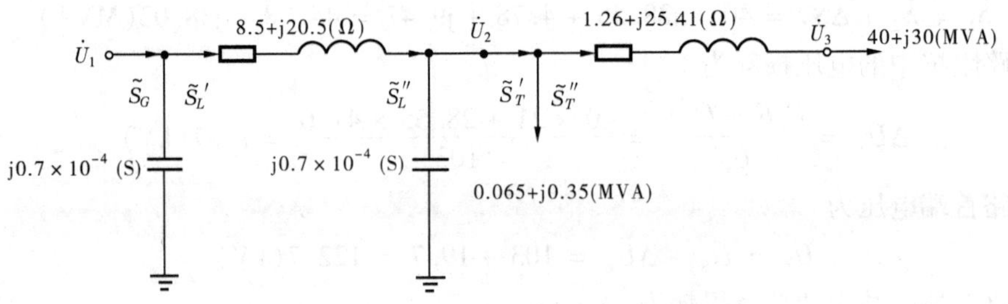

图 4-9　例 4-4 开式电力网等值电路图

(2)功率计算。

因为末端电压未知，所以采用额定电压 110 kV，由末端向首端推算功率。

变压器阻抗末端功率为负荷功率 40 + j30(MVA)。

变压器阻抗中的功率损耗为

$$\Delta\tilde{S}_T = \frac{40^2 + 30^2}{110^2} \times (1.26 + \text{j}25.41) = 0.26 + \text{j}5.25(\text{MVA})$$

变压器阻抗首端功率为

$$\tilde{S}''_T = 40 + \text{j}30 + 0.26 + \text{j}5.25 = 40.26 + \text{j}35.25(\text{MVA})$$

进入变压器的功率为

$$\widetilde{S}'_T = 40.26 + j35.25 + 0.065 + j0.35 = 40.325 + j35.6(\text{MVA})$$

线路末端电容支路功率为

$$\Delta Q_{C2} = -j110^2 \times 0.7 \times 10^{-4} = -j0.847(\text{Mvar})$$

线路阻抗末端功率为

$$\widetilde{S}''_L = 40.325 + j35.6 - j0.847 = 40.325 + j34.753(\text{MVA})$$

线路阻抗中的功率损耗为

$$\Delta\widetilde{S}_L = \frac{40.325^2 + 34.753^2}{110^2} \times (8.5 + j20.5) = 1.99 + j4.80(\text{MVA})$$

线路阻抗首端功率为

$$\widetilde{S}'_L = 40.325 + j34.753 + 1.99 + j4.80 = 42.315 + j39.553(\text{MVA})$$

线路首端电容支路功率为

$$\Delta Q_{C1} = -j110^2 \times 0.7 \times 10^{-4} = -j0.847(\text{Mvar})$$

系统注入线路首端功率为

$$\widetilde{S}_G = 42.315 + j39.553 - j0.847 = 42.315 + j38.706(\text{MVA})$$

(3)电压计算。

由已知的首端电压,利用以上求得的功率分布,推求末端电压。

线路电压降落的纵分量和横分量为

$$\Delta U_L = \frac{P'_L R_L + Q'_L X_L}{U_1} = \frac{42.315 \times 8.5 + 39.553 \times 20.5}{118} = 9.92(\text{kV})$$

$$\delta U_L = \frac{P'_L X_L - Q'_L R_L}{U_1} = \frac{42.315 \times 20.5 - 39.553 \times 8.5}{118} = 4.50(\text{kV})$$

线路末端电压大小为

$$U_2 = \sqrt{(118 - 9.92)^2 + 4.50^2} = 108.2(\text{kV})$$

变压器电压降落的纵分量和横分量为

$$\Delta U_T = \frac{P''_T R_T + Q''_T X_T}{U_2} = \frac{40.26 \times 1.26 + 35.25 \times 25.41}{108.2} = 8.75(\text{kV})$$

$$\delta U_T = \frac{P''_T X_T - Q''_T R_T}{U_2} = \frac{40.26 \times 25.41 - 35.25 \times 1.26}{108.2} = 9.04(\text{kV})$$

变压器等值电路上低压侧折算到高压侧的电压为

$$U_3 = \sqrt{(108.2 - 8.75)^2 + 9.04^2} = 99.86(\text{kV})$$

变压器低压侧实际电压为

$$U'_3 = 99.86 \div \frac{110}{11} = 9.99(\text{kV})$$

如果近似计算,忽略电压降落的横分量,用电压损耗计算公式从首端向末端推求末端电压,则线路末端电压为

$$U_2 = 118 - 9.92 = 108.08(\text{kV})$$

变压器等值电路上低压侧折算到高压侧的电压为

$$U_3 = 108.08 - \frac{40.26 \times 1.26 + 35.25 \times 25.41}{108.08} = 99.32(\text{kV})$$

变压器低压侧实际电压为

$$U_3' = 99.32 \div \frac{110}{11} = 9.93(\text{kV})$$

比较上面计算和忽略 δU 两种算法,结果很相近。因此,在电压为 110 kV 及以下的网络中,计算电压时可忽略电压降落的横分量。

通过以上例题可知,开式网络潮流计算实际上是利用电路中的基尔霍夫定律,由已知量逐段推算未知量的过程,具体总结如下:

(1)已知末端功率和电压,求首端送出的功率和应保持的电压。根据末端已知条件,计算功率损耗和电压降落(或电压损耗),逐段(相加)向首端推算各支路功率和各节点电压。

(2)已知首端功率和电压,求末端的功率和电压。根据已知的首端条件,计算功率损耗和电压降落(或电压损耗),逐段(相减)向末端推算各支路功率和各节点电压。

(3)已知末端功率和首端电压,求首端送出的功率和末端电压。首先,根据末端已知功率,采用额定电压,计算功率损耗,逐段(相加)向首端推算各支路功率;然后,根据已知的首端电压和求得的首端功率,计算电压降落(或电压损耗),向末端推算各节点电压。

(4)已知首端功率和末端电压,求末端功率和首端电压。首先,根据已知的首端功率,采用额定电压,计算功率损耗,逐段(相减)向末端推算各支路功率;然后,根据已知的末端电压和求得的末端功率,计算电压降落(或电压损耗),向首端推算各节点电压。

二、运算负荷功率和运算电源功率

即使是一个简单的电力网,如果线路都用 Π 型电路表示,变压器都用 Γ 型电路表示,其等值电路也相当复杂。实际电力网的供电支路纵横交错,其等值电路非常复杂。通常引入运算负荷功率和运算电源功率的概念,以简化电路和计算。运算负荷功率用于简化变电所的负荷,运算电源功率用于简化发电厂的功率。

所谓运算负荷功率,等于变电所二次侧负荷功率加上变压器的功率损耗,再加上与变电所高压母线相连的线路导纳功率的 1/2。如图 4-10(a)所示,变电所二次侧负荷功率为 $\tilde{S}_2$,加上变压器损耗,为进入变压器的功率 $\tilde{S}_1$,再加上变电所高压母线所连线路导纳功率的 1/2(线路末端电纳支路功率 ΔQ_{C2}),得到的 $\tilde{S}_1'$ 即为变电所的运算负荷功率。运算负

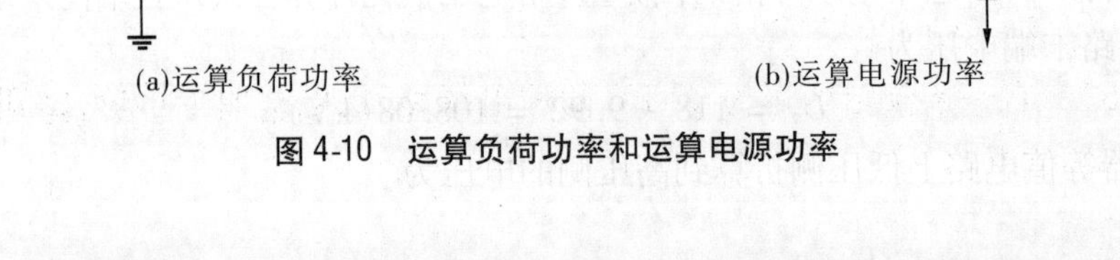

图 4-10 运算负荷功率和运算电源功率

荷功率实质上是变电所高压母线上从系统吸取的等值功率。

所谓运算电源功率，等于发电机电压母线送出的功率，减去变压器功率损耗，再减去与变压器高压母线相连的线路对地导纳功率的1/2。如图4-10(b)所示，发电机送出的功率为 $\tilde{S}_1$，减去变压器功率损耗，得到变压器输出的功率 $\tilde{S}_2$，再减去变压器高压母线所连线路的首端电纳支路功率(ΔQ_{C1})，得到的 $\tilde{S}_2'$ 即为运算电源功率。运算电源功率实质上是发电厂升压变高压母线输入系统的等值功率，也可等值地看作负的运算负荷功率。

注意：在计算运算负荷功率和运算电源功率时，变压器损耗和线路电纳中的损耗都是近似按额定电压计算的。

通过先计算运算负荷功率和运算电源功率，去掉了变压器等值电路和线路的并联导纳，可以简化得到一个只保留线路串联阻抗和集中负荷的简明等值电路。如图4-11(a)所示电力网，如用运算负荷功率和运算电源功率简化，则可得到如图4-11(b)所示的等值电路。

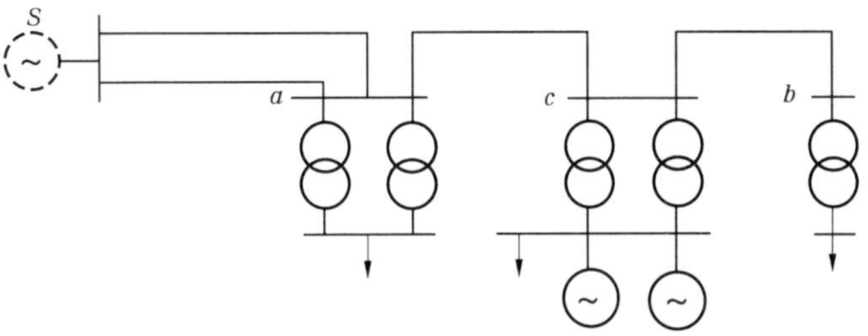

(a)电力网接线图

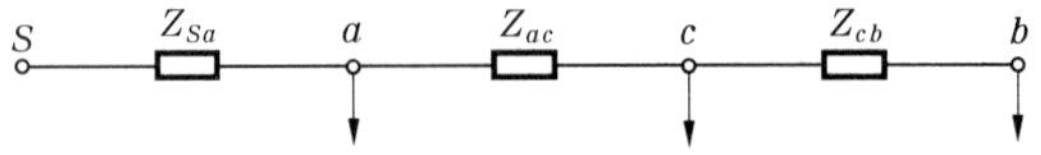

(b)等值电路示意图

图4-11　用运算负荷功率和运算电源功率简化电路

三、开式电力网潮流的简化计算

电压为35 kV及以下的地方电力网，电压较低、线路较短、输送功率较小，在潮流计算中可以采取以下简化措施：

(1)忽略电力线路和变压器等值电路中的并联导纳支路。

(2)计算各段线路功率损耗和电压损耗时，可以忽略后面线段的功率损耗对前面线段的影响。

(3)不计电压降落的横分量，只计算电压降落的纵分量，亦即忽略了线路各点电压相量的相位差。

(4)在计算公式中用额定电压代替实际电压。

下面以例题来说明这种计算方法。

【例4-5】　有一条额定电压为10 kV的配电线路，供电给四个单位，已知数据示于图4-12(a)中。试求：

(1)各段的功率分布；

(2)各段线路电压损耗，并求出最大电压损耗；

(3)当首端电源电压 $U_A=10.4$ kV 时，各负荷点的实际电压及电压偏移。

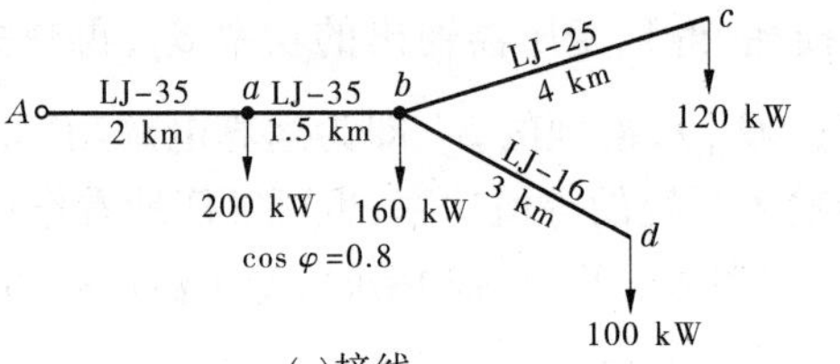

(a)接线

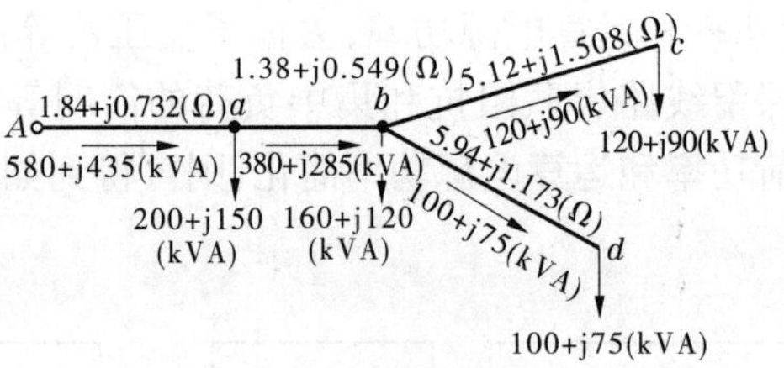

(b)参数与潮流分布

图 4-12　例 4-5 图

解：(1)计算线路参数，得出各线段的阻抗(略)，作等值电路如图 4-12(b)所示。计算各负荷点的复功率为

$$\tilde{S}_a = P_a + jQ_a = 200 + j150(\text{kVA})$$

$$\tilde{S}_b = P_b + jQ_b = 160 + j120(\text{kVA})$$

$$\tilde{S}_c = P_c + jQ_c = 120 + j90(\text{kVA})$$

$$\tilde{S}_d = P_d + jQ_d = 100 + j75(\text{kVA})$$

(2)计算各线段的功率，并标于图 4-12(b)中

$$\tilde{S}_{bc} = P_{bc} + jQ_{bc} = \tilde{S}_c = 120 + j90(\text{kVA})$$

$$\tilde{S}_{bd} = P_{bd} + jQ_{bd} = \tilde{S}_d = 100 + j75(\text{kVA})$$

$$\begin{aligned}\tilde{S}_{ab} &= P_{ab} + jQ_{ab} = \tilde{S}_{bc} + \tilde{S}_{bd} + \tilde{S}_b \\ &= (120 + 100 + 160) + j(90 + 75 + 120) \\ &= 380 + j285(\text{kVA})\end{aligned}$$

$$\begin{aligned}\tilde{S}_{Aa} &= P_{Aa} + jQ_{Aa} = \tilde{S}_{ab} + \tilde{S}_a \\ &= (380 + 200) + j(285 + 150) = 580 + j435(\text{kVA})\end{aligned}$$

(3)计算各段线路上的电压损耗及全网的最大电压损耗

$$\Delta U_{Aa} = \frac{P_{Aa}R_{Aa} + Q_{Aa}X_{Aa}}{U_N} = \frac{580 \times 1.84 + 435 \times 0.732}{10} = 138.6(\text{V})$$

$$\Delta U_{ab} = \frac{P_{ab}R_{ab} + Q_{ab}X_{ab}}{U_N} = \frac{380 \times 1.38 + 285 \times 0.549}{10} = 68.1(\text{V})$$

$$\Delta U_{bc} = \frac{P_{bc}R_{bc} + Q_{bc}X_{bc}}{U_N} = \frac{120 \times 5.12 + 90 \times 1.508}{10} = 75(\text{V})$$

$$\Delta U_{bd} = \frac{P_{bd}R_{bd} + Q_{bd}X_{bd}}{U_N} = \frac{100 \times 5.94 + 75 \times 1.173}{10} = 68.2(\text{V})$$

最大电压损耗为

$$\Delta U_{Ac} = \Delta U_{Aa} + \Delta U_{ab} + \Delta U_{bc} = 138.6 + 68.1 + 75 = 281.7(\text{V}) = 0.282\ \text{kV}$$

$$\Delta U_{Ac}\% = \frac{\Delta U_{Ac}}{U_N} \times 100 = \frac{0.282}{10} \times 100 = 2.82$$

(4)计算各负荷点的实际电压及电压偏移。

$$U_a = 10.4 - 0.139 = 10.26(\text{kV})$$

$$m_a\% = \frac{10.26 - 10}{10} \times 100 = 2.6$$

$$U_b = 10.26 - 0.068 = 10.19(\text{kV})$$

$$m_b\% = \frac{10.19 - 10}{10} \times 100 = 1.9$$

$$U_c = 10.19 - 0.075 = 10.115(\text{kV})$$

$$m_c\% = \frac{10.115 - 10}{10} \times 100 = 1.15$$

$$U_d = 10.19 - 0.068 = 10.122(\text{kV})$$

$$m_d\% = \frac{10.122 - 10}{10} \times 100 = 1.22$$

对于地方电力网,一般调压设备少,线路最大电压损耗是比较重要的运行参数。

若线路上有 n 个集中负荷,则直接计算最大电压损耗的公式为

$$\Delta U_{\max} = \frac{1}{U_N}\sum_{i=1}^{n}(P_iR_i + Q_iX_i) \tag{4-24}$$

式中 P_i、Q_i——第 i 段线路通过的有功功率、无功功率,kW、kvar;

R_i、X_i——第 i 段线路的电阻、电抗,Ω;

U_N——额定电压,kV。

若已知线路中的电流分布,则最大电压损耗计算式变为

$$\Delta U_{\max} = \sqrt{3}\sum_{i=1}^{n}(I_iR_i\cos\varphi_i + I_iX_i\sin\varphi_i) \tag{4-25}$$

第五节 简单闭式网络的潮流分析

闭式电力网的潮流计算非常复杂,手算时,只介绍简单闭式网,如单一电压等级的环网或两端供电网,其中简单环网可以看作是两端电源电压相等的两端供电网。计算时,一般分为两步:初步潮流计算和最终潮流计算。不计电力网阻抗和导纳中功率损耗的潮流分布称为初步潮流分布,计及了功率损耗的潮流分布称为最终潮流分布。

一、两端供电网的初步潮流计算

以图 4-13 所示的具有 3 个集中负荷(运算负荷)的两端供电网为例,计算不计电力网功率损耗时的功率分布。设已知线路阻抗、额定电压、两端电源电压以及负荷的功率(或电流)大小,标于图上。假设各线段的功率(或电流)方向也标于图上。根据基尔霍夫定律,可得回路电压方程为

$$\sqrt{3}(\dot{I}_A Z_1 + \dot{I}_2 Z_2 - \dot{I}_3 Z_3 - \dot{I}_B Z_4) = \dot{U}_A - \dot{U}_B \tag{4-26}$$

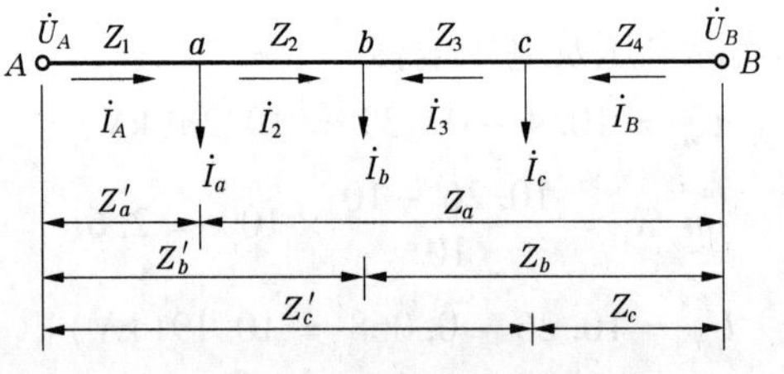

图 4-13　两端供电网的潮流分布

$$\left.\begin{aligned} &\text{节点 } a \text{ 电流方程为} \quad \dot{I}_A - \dot{I}_2 - \dot{I}_a = 0 \\ &\text{节点 } b \text{ 电流方程为} \quad \dot{I}_2 + \dot{I}_3 - \dot{I}_b = 0 \\ &\text{节点 } c \text{ 电流方程为} \quad \dot{I}_B - \dot{I}_3 - \dot{I}_c = 0 \end{aligned}\right\} \tag{4-27}$$

将式(4-27)代入式(4-26),并整理得

$$\dot{U}_A - \dot{U}_B = \sqrt{3}[\dot{I}_A(Z_1 + Z_2 + Z_3 + Z_4) - \dot{I}_a(Z_2 + Z_3 + Z_4) - \dot{I}_b(Z_3 + Z_4) - \dot{I}_c Z_4]$$

令 $Z_{AB} = Z_1 + Z_2 + Z_3 + Z_4, Z_a = Z_2 + Z_3 + Z_4, Z_b = Z_3 + Z_4, Z_c = Z_4$,则

$$\begin{aligned} \dot{U}_A - \dot{U}_B &= \sqrt{3}(\dot{I}_A Z_{AB} - \dot{I}_a Z_a - \dot{I}_b Z_b - \dot{I}_c Z_c) \\ &= \sqrt{3}(\dot{I}_A Z_{AB} - \sum \dot{I}_i Z_i) \end{aligned}$$

得

$$\dot{I}_A = \frac{\dot{U}_A - \dot{U}_B}{\sqrt{3} Z_{AB}} + \frac{\sum \dot{I}_i Z_i}{Z_{AB}} \tag{4-28}$$

同理

$$\dot{I}_B = \frac{\dot{U}_B - \dot{U}_A}{\sqrt{3} Z_{AB}} + \frac{\sum \dot{I}_i Z'_i}{Z_{AB}} \tag{4-29}$$

式中,$\dot{I}_i$ 取 $\dot{I}_a$、$\dot{I}_b$、$\dot{I}_c$,Z_i 取 Z_a、Z_b、Z_c,Z'_i 取 Z'_a、Z'_b、Z'_c。

根据定义 $\tilde{S} = \sqrt{3}\dot{U}\overset{*}{I}$,并以 $\dot{U}_N$ 为参考相量,由式(4-28)、式(4-29)可以求得电源输出的功率为

$$\tilde{S}_A = \left(\frac{\dot{U}_A - \dot{U}_B}{Z_{AB}}\right)^* \dot{U}_N + \frac{\sum \tilde{S}_i \overset{*}{Z}_i}{\overset{*}{Z}_{AB}} = \frac{(\overset{*}{U}_A - \overset{*}{U}_B)\dot{U}_N}{\overset{*}{Z}_{AB}} + \frac{\sum \tilde{S}_i \overset{*}{Z}_i}{\overset{*}{Z}_{AB}} \tag{4-30}$$

$$\tilde{S}_B = \left(\frac{\dot{U}_B - \dot{U}_A}{Z_{AB}}\right)^* \dot{U}_N + \frac{\sum \tilde{S}_i \overset{*}{Z'_i}}{\overset{*}{Z}_{AB}} = \frac{(\overset{*}{U}_B - \overset{*}{U}_A)\dot{U}_N}{\overset{*}{Z}_{AB}} + \frac{\sum \tilde{S}_i \overset{*}{Z'_i}}{\overset{*}{Z}_{AB}} \tag{4-31}$$

式中　$\widetilde{S}_i$——第 i 个运算负荷；

Z_i、Z'_i——第 i 个运算负荷到电源 B 和电源 A 之间的阻抗，如 Z_a、Z_b、Z_c 分别是运算负荷 $\widetilde{S}_a$、$\widetilde{S}_b$、$\widetilde{S}_c$ 到电源 B 的总阻抗；

Z_{AB}——整个线路的总阻抗。

进一步分析式(4-30)、式(4-31)，电源输出的功率包括两项：一项与电源两端电压有关而与负荷无关；另一项与负荷大小有关而与电源电压无关。前者称为循环功率（或称平衡功率），电源两端电压不相等，则会产生循环功率；后者称为供载功率，负荷不为零引起。

利用式(4-30)或式(4-31)计算初步功率分布时，也可以先令两端电源电压相等，求供载功率；再令负荷功率为零，求循环功率，然后将两者叠加得出初步功率。该计算公式中的功率、电压、阻抗均为复数，常被称为复功率法。

对于几种特殊的网络，还可以将供载功率的计算进一步简化，以避免繁杂的复数运算。下面具体讨论。

（一）单一电网

单一电网是指各段线路材料、截面面积、几何均距等都相同的电网。对于单一的两端供电网，各段线路单位长度的阻抗相等，因而有

$$\widetilde{S}_A = \frac{\sum \widetilde{S}_i \overset{*}{Z}_i}{\overset{*}{Z}_{AB}} = \frac{(r_1 - \mathrm{j}x_1)\sum \widetilde{S}_i L_i}{(r_1 - \mathrm{j}x_1)L_{AB}} = \frac{\sum \widetilde{S}_i L_i}{L_{AB}} \tag{4-32}$$

单一的两端供电网，其电源输出的供载功率可以用线段长度计算。

（二）均一电网

均一电网是指各线段的电阻和电抗之比值相等的电网。因而，其电源输出的供载功率可以简化为采用线段的电阻或电抗计算。即

$$\widetilde{S}_A = \frac{\sum \widetilde{S}_i R_i}{R_\Sigma} = \frac{\sum \widetilde{S}_i X_i}{X_\Sigma}$$

在电力系统中，同一电压等级下的各段线路往往采用相同材料，线间几何均距近似相等，导线截面面积相差不超过 2～3 个等级，大量的是近似均一的电网。选择有功功率与电抗有关，无功功率与电阻有关进行计算，即

$$\left.\begin{aligned} P_A &= \frac{\sum P_i X_i}{X_{AB}} \\ Q_A &= \frac{\sum Q_i R_i}{R_{AB}} \end{aligned}\right\} \tag{4-33}$$

上述又称为网络拆开法，是一种近似的潮流计算方法。其意义是：在计算时，将具有复数阻抗并输送复数功率的电力网，拆开成两个独立的电力网，其中一个只有电抗并传输有功功率，另一个只有电阻并传输无功功率。分别对这两个独立电网计算有功功率和无功功率分布，再叠加求得供载功率。

【例 4-6】　有一额定电压为 110 kV 的环形电力网，如图 4-14(a)所示，变电所负荷及导线长度等参数均标注在图中，几何均距为 5 m，试求电力网的初步潮流分布。

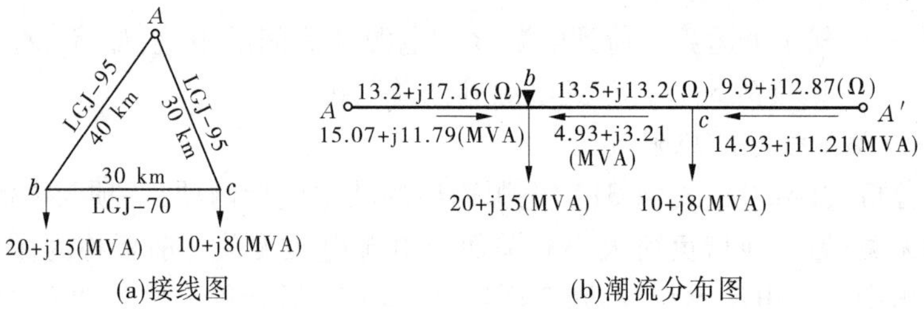

图 4-14　例 4-6 图

解: 首先在电源 A 点把环网打开,变成两端电源相等的两端供电网。

(1)计算线路参数。

查有关资料得单位长度的线路参数,乘以线路长度求得各线段的阻抗(标注于图 4-14(b)中),各负荷点到对侧电源点的阻抗以及全网阻抗分别为

$$Z_{bA'}=(13.5+j13.2)+(9.9+j12.87)=23.4+j26.07(\Omega)$$

$$Z_{cA'}=9.9+j12.87(\Omega)$$

$$Z_{AA'}=(13.2+j17.16)+(13.5+j13.2)+(9.9+j12.87)=36.6+j43.23(\Omega)$$

(2)计算初步功率分布。

用复功率法计算

$$\tilde{S}_{Ab}=\frac{\sum \tilde{S}_i \overset{*}{Z}_i}{\overset{*}{Z}_{AA'}}=\frac{(20+j15)\times(23.4-j26.07)+(10+j8)\times(9.9-j12.87)}{36.6-j43.23}$$

$$=\frac{1\,061.01-j219.9}{36.6-j43.23}=15.07+j11.79(\text{MVA})$$

所以

$$\tilde{S}_{cb}=(20+j15)-(15.07+j11.79)=4.93+j3.21(\text{MVA})$$

$$\tilde{S}_{A'c}=(4.93+j3.21)+(10+j8)=14.93+j11.21(\text{MVA})$$

该网近似均一电网,用网络拆开法计算:

$$P_{Ab}=\frac{\sum P_iX_i}{X_{AA'}}=\frac{20\times 26.07+10\times 12.87}{43.23}=15.04(\text{MW})$$

$$Q_{Ab}=\frac{\sum Q_iR_i}{R_{AA'}}=\frac{15\times 23.4+8\times 9.9}{36.6}=11.75(\text{Mvar})$$

可见,利用网络拆开法近似计算的结果和复功率法精确计算的结果相差很小,但计算工作量大为减少。

全网潮流分布如图 4-14(b)所示。图中各负荷点两侧的功率流向是不一样的。其中,b 点负荷由两个不同电源供给(两侧功率均流向该点),称为功率分点,在图中用符号"▼"表示。有功功率分点与无功功率分点不重合时,有功功率分点用符号"▼"表示,无功功率分点用符号"▽"表示。功率分点往往是全网电压的最低点。

在两端供电网中,为了改善电压质量及经济运行,可以用调节两端电源电压的大小与相位的方法来改变电力网的潮流分布。

二、多级电压环网的初步潮流计算

由几个电压等级的线路组成的环网称为多级电压环网,简称多级环网。因其串联有变压器,又称为电磁环网。多级环网的初步潮流计算中,供载功率的计算方法与两端供电网的计算方法相同,当然必须先将其各元件的参数归算到同一电压等级。此外,电磁环网内可能出现变比不匹配引起的附加电势,从而产生循环功率。

下面以图 4-15 所示三级电压环网为例,讨论循环功率的计算方法。

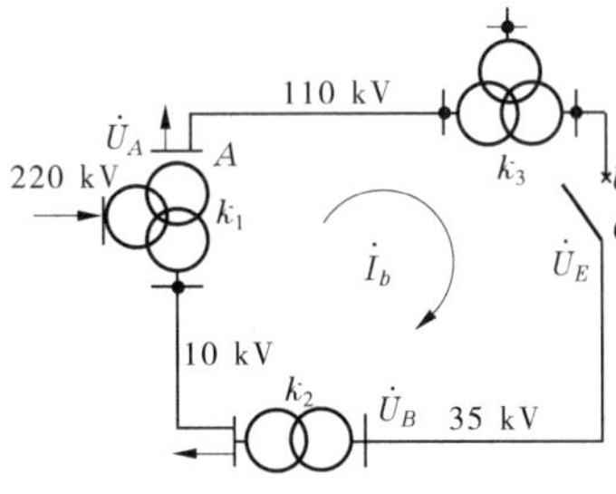

图 4-15　三级电压环网

已知电压 $\dot{U}_A$,环网内变压器变比分别为 k_1、k_2、k_3,断路器 QF 断开。由于将运算负荷、变压器空载损耗、线路电纳功率都归并在供载功率计算内,所以分析计算循环功率时,可以认为线路及变压器中无电流通过,也没有电压降落。由 $\dot{U}_A$ 推算各点电压

$$\dot{U}_F = \frac{\dot{U}_A}{k_3} \qquad \dot{U}_E = \dot{U}_B = \frac{k_2 \dot{U}_A}{k_1}$$

断路器两侧电压差

$$\Delta\dot{U}_{FE} = \dot{U}_F - \dot{U}_E = \frac{\dot{U}_A}{k_3} - \frac{k_2\dot{U}_A}{k_1} = \left(\frac{k_1}{k_2 k_3} - 1\right)\frac{k_2\dot{U}_A}{k_1} = (k_{\Sigma} - 1)\dot{U}_E \tag{4-34}$$

式中　k_{Σ} ——多级电压环网的等值变比。

断路器闭合后,在电压 $\Delta\dot{U}_{FE}$作用下,环网内产生循环功率

$$\tilde{S}_h = \left(\frac{\Delta\dot{U}_{FE}}{Z_{\Sigma}}\right)^* U_N = \left[\frac{(k_{\Sigma} - 1)\dot{U}_E}{Z_{\Sigma}}\right]^* U_N \approx \frac{k_{\Sigma} - 1}{\overset{*}{Z}_{\Sigma}} U_N^2 \tag{4-35}$$

式中　Z_{Σ} ——归算到对应电压 $\dot{U}_N$ 下的环网总复阻抗。

若多级电压环网的等值变比 $k_{\Sigma} = 1$(变压器变比匹配),循环功率为零;$k_{\Sigma} \neq 1$,产生循环功率。用下述方法确定多级环网等值变比以及循环功率的方向。

规定各变压器的变比为高压侧电压除以低压侧电压;在环网中任意假设一个环绕方向,绕环网一周,遇到升压变压器时乘以变比,遇到降压变压器时则除以变比,得到等值变比 k_{Σ}。若 $k_{\Sigma} > 1$,则循环功率的方向与设定的环绕方向一致;若 $k_{\Sigma} < 1$,则循环功率的方向与设定的环绕方向相反。循环功率大小按式(4-35)计算。

【例 4-7】　如图 4-15 所示的多级环网,归算到 35 kV 电压侧的总阻抗 $Z_{\Sigma} = 9.63 + j30.2\ (\Omega)$,串入环网中变压器的变比 $k_1 = 121/11$、$k_2 = 40.4/11$、$k_3 = 104.5/36.6$。试

计算断路器 QF 闭合后的循环功率。

解:选顺时针方向为环绕方向,从 A 点算起,等值变比为

$$k_{\Sigma}=\frac{k_1}{k_2k_3}=\frac{121}{11}/(\frac{40.4}{11}\times\frac{104.5}{36.6})=1.05$$

循环功率方向与所选环绕方向相同,大小为(A 点电压未知,用额定电压近似计算)

$$\tilde{S}_h=\frac{k_{\Sigma}-1}{\overset{*}{Z}_{\Sigma}}U_N^2=\frac{1.05-1}{9.63-\mathrm{j}30.2}\times35^2=0.59+\mathrm{j}1.84(\mathrm{MVA})$$

三、两端供电网的最终潮流计算

对于电压等级在 35 kV 及以下的地方电网,由于功率损耗可以忽略不计,所以初步潮流分布也就是最终潮流分布。

对于电压等级高的区域电网,计算最终潮流分布的方法是:

首先计算初步潮流分布,找到功率分点;在功率分点处将闭式网分解成两个独立的开式网;将功率分点处的负荷按照流入功率分点的初步功率分成两部分,分别表示在两个开式网络的终端,其他节点的负荷不发生变化;按照开式网的潮流计算方法,计算功率损耗,逐段向电源端推算潮流,最后合并得出全网的最终潮流分布。

若两端供电网的有功分点与无功分点不重合,一般从无功功率分点(电压更低)处将网络拆开,再向两端电源推算。

若电力系统中有带恒定负荷的发电厂(一般称为基载厂),计算时可以将它作为负的负荷处理。下面举两个例题。

【例 4-8】 有一额定电压为 10 kV 的两端供电网,干线 AB 采用 LJ－70 导线,支线 ac 采用 LJ－35 导线,几何均距均为 1 m,线路长度及负荷标注于图 4-16(a)中,已知 $\dot{U}_A=10.5\angle0°$ kV,$\dot{U}_B=10.4\angle0°$ kV,试求该电网的潮流分布。

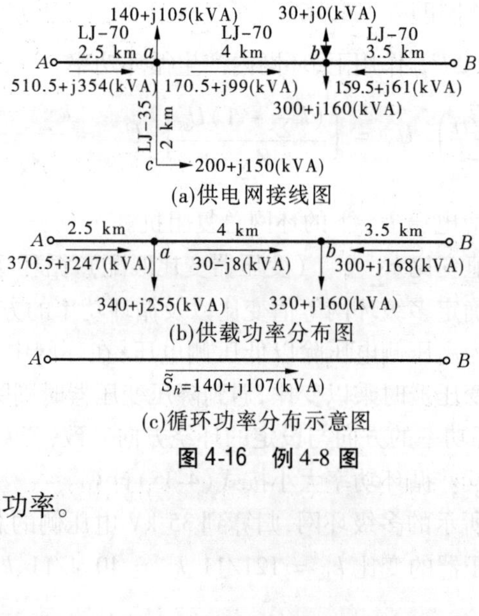

图 4-16 例 4-8 图

解:(1)计算供载功率。

$$\widetilde{S}_A = \frac{\sum \widetilde{S}_i L_i}{L_{AB}} = \frac{(340 + j255) \times 7.5 + (330 + j160) \times 3.5}{10} = 370.5 + j247(\text{kVA})$$

供载功率分布如图 4-16(b)所示。

(2)计算循环功率。

查书后附录,计算出两电源间线路的总阻抗为

$$Z_{AB} = L_{AB}(r_1 + jX_1) = 10 \times (0.45 + j0.346) = 4.5 + j3.46(\Omega)$$

则循环功率为

$$\widetilde{S}_h = \left(\frac{\dot{U}_A - \dot{U}_B}{Z_{AB}}\right)^* \dot{U}_N = \left(\frac{10.5 - 10.4}{4.5 + j3.46}\right)^* \times 10 \times 10^3 = 140 + j107(\text{kVA})$$

循环功率示于图 4-16(c)中。

(3)计算各线段上的功率分布。

将图 4-16(b)中各段供载功率与图 4-16(c)中的循环功率叠加,得出 A 电源的实际功率 $\dot{S}_{Aa}$,再逐段向后推算出各段线路的实际功率分布,即

$$\widetilde{S}_{Aa} = \widetilde{S}_A + \widetilde{S}_h = (370.5 + j247) + (140 + j107) = 510.5 + j354(\text{kVA})$$

$$\widetilde{S}_{ab} = \widetilde{S}_{Aa} - \sum \widetilde{S}_a = (510.5 + j354) - (340 + j255) = 170.5 + j99(\text{kVA})$$

$$\widetilde{S}_{Ba} = \sum \widetilde{S}_c - \widetilde{S}_{ab} = (330 + j160) - (170.5 + j99) = 159.5 + j61(\text{kVA})$$

该配电网的初步潮流分布就是最终潮流分布,潮流分布示于图 4-16(a)中,b 点为全网的功率分点。

【例 4-9】 有一环形电力网,额定电压为 220 kV,如图 4-17(a)所示。网络参数及基载发电厂 F 的计算功率、降压变电所 h 的计算负荷标注于图 4-17(b)中。主调频发电厂 S 高压母线电压为 240 kV,电力网为近似均一电网,试计算潮流分布(归算到高压侧)。

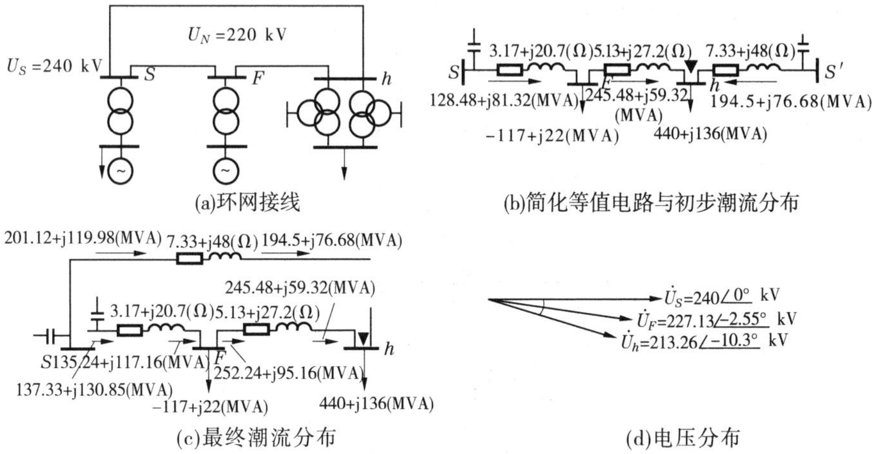

图 4-17 例 4-9 图

解:(1)简化等值电路如图 4-17(b)所示。发电厂 S 作为电源,发电厂 F 作为负的负荷。

(2)计算初步潮流分布。

因为是近似均一电网，用网络拆开法计算

$$P_{SF}=\frac{\sum PX}{X_{SS'}}=\frac{-117\times(27.2+48)+440\times48}{20.7+27.2+48}=128.48(\mathrm{MW})$$

$$Q_{SF}=\frac{\sum QR}{R_{SS'}}=\frac{22\times(5.13+7.33)+136\times7.33}{3.17+5.13+7.33}=81.32(\mathrm{Mvar})$$

初步潮流分布标注于图 4-17(b)中，有功功率、无功功率分点重合在 h 点。

(3)计算最终潮流分布。从功率分点 h 处将环网解开为两个开式网 SFh 和 $S'h$，分别计算两个开式网的潮流。

线段 Fh 末端功率为

$$\tilde{S}_1=245.48+\mathrm{j}59.32(\mathrm{MVA})$$

功率损耗为

$$\Delta\tilde{S}_{Fh}=\frac{245.48^2+59.32^2}{220^2}\times(5.13+\mathrm{j}27.2)=6.76+\mathrm{j}35.84(\mathrm{MVA})$$

首端功率为

$$\begin{aligned}\tilde{S}_2&=\tilde{S}_1+\Delta\tilde{S}_{Fh}=(245.48+\mathrm{j}59.32)+(6.76+\mathrm{j}35.84)\\&=252.24+\mathrm{j}95.16(\mathrm{MVA})\end{aligned}$$

线段 SF 末端功率为

$$\begin{aligned}\tilde{S}_3&=\tilde{S}_2+\tilde{S}_F=(252.24+\mathrm{j}95.16)+(-117+\mathrm{j}22)\\&=135.24+\mathrm{j}117.16(\mathrm{MVA})\end{aligned}$$

功率损耗为

$$\Delta\tilde{S}_{SF}=\frac{135.24^2+117.16^2}{220^2}\times(3.17+\mathrm{j}20.7)=2.09+\mathrm{j}13.69(\mathrm{MVA})$$

首端功率为

$$\begin{aligned}\tilde{S}_4&=\tilde{S}_3+\Delta\tilde{S}_{SF}=(135.24+\mathrm{j}117.16)+(2.09+\mathrm{j}13.69)\\&=137.33+\mathrm{j}130.85(\mathrm{MVA})\end{aligned}$$

线段 $S'h$ 末端功率为

$$\tilde{S}_5=194.5+\mathrm{j}76.68(\mathrm{MVA})$$

功率损耗为

$$\Delta\tilde{S}_{Sh}=\frac{194.5^2+76.68^2}{220^2}\times(7.33+\mathrm{j}48)=6.62+\mathrm{j}43.3(\mathrm{MVA})$$

首端功率为

$$\begin{aligned}\tilde{S}_6&=\tilde{S}_5+\Delta\tilde{S}_{Sh}=(194.5+\mathrm{j}76.68)+(6.62+\mathrm{j}43.3)\\&=201.12+\mathrm{j}119.98(\mathrm{MVA})\end{aligned}$$

(4)计算高压母线电压。

选 S 厂高压母线电压为参考相量，$U_S=240\ \mathrm{kV}$。

$$\dot{U}_F=\dot{U}_S-\frac{P_4R_{SF}+Q_4X_{SF}}{U_S}-\mathrm{j}\frac{P_4X_{SF}-Q_4R_{SF}}{U_S}$$

$$= 240 - \frac{137.33 \times 3.17 + 130.85 \times 20.7}{240} - j\frac{137.33 \times 20.7 - 130.85 \times 3.17}{240}$$

$$= 226.9 - j10.12(\mathrm{kV})$$

$$U_F = \sqrt{226.9^2 + 10.12^2} = 227.13(\mathrm{kV})$$

$$\delta_F = \arctan\frac{-10.12}{226.9} = -2.55°$$

$$\dot{U}_F = 227.13\angle{-2.55°}(\mathrm{kV})$$

$$\dot{U}_h = \dot{U}_F - \frac{P_2R_{Fh} + Q_2X_{Fh}}{U_F} - j\frac{P_2X_{Fh} - Q_2R_{Fh}}{U_F}$$

$$= 226.9 - j10.12 - \frac{252.24 \times 5.13 + 95.16 \times 27.2}{227.13}$$

$$- j\frac{252.24 \times 27.2 - 95.16 \times 5.13}{227.13}$$

$$= 226.9 - j10.12 - 17.09 - j28.06$$

$$= 209.81 - j38.18(\mathrm{kV})$$

$$U_h = \sqrt{209.81^2 + 38.18^2} = 213.26(\mathrm{kV})$$

$$\delta_h = \arctan\frac{-38.18}{209.81} = -10.3°$$

$$\dot{U}_h = 213.26\angle{-10.3°}$$

第六节　复杂电力系统的潮流计算

实际电力系统是一个复杂的大电力系统，节点多、变量多，结构复杂。复杂电力系统的潮流计算采用计算机进行。复杂电力系统的潮流计算的基本步骤如下：

(1)建立描述电力系统运行状态的数学模型；

(2)确定解算数学模型的方法；

(3)制定框图，编制计算程序；

(4)对计算结果进行分析。

本节主要介绍其中的数学模型和计算方法，有关程序设计方面的知识请参阅相关书籍。

电力系统的数学模型是指对电力系统中运行状态参数(如电压、电流等)之间相互关系和变化规律的一种数学描述。它把电力系统中物理现象的分析归结为某种形式的数学问题。从电的角度来看，无论电力网络如何复杂，原则上都可以首先作出它的等值电路，然后运用交流电路理论进行分析、计算。通常用节点电压法和回路电流法计算网络各支路电流或功率。对于同一网络，一般节点电压方程数小于回路电流方程数；而且节点电压方程描述的运行状态比较直观，易于处理系统运行条件的变化。所以，电力系统的潮流计算一般采用节点电压法。

下面首先回顾节点电压方程，然后推出潮流计算的数学模型。

一、节点电压方程

图4-18表示一个具有三个独立节点的电力系统。e_1、e_2 为电源电势，y_1、y_2 为电源的内部导纳，y_3 为等值负荷的导纳，y_4、y_5、y_6 为支路的导纳。

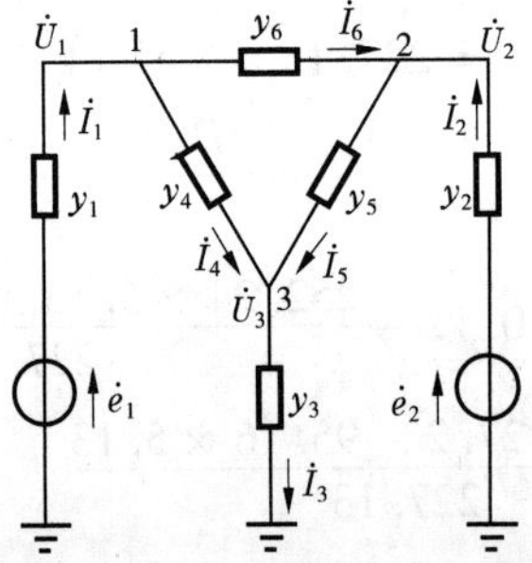

图4-18　节点电压法的图例

如果取大地为参考节点，设三个节点电压分别为 $\dot{U}_1$、$\dot{U}_2$、$\dot{U}_3$，流入节点的电流方向为正，节点电压方程为

$$\left.\begin{aligned} Y_{11}\dot{U}_1 + Y_{12}\dot{U}_2 + Y_{13}\dot{U}_3 &= \dot{I}_1 \\ Y_{21}\dot{U}_1 + Y_{22}\dot{U}_2 + Y_{23}\dot{U}_3 &= \dot{I}_2 \\ Y_{31}\dot{U}_1 + Y_{32}\dot{U}_2 + Y_{33}\dot{U}_3 &= \dot{I}_3 \end{aligned}\right\} \tag{4-36}$$

式中　Y_{11}、Y_{22}、Y_{33}——节点1、2、3的自导纳；

Y_{12}、Y_{13}、Y_{21}、Y_{23}、Y_{31}、Y_{32}——相应节点之间的互导纳；

$\dot{I}_1$、$\dot{I}_2$、$\dot{I}_3$——节点1、2、3的注入电流（在此例中，$\dot{I}_3$ 为零）。

二、节点导纳矩阵的形成

以矩阵形式表示上述节点电压方程为

$$\begin{bmatrix} \dot{I}_1 \\ \dot{I}_2 \\ 0 \end{bmatrix} = \begin{bmatrix} Y_{11} & Y_{12} & Y_{13} \\ Y_{21} & Y_{22} & Y_{23} \\ Y_{31} & Y_{32} & Y_{33} \end{bmatrix} \begin{bmatrix} \dot{U}_1 \\ \dot{U}_2 \\ \dot{U}_3 \end{bmatrix}$$

若电力网络除参考节点外有 n 个节点，则它的节点电压方程为

$$\left.\begin{aligned} Y_{11}\dot{U}_1 + Y_{12}\dot{U}_2 + \cdots + Y_{1n}\dot{U}_n &= \dot{I}_1 \\ Y_{21}\dot{U}_1 + Y_{22}\dot{U}_2 + \cdots + Y_{2n}\dot{U}_n &= \dot{I}_2 \\ &\vdots \\ Y_{n1}\dot{U}_1 + Y_{n2}\dot{U}_2 + \cdots + Y_{nn}\dot{U}_n &= \dot{I}_n \end{aligned}\right\} \tag{4-37}$$

或简写为

$$\dot{I}_i = \sum_{j=1}^{n} Y_{ij}\dot{U}_j \qquad (i = 1,2,3,\cdots,n) \tag{4-38}$$

将式(4-38)表示成矩阵形式

$$\begin{bmatrix} \dot{I}_1 \\ \dot{I}_2 \\ \vdots \\ \dot{I}_n \end{bmatrix} = \begin{bmatrix} Y_{11} & Y_{12} & \cdots & Y_{1n} \\ Y_{21} & Y_{22} & \cdots & Y_{2n} \\ \vdots & \vdots & & \vdots \\ Y_{n1} & Y_{n2} & \cdots & Y_{nn} \end{bmatrix} \begin{bmatrix} \dot{U}_1 \\ \dot{U}_2 \\ \vdots \\ \dot{U}_n \end{bmatrix} \tag{4-39}$$

简写为

$$[\dot{I}] = [Y][\dot{U}] \tag{4-40}$$

式中 $[\dot{I}]$——节点注入电流列向量；

$[\dot{U}]$——节点电压列向量；

$[Y]$——节点导纳矩阵。

(一)节点导纳矩阵的物理意义

当电力网络除参考节点外，节点数为 n 时，导纳矩阵是 $n \times n$ 阶方阵，对角元素 $Y_{ii}(i=1,2,\cdots,n)$称为节点自导纳，非对角元素 $Y_{ij}(j=1,2,\cdots,n,j\neq i)$称为节点间互导纳。由于网络的对称关系，$Y_{ij}=Y_{ji}=-y_{ij}=-y_{ji}$。

自导纳的物理意义是：除节点 i 外，其余节点都接地，在节点 i 上加一单位电压时，从节点 i 注入网络的电流。用数学式表示为

$$Y_{ii} = \left(\frac{\dot{I}_i}{\dot{U}_i}\right)_{\dot{U}_m=0,m\neq i} \tag{4-41}$$

即当其他节点均接地时，i 点对地的总导纳为

$$Y_{ii} = y_{i0} + \sum_{j=1}^{n} y_{ij}$$

式中 y_{i0}——节点 i 的对地导纳；

y_{ij}——节点 i、j 之间的支路导纳(支路阻抗的倒数)。

互导纳的物理意义是：除节点 j 外，其余节点都接地，在节点 j 上加一单位电压时，从节点 i 注入网络的电流。用数学式表示为

$$Y_{ij} = \left(\frac{\dot{I}_i}{\dot{U}_j}\right)_{\dot{U}_m=0,m\neq i} \tag{4-42}$$

(二)节点导纳矩阵的特点

(1)节点导纳矩阵是方阵，其阶数等于除参考节点外的节点数 n。参考节点一般取大地，编号为零。

(2)节点导纳矩阵是稀疏矩阵，其各行非零非对角元素数等于与该行相对应节点所连接的不接地支路数。

(3)节点导纳矩阵的对角元素等于该节点所连接各支路导纳的总和。

(4)节点导纳矩阵的非对角元素 Y_{ij}等于连接节点 i、j 支路导纳的负值。

(5)节点导纳矩阵一般是对称矩阵,这是由网络的互易特性所决定的,因此一般只需求取这个矩阵的上三角或下三角部分。

(6)网络中的变压器如运用∏型等值电路表示,仍可按上述原则计算。

按上述原则,无论电力网络如何复杂,都可以根据给定的支路参数和接线情况,直观地求出导纳矩阵。

在具有变压器元件的电力网的等值电路中,变压器的参数以及参数的归算都是按标准变比或额定电压进行的。若变压器的分接头改变,实际变比不等于标准变比,一般采用∏型等值电路对参数进行修正。

三、节点导纳矩阵的修改

在电力系统计算中,往往要计算不同接线方式下的运行状况,例如某电力线路或变压器投入前后的运行状况,以及某些元件参数变更前后的运行状况。改变一个支路的参数或它的投入、退出状态只影响该支路两端节点的自导纳和它们之间的互导纳,所以运行状况改变后可相应地修改原有的矩阵,形成与新运行状况相对应的节点导纳矩阵。以下介绍几种典型的修改方法。

(1)从原有网络引出一支路,同时增加一节点。如图4-19(a)所示,设i为原有网络N中的节点,j为新增加的节点,新增加的支路导纳为y_{ij}。因新增加一节点,节点导纳矩阵将增加一阶,新增加的对角元素$Y_{jj}=y_{ij}$;新增加的非对角元素$Y_{ij}=Y_{ji}=-y_{ij}$;原有矩阵中的对角元素Y_{ii}将增加$\Delta Y_{ii}=y_{ij}$。

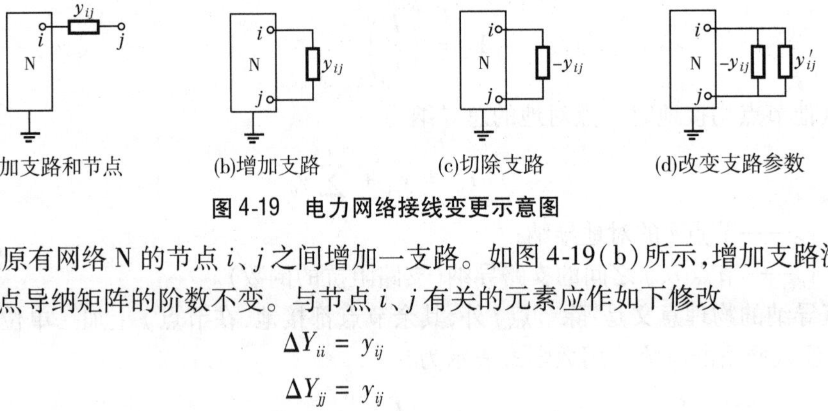

(a)增加支路和节点　(b)增加支路　(c)切除支路　(d)改变支路参数

图4-19　电力网络接线变更示意图

(2)在原有网络N的节点i、j之间增加一支路。如图4-19(b)所示,增加支路没有增加节点,节点导纳矩阵的阶数不变。与节点i、j有关的元素应作如下修改

$$\Delta Y_{ii}=y_{ij}$$

$$\Delta Y_{jj}=y_{ij}$$

$$\Delta Y_{ij}=\Delta Y_{ji}=-y_{ij}$$

(3)在原有网络N的节点i、j之间切除一支路。如图4-19(c)所示,切除一导纳为y_{ij}的支路,相当于增加一导纳为$-y_{ij}$的支路,导纳矩阵有关元素作如下修改

$$\Delta Y_{ii}=-y_{ij}$$

$$\Delta Y_{jj}=-y_{ij}$$

$$\Delta Y_{ij}=\Delta Y_{ji}=y_{ij}$$

(4)原有网络N的节点i、j之间的导纳,由y_{ij}改变为y'_{ij}。如图4-19(d)所示,相当于切除一导纳为y_{ij}的支路并增加一导纳为y'_{ij}的支路,导纳矩阵有关元素应作如下修改

$$\Delta Y_{ii} = y'_{ij} - y_{ij}$$

$$\Delta Y_{jj} = y'_{ij} - y_{ij}$$

$$\Delta Y_{ij} = \Delta Y_{ji} = y_{ij} - y'_{ij}$$

(5)原有网络 N 的节点 i、j 之间变压器的标幺值变比,由 k_* 改变为 k'_*(略去变压器激磁导纳)。如图 4-20 所示,根据变压器Π型等值电路分析,节点 i、j 之间变压器的参数改变关系为

$$\Delta Y_{ii} = 0$$

$$\Delta Y_{jj} = \left(\frac{1}{k'^2_*} - \frac{1}{k^2_*}\right) y_T$$

$$\Delta Y_{ij} = \Delta Y_{ji} = -\left(\frac{1}{k'_*} - \frac{1}{k_*}\right) y_T$$

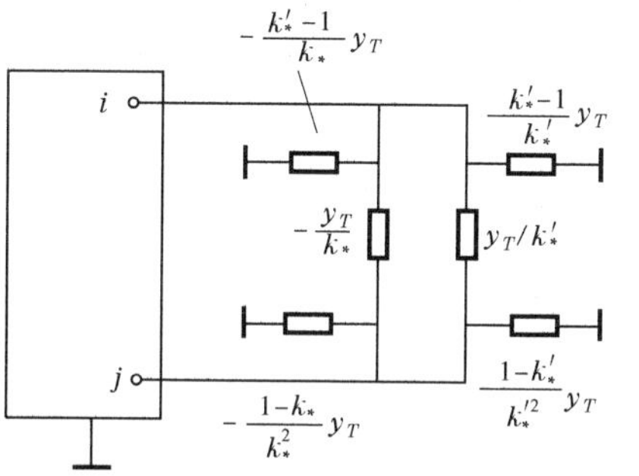

图 4-20　变压器变比由 k_* 改为 k'_*

【例 4-10】　如图 4-21 所示,已知电力网线路等值电路的阻抗和对地导纳的标幺值,其中 2 与 4、3 与 5 节点之间为变压器支路,变压器的电抗和变比的标幺值也已标注于图中,试求导纳矩阵(略去变压器电阻及励磁导纳)。

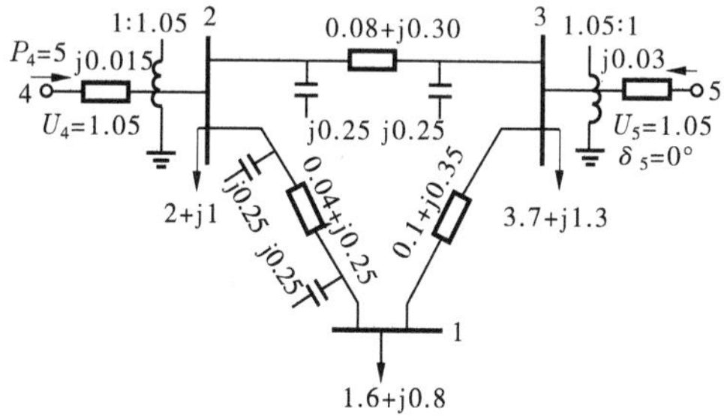

图 4-21　例 4-10 图

解:节点 1 的自导纳为

$$Y_{11} = y_{10} + y_{12} + y_{13} = \text{j}0.25 + \frac{1}{0.04 + \text{j}0.25} + \frac{1}{0.1 + \text{j}0.35}$$

$$= 1.3787 - \text{j}6.2916$$

节点 1 的互导纳为

$$Y_{12}=Y_{21}=-y_{12}=-\frac{1}{0.04+\mathrm{j}0.25}=-0.624+\mathrm{j}3.900\,1$$

$$Y_{13}=Y_{31}=-y_{13}=-\frac{1}{0.1+\mathrm{j}0.35}=-0.754\,7+\mathrm{j}2.641\,5$$

$$Y_{14}=Y_{41}=0$$

$$Y_{15}=Y_{51}=0$$

节点 2 的自导纳为

$$\begin{aligned}Y_{22}&=y_{20}+y_{21}+y_{23}+\frac{y_{24}}{k_{24}^2}\\&=(\mathrm{j}0.25+\mathrm{j}0.25)+\frac{1}{0.04+\mathrm{j}0.25}+\frac{1}{0.08+\mathrm{j}0.3}+\frac{1}{\mathrm{j}0.015}\times\frac{1}{1.05^2}\\&=1.453\,9-\mathrm{j}66.980\,8\end{aligned}$$

节点 2 的互导纳为

$$Y_{21}=Y_{12}=-y_{12}=-\frac{1}{0.04+\mathrm{j}0.25}=-0.624+\mathrm{j}3.900\,1$$

$$Y_{23}=Y_{32}=-y_{23}=-\frac{1}{0.08+\mathrm{j}0.30}=-0.829\,9+\mathrm{j}3.112$$

$$Y_{24}=Y_{42}=-\frac{y_{24}}{k_{24}}=-\frac{1}{\mathrm{j}0.015}\times\frac{1}{1.05}=\mathrm{j}63.492$$

$$Y_{25}=Y_{52}=0$$

用类似的方法可以求出导纳矩阵的其他元素,最后得到电力网的导纳矩阵为

$$[Y]=\begin{bmatrix}Y_{11}&Y_{12}&Y_{13}&Y_{14}&Y_{15}\\Y_{21}&Y_{22}&Y_{23}&Y_{24}&Y_{25}\\Y_{31}&Y_{32}&Y_{33}&Y_{34}&Y_{35}\\Y_{41}&Y_{42}&Y_{43}&Y_{44}&Y_{45}\\Y_{51}&Y_{52}&Y_{53}&Y_{54}&Y_{55}\end{bmatrix}$$

$$=\begin{bmatrix}1.378\,7-\mathrm{j}6.291\,6&-0.624+\mathrm{j}3.900\,1&-0.754\,7+\mathrm{j}2.641\,5&0&0\\-0.624+\mathrm{j}3.900\,1&1.453\,9-\mathrm{j}66.980\,8&-0.829\,9+\mathrm{j}3.112&\mathrm{j}63.492&0\\-0.754\,7+\mathrm{j}2.641\,5&-0.829\,9+\mathrm{j}3.112&1.584\,5-\mathrm{j}35.737\,8&0&\mathrm{j}31.746\\0&\mathrm{j}63.492&0&-\mathrm{j}66.666\,7&0\\0&0&\mathrm{j}31.746&0&-\mathrm{j}33.333\,3\end{bmatrix}$$

由例 4-10 的计算结果可以看出:

(1)导纳矩阵的阶数等于电力网的独立节点数,而且是对称的稀疏矩阵。

(2)导纳矩阵各行非对角元素中的非零元素个数等于对应节点所连接的不接地支路数。

(3)导纳矩阵的对角元素为对应节点的自导纳,其值等于相应节点所连接支路的导纳之和。

四、潮流计算的功率方程及节点分类

(一)功率方程式的一般形式

设有 n 个节点的系统,根据式(4-38)节点电压方程可得

$$\dot{I}_i = \frac{\overset{*}{S}_i}{\overset{*}{U}_i} = Y_{i1}\dot{U}_1 + Y_{i2}\dot{U}_2 + \cdots + Y_{in}\dot{U}_n = \sum_{j=1}^{n} Y_{ij}\dot{U}_j$$

$$\overset{*}{S}_i = P_i - \mathrm{j}Q_i = \overset{*}{U}_i \sum_{j=1}^{n} Y_{ij}\dot{U}_j \qquad (i = 1,2,\cdots,n) \tag{4-43}$$

在电力系统潮流计算中,节点电压有两种不同的表示方式,即直角坐标形式和极坐标形式,由此可得两种不同形式的功率方程式。

令导纳矩阵各元素为 $Y_{ij} = G_{ij} + \mathrm{j}B_{ij}$,节点电压直角坐标形式为 $\dot{U}_i = \mathrm{e}_i + \mathrm{j}f_i$,代入式(4-43)得

$$P_i - \mathrm{j}Q_i = (e_i - \mathrm{j}f_i)\sum_{j=1}^{n}(G_{ij} + \mathrm{j}B_{ij})(e_j + \mathrm{j}f_j) \quad (i = 1,2,\cdots,n)$$

将上式的实部与虚部分开,得到由直角坐标形式表示的功率方程式

$$\left.\begin{aligned} P_i &= e_i\sum_{j=1}^{n}(G_{ij}e_j - B_{ij}f_j) + f_i\sum_{j=1}^{n}(G_{ij}f_j + B_{ij}e_j) \\ Q_i &= f_i\sum_{j=1}^{n}(G_{ij}e_j - B_{ij}f_j) - e_i\sum_{j=1}^{n}(G_{ij}f_j + B_{ij}e_j) \end{aligned}\right\} \tag{4-44}$$

这是潮流计算的基本方程。功率方程式是一组非线性方程组。

若令 $Y_{ij} = G_{ij} + \mathrm{j}B_{ij}$,节点电压为 $\dot{U}_i = U_i\mathrm{e}^{\mathrm{j}\delta_i}$,$\dot{U}_j = U_j\mathrm{e}^{\mathrm{j}\delta_j}$,用 δ_{ij} 表示 $\delta_i - \delta_j$,代入式(4-43)得

$$\begin{aligned} P_i - \mathrm{j}Q_i &= U_i\mathrm{e}^{-\mathrm{j}\delta_i}\sum_{j=1}^{n}(G_{ij} + \mathrm{j}B_{ij})U_j\mathrm{e}^{\mathrm{j}\delta_j} \\ &= U_i\sum_{j=1}^{n}(G_{ij} + \mathrm{j}B_{ij})U_j\mathrm{e}^{-\mathrm{j}(\delta_i - \delta_j)} \quad (i = 1,2,\cdots,n) \end{aligned}$$

由 $\mathrm{e}^{-\mathrm{j}\delta_{ij}} = \cos\delta_{ij} - \mathrm{j}\sin\delta_{ij}$,得

$$P_i - \mathrm{j}Q_i = U_i\sum_{j=1}^{n}U_j(G_{ij} + \mathrm{j}B_{ij})(\cos\delta_{ij} - \mathrm{j}\sin\delta_{ij}) \qquad (i = 1,2,\cdots,n)$$

将上式的实部和虚部分开可得到用极坐标表示的功率方程式

$$\left.\begin{aligned} P_i &= U_i\sum_{j=1}^{n}U_j(G_{ij}\cos\delta_{ij} + B_{ij}\sin\delta_{ij}) \\ Q_i &= U_i\sum_{j=1}^{n}U_j(G_{ij}\sin\delta_{ij} - B_{ij}\cos\delta_{ij}) \end{aligned}\right\} \tag{4-45}$$

以上各式中 P_i、Q_i 为节点功率,是净注入节点的功率。

（二）电力系统的节点分类

对于 n 个节点的系统，可以得到 $2n$ 个功率方程式。每个节点有电压相值 U、电压相角 δ、有功功率 P、无功功率 Q 等4个表征节点运行状态的量。几个节点的系统共有 $4n$ 个变量。已知其中的 $2n$ 个变量，根据功率方程式可以求出其余 $2n$ 个未知量。在电力系统潮流计算中，一般每个节点给出两个已知量，而另外两个则作为待求量。按给出的已知量不同，电力系统的节点可以分为以下三类。

（1）PQ 节点。已知节点的有功功率 P 及无功功率 Q，待求量是节点的电压幅值 U 和电压相角 δ。电力系统中的大多数发电厂母线和降压变电站母线属于此类节点。在电力系统中，这一类节点是最多的。

（2）PV 节点。已知节点的有功功率 P 和电压幅值 U，待求量是节点的无功功率 Q 和电压相角 δ。这类节点必须有足够的可调无功容量，用以维持给定的电压幅值，又称为电压控制点。一般选择有一定无功储备的发电厂和具有可调无功电源设备的变电所作为此类节点。在电力系统中，这一类节点的数目很少。

（3）平衡节点。已知节点的电压幅值 U 和电压相角 δ，待求量是节点有功功率 P 和无功功率 Q。该节点作为潮流计算时其他电压计算的参考点，电压相位常取0°，该点亦即基准点或基准母线。为了满足系统功率平衡，必须选择一个发电厂的有功功率和无功功率作为未知量，该发电厂就是平衡节点，电力系统中通常只设一个平衡节点。一般选择主调频厂作为平衡节点。

五、牛顿－拉夫逊潮流计算

（一）牛顿－拉夫逊迭代计算原理

牛顿－拉夫逊法将非线性方程的求解过程转化为线性方程的求解过程，即线性化，是解非线性方程的一种有效方法，它的主要优点是收敛性较好，在一般网络中，只需迭代5～8次即可达到所需要的精度。

设有一非线性方程 $f(x)=0$，给定初值解为 $x^{(0)}$，它与真解 x 之间的误差为 $\Delta x^{(0)}$，因此方程的真解可表示为

$$x = x^{(0)} - \Delta x^{(0)} \tag{4-46}$$

式中　$\Delta x^{(0)}$——变量修正量。

式(4-46)应满足原方程式，故

$$f(x^{(0)} - \Delta x^{(0)}) = 0 \tag{4-47}$$

将式(4-47)按泰勒级数展开为

$$\begin{aligned} f(x^{(0)} - \Delta x^{(0)}) = f(x^{(0)}) - f'(x^{(0)})\Delta x^{(0)} + f''(x^{(0)})\frac{(\Delta x^{(0)})^2}{2!} + \cdots + \\ (-1)^n f^{(n)}(x^{(0)})\frac{(\Delta x^{(0)})^n}{n!} = 0 \end{aligned} \tag{4-48}$$

式中　$f'(x^{(0)}), f''(x^{(0)}), \cdots, f^{(n)}(x^{(0)})$——函数 $f(x)$ 在 $x^{(0)}$ 点的一阶、二阶、…、n 阶导数。

如果所选择的初值较好，即 $\Delta x^{(0)}$ 很小时，可以将式(4-48)中 $\Delta x^{(0)}$ 的二次及二次以后各项忽略不计，则式(4-48)简化为

$$f(x^{(0)}) - f'(x^{(0)})\Delta x^{(0)} = 0 \tag{4-49}$$

则有

$$\Delta x^{(0)} = \frac{f(x^{(0)})}{f'(x^{(0)})} \tag{4-50}$$

式(4-49)是 $\Delta x^{(0)}$ 的线性代数方程，称为牛顿－拉夫逊修正方程式，用它可以求出修正量 $\Delta x^{(0)}$，见式(4-50)。由于式(4-49)是式(4-48)的简化结果，所以按式(4-50)计算出的 $\Delta x^{(0)}$ 只是近似值，还需要利用 $x^{(1)} = x^{(0)} - \Delta x^{(0)}$ 对初值 $x^{(0)}$ 进行修正，这时的 $x^{(1)}$ 比 $x^{(0)}$ 向真解更逼近了一些。这时将 $x^{(1)}$ 作为初值代入修正方程式(4-49)中，得到

$$\Delta x^{(1)} = \frac{f(x^{(1)})}{f'(x^{(1)})}$$

于是可以得到更逼近真解

$$x^{(2)} = x^{(1)} - \Delta x^{(1)}$$

再将 $x^{(2)}$ 作为初值，继续迭代下去，到 v 次迭代时，有 $x^{(v)} = x^{(v-1)} - \Delta x^{(v-1)}$，这时修正方程式为

$$f(x^{(v)}) - f'(x^{(v)})\Delta x^{(v)} = 0$$

或

$$\Delta x^{(v)} = \frac{f(x^{(v)})}{f'(x^{(v)})}$$

当 $\Delta x^{(v)}$ 趋近于零时，$x^{(v)}$ 就趋近于方程 $f(x) = 0$ 的真解。

牛顿－拉夫逊法的几何意义可用图 4-22说明。函数 $f(x) = 0$ 的真解在 $f(x)$ 与 x 轴的交点 x^* 处。任意假设的初值 $x^{(0)}$ 对应 $f(x)$ 曲线的 $f(x^{(0)})$，$f'(x^{(0)})$ 是函数在点 $x^{(0)}$ 的斜率，如图 4-22 所示。

$$\tan\alpha^{(0)} = f'(x^{(0)}) = \frac{f(x^{(0)})}{\Delta x^{(0)}}$$

$$\Delta x^{(0)} = \frac{f(x^{(0)})}{f'(x^{(0)})}$$

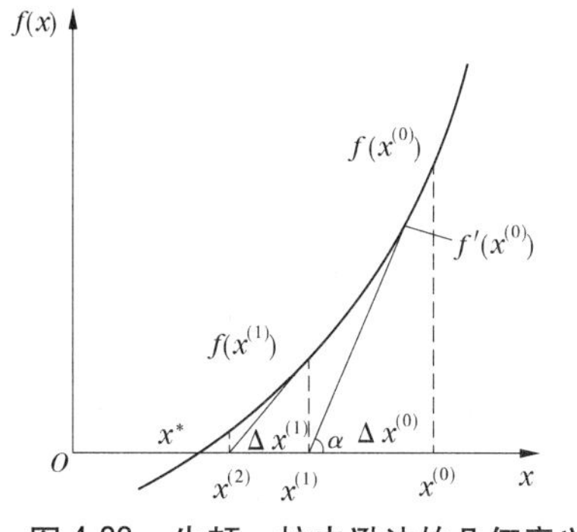

图 4-22　牛顿－拉夫逊法的几何意义

修正量 $\Delta x^{(0)}$ 由点 $x^{(0)}$ 的切线与横轴的交点来决定。求得 $\Delta x^{(0)}$ 后，对 $x^{(0)}$ 进行修正，得 $x^{(1)} = x^{(0)} - \Delta x^{(0)}$。由图可见，$x^{(1)}$ 向函数的真解 x^* 逼近一步。直到 $|x^{(v+1)} - x^{(v)}| < \varepsilon$，则称为迭代收敛。牛顿－拉夫逊法又称为切线法。

下面将上述方法推广到 n 元方程组的情况。设有 n 元非线性方程组

$$\left.\begin{aligned} f_1(x_1, x_2, \cdots, x_n) &= 0 \\ f_2(x_1, x_2, \cdots, x_n) &= 0 \\ &\vdots \\ f_n(x_1, x_2, \cdots, x_n) &= 0 \end{aligned}\right\} \tag{4-51}$$

给定一组初值 $x_1^{(0)}, x_2^{(0)}, \cdots, x_n^{(0)}$，并令 $\Delta x_1^{(0)}, \Delta x_2^{(0)}, \cdots, \Delta x_n^{(0)}$ 分别为各变量的修正量，则有

$$\left.\begin{aligned} f_1(x_1^{(0)} - \Delta x_1^{(0)}, x_2^{(0)} - \Delta x_2^{(0)}, \cdots, x_n^{(0)} - \Delta x_n^{(0)}) &= 0 \\ f_2(x_1^{(0)} - \Delta x_1^{(0)}, x_2^{(0)} - \Delta x_2^{(0)}, \cdots, x_n^{(0)} - \Delta x_n^{(0)}) &= 0 \\ &\vdots \\ f_n(x_1^{(0)} - \Delta x_1^{(0)}, x_2^{(0)} - \Delta x_2^{(0)}, \cdots, x_n^{(0)} - \Delta x_n^{(0)}) &= 0 \end{aligned}\right\} \tag{4-52}$$

将上述方程组中的方程在初值处分别展开为泰勒级数，并略去修正量的二次及以上高次项，可得

$$\left.\begin{aligned} f_1(x_1^{(0)}, x_2^{(0)}, \cdots, x_n^{(0)}) - \frac{\partial f_1}{\partial x_1}\bigg|_0 \cdot \Delta x_1^{(0)} - \frac{\partial f_1}{\partial x_2}\bigg|_0 \cdot \Delta x_2^{(0)} - \cdots - \frac{\partial f_1}{\partial x_n}\bigg|_0 \cdot \Delta x_n^{(0)} &= 0 \\ f_2(x_1^{(0)}, x_2^{(0)}, \cdots, x_n^{(0)}) - \frac{\partial f_2}{\partial x_1}\bigg|_0 \cdot \Delta x_1^{(0)} - \frac{\partial f_2}{\partial x_2}\bigg|_0 \cdot \Delta x_2^{(0)} - \cdots - \frac{\partial f_2}{\partial x_n}\bigg|_0 \cdot \Delta x_n^{(0)} &= 0 \\ \vdots \\ f_n(x_1^{(0)}, x_2^{(0)}, \cdots, x_n^{(0)}) - \frac{\partial f_n}{\partial x_1}\bigg|_0 \cdot \Delta x_1^{(0)} - \frac{\partial f_n}{\partial x_2}\bigg|_0 \cdot \Delta x_2^{(0)} - \cdots - \frac{\partial f_n}{\partial x_n}\bigg|_0 \cdot \Delta x_n^{(0)} &= 0 \end{aligned}\right\} \tag{4-53}$$

式中 $\dfrac{\partial f_i}{\partial x_i}\bigg|_0$——函数 $f_i(x_1, x_2, \cdots, x_n)$ 对自变量 x_i 的偏导数在点 $(x_1^{(0)}, x_2^{(0)}, \cdots, x_n^{(0)})$ 处的值。

将式(4-53)改为矩阵形式，得

$$\begin{bmatrix} f_1(x_1^{(0)}, x_2^{(0)}, \cdots, x_n^{(0)}) \\ f_2(x_1^{(0)}, x_2^{(0)}, \cdots, x_n^{(0)}) \\ \vdots \\ f_n(x_1^{(0)}, x_2^{(0)}, \cdots, x_n^{(0)}) \end{bmatrix} = \begin{bmatrix} \frac{\partial f_1}{\partial x_1}\Big|_0 & \frac{\partial f_1}{\partial x_2}\Big|_0 & \cdots & \frac{\partial f_1}{\partial x_n}\Big|_0 \\ \frac{\partial f_2}{\partial x_1}\Big|_0 & \frac{\partial f_2}{\partial x_2}\Big|_0 & \cdots & \frac{\partial f_2}{\partial x_n}\Big|_0 \\ \vdots & \vdots & & \vdots \\ \frac{\partial f_n}{\partial x_1}\Big|_0 & \frac{\partial f_n}{\partial x_2}\Big|_0 & \cdots & \frac{\partial f_n}{\partial x_n}\Big|_0 \end{bmatrix} \begin{bmatrix} \Delta x_1^{(0)} \\ \Delta x_2^{(0)} \\ \vdots \\ \Delta x_n^{(0)} \end{bmatrix} \tag{4-54}$$

简写为

$$f = J\Delta x \tag{4-55}$$

这是修正量 $\Delta x_1^{(0)}, \Delta x_2^{(0)}, \cdots, \Delta x_n^{(0)}$ 的线性方程组，称为牛顿－拉夫逊的修正方程式，式中 f 为误差列向量；J 称为函数 f_i 的雅可比矩阵；Δx 为由 Δx_i 组成的修正列向量。因此，利用修正方程可以解出修正量 $\Delta x_1^{(0)}, \Delta x_2^{(0)}, \cdots, \Delta x_n^{(0)}$，用其修正初值可以进一步得到更逼近真解的一组近似解

$$
\left.\begin{aligned}
x_1^{(1)} &= x_1^{(0)} - \Delta x_1^{(0)}\\
x_2^{(1)} &= x_2^{(0)} - \Delta x_2^{(0)}\\
&\vdots\\
x_n^{(1)} &= x_n^{(0)} - \Delta x_n^{(0)}
\end{aligned}\right\}\tag{4-56}
$$

再以它们为初值代入修正方程式(4-54),可以得到 $\Delta x_1^{(1)}, \Delta x_2^{(1)}, \cdots, \Delta x_n^{(1)}$,再按式(4-56)对变量进行修正,又可得到方程组的二次近似解,以此类推,便可逐步逼近并求出方程组的解。

将式(4-54)、式(4-56)简写为如下的一般迭代形式。

$$
f(x^{(v)}) = J^{(v)}\Delta x^{(v)}
$$

$$
x^{(v+1)} = x^{(v)} - \Delta x^{(v)}
$$

为了判断牛顿-拉夫逊法的收敛情况,采用以下不等式

$$
|f(x^{(v)})| < \varepsilon
$$

式中 $|f(x^{(v)})|$——向量 $f(x^{(v)})$ 的最大分量绝对值;

ε——给定的容许误差。

运用牛顿-拉夫逊法计算时,x_i 的初值要选择得比较接近真解,否则迭代过程可能不收敛。

(二)牛顿-拉夫逊法潮流计算

1. 直角坐标形式

以上介绍了牛顿-拉夫逊法迭代计算的基本原理,用此方法计算复杂系统的潮流只需把功率方程式变成迭代方程式的形式。下面仅对直角坐标形式的牛顿-拉夫逊法作详细介绍。

将式(4-44)功率方程式改写为功率误差的形式,则

$$
\left.\begin{aligned}
\Delta P_i &= P_i - e_i\sum_{j=1}^{n}(G_{ij}e_j - B_{ij}f_j) - f_i\sum_{j=1}^{n}(G_{ij}f_j + B_{ij}e_j) = 0\\
\Delta Q_i &= Q_i - f_i\sum_{j=1}^{n}(G_{ij}e_j - B_{ij}f_j) + e_i\sum_{j=1}^{n}(G_{ij}f_j + B_{ij}e_j) = 0
\end{aligned}\right\}\tag{4-57}
$$

式(4-57)对应于 PQ 节点的功率平衡方程式。

对应于 PV 节点,其有功功率是已知的,而无功功率未知,但节点电压给定,因此有

$$
\left.\begin{aligned}
\Delta P_i &= P_i - e_i\sum_{j=1}^{n}(G_{ij}e_j - B_{ij}f_j) - f_i\sum_{j=1}^{n}(G_{ij}f_j + B_{ij}e_j) = 0\\
\Delta U_i^2 &= U_i^2 - (e_i^2 + f_i^2) = 0
\end{aligned}\right\}\tag{4-58}
$$

对于平衡节点,由于其电压是给定的,不必参与迭代,故不必列出其方程。

设系统中有 n 个节点,其中 $1 \sim m$ 为 PQ 节点,$m+1 \sim n-1$ 为 PV 节点,n 为平衡节点。这样,全系统有 m 个式(4-57),有 $n-m-1$ 个式(4-58),即共有 $2(n-1)$ 个迭代方程。给定一组初值,并将上述 $2(n-1)$ 个方程按泰勒级数展开,略去 Δe_i、Δf_i 的二次及以后各项,可得修正方程式

$$
\begin{bmatrix} \Delta P_1 \\ \Delta Q_1 \\ \Delta P_2 \\ \Delta Q_2 \\ \vdots \\ \Delta P_{m+1} \\ \Delta U_{m+1}^2 \\ \vdots \\ \Delta P_{n-1} \\ \Delta U_{n-1}^2 \end{bmatrix} =
\begin{bmatrix}
\frac{\partial \Delta P_1}{\partial e_1} & \frac{\partial \Delta P_1}{\partial f_1} & \frac{\partial \Delta P_1}{\partial e_2} & \frac{\partial \Delta P_1}{\partial f_2} & \cdots & \frac{\partial \Delta P_1}{\partial e_{m+1}} & \frac{\partial \Delta P_1}{\partial f_{m+1}} & \cdots & \frac{\partial \Delta P_1}{\partial e_{n-1}} & \frac{\partial \Delta P_1}{\partial f_{n-1}} \\
\frac{\partial \Delta Q_1}{\partial e_1} & \frac{\partial \Delta Q_1}{\partial f_1} & \frac{\partial \Delta Q_1}{\partial e_2} & \frac{\partial \Delta Q_1}{\partial f_2} & \cdots & \frac{\partial \Delta Q_1}{\partial e_{m+1}} & \frac{\partial \Delta Q_1}{\partial f_{m+1}} & \cdots & \frac{\partial \Delta Q_1}{\partial e_{n-1}} & \frac{\partial \Delta Q_1}{\partial f_{n-1}} \\
\frac{\partial \Delta P_2}{\partial e_1} & \frac{\partial \Delta P_2}{\partial f_1} & \frac{\partial \Delta P_2}{\partial e_2} & \frac{\partial \Delta P_2}{\partial f_2} & \cdots & \frac{\partial \Delta P_2}{\partial e_{m+1}} & \frac{\partial \Delta P_2}{\partial f_{m+1}} & \cdots & \frac{\partial \Delta P_2}{\partial e_{n-1}} & \frac{\partial \Delta P_2}{\partial f_{n-1}} \\
\frac{\partial \Delta Q_2}{\partial e_1} & \frac{\partial \Delta Q_2}{\partial f_1} & \frac{\partial \Delta Q_2}{\partial e_2} & \frac{\partial \Delta Q_2}{\partial f_2} & \cdots & \frac{\partial \Delta Q_2}{\partial e_{m+1}} & \frac{\partial \Delta Q_2}{\partial f_{m+1}} & \cdots & \frac{\partial \Delta Q_2}{\partial e_{n-1}} & \frac{\partial \Delta Q_2}{\partial f_{n-1}} \\
\vdots & & & & & & & & & \vdots \\
\frac{\partial \Delta P_{m+1}}{\partial e_1} & \frac{\partial \Delta P_{m+1}}{\partial f_1} & \frac{\partial \Delta P_{m+1}}{\partial e_2} & \frac{\partial \Delta P_{m+1}}{\partial f_2} & \cdots & \frac{\partial \Delta P_{m+1}}{\partial e_{m+1}} & \frac{\partial \Delta P_{m+1}}{\partial f_{m+1}} & \cdots & \frac{\partial \Delta P_{m+1}}{\partial e_{n-1}} & \frac{\partial \Delta P_{m+1}}{\partial f_{n-1}} \\
0 & 0 & 0 & 0 & \cdots & \frac{\partial \Delta U_{m+1}^2}{\partial e_{m+1}} & \frac{\partial \Delta U_{m+1}^2}{\partial f_{m+1}} & \cdots & 0 & 0 \\
\vdots & & & & & & & & & \vdots \\
\frac{\partial \Delta P_{n-1}}{\partial e_1} & \frac{\partial \Delta P_{n-1}}{\partial f_1} & \frac{\partial \Delta P_{n-1}}{\partial e_2} & \frac{\partial \Delta P_{n-1}}{\partial f_2} & \cdots & \frac{\partial \Delta P_{n-1}}{\partial e_{m+1}} & \frac{\partial \Delta P_{n-1}}{\partial f_{m+1}} & \cdots & \frac{\partial \Delta P_{n-1}}{\partial e_{n-1}} & \frac{\partial \Delta P_{n-1}}{\partial f_{n-1}} \\
0 & 0 & 0 & 0 & \cdots & 0 & 0 & \cdots & \frac{\partial \Delta U_{n-1}^2}{\partial e_{n-1}} & \frac{\partial \Delta U_{n-1}^2}{\partial f_{n-1}}
\end{bmatrix}
\begin{bmatrix} \Delta e_1 \\ \Delta f_1 \\ \Delta e_2 \\ \Delta f_2 \\ \vdots \\ \Delta e_{m+1} \\ \Delta f_{m+1} \\ \vdots \\ \Delta e_{n-1} \\ \Delta f_{n-1} \end{bmatrix}
\tag{4-59}
$$

式(4-59)中雅可比矩阵中各元素通过对式(4-57)和式(4-58)求偏导得到。

当 $j \neq i$ 时,雅可比矩阵各非对角元素分别为

$$
\left.\begin{aligned}
\frac{\partial \Delta P_i}{\partial e_j} &= -\frac{\partial \Delta Q_i}{\partial f_j} = -(G_{ij}e_i + B_{ij}f_i) \\
\frac{\partial \Delta P_i}{\partial f_j} &= \frac{\partial \Delta Q_i}{\partial e_j} = B_{ij}e_i - G_{ij}f_i \\
\frac{\partial \Delta U_i^2}{\partial e_j} &= \frac{\partial \Delta U_i^2}{\partial f_j} = 0
\end{aligned}\right\} \tag{4-60}
$$

当 $j = i$ 时,雅可比矩阵对角元素为

$$
\left.\begin{aligned}
\frac{\partial \Delta P_i}{\partial e_i} &= -\sum_{j=1}^{n}(G_{ij}e_j - B_{ij}f_j) - G_{ii}e_i - B_{ii}f_i \\
\frac{\partial \Delta P_i}{\partial f_i} &= -\sum_{j=1}^{n}(G_{ij}f_j + B_{ij}e_j) + B_{ii}e_i - G_{ii}f_i \\
\frac{\partial \Delta Q_i}{\partial e_i} &= \sum_{j=1}^{n}(G_{ij}f_j + B_{ij}e_j) + B_{ii}e_i - G_{ii}f_i \\
\frac{\partial \Delta Q_i}{\partial f_i} &= -\sum_{j=1}^{n}(G_{ij}e_j - B_{ij}f_j) + G_{ii}e_i + B_{ii}f_i \\
\frac{\partial \Delta U_i^2}{\partial e_i} &= -2e_i \\
\frac{\partial \Delta U_i^2}{\partial f_i} &= -2f_i
\end{aligned}\right\} \tag{4-61}
$$

直角坐标形式的牛顿－拉夫逊法潮流计算过程及框图如图 4-23 所示。

【例 4-11】 某两母线系统如图 4-24 所示,图中参数均为标幺值,已知:$\tilde{S}_{LD1} = 10 + \mathrm{j}3$,$\tilde{S}_{LD2} = 20 + \mathrm{j}10$,$\dot{U}_1 = 1\angle 0^\circ$,$P_2 = 15$,$U_2 = 1.0$。试写出:

(1)节点 1,2 的类型;

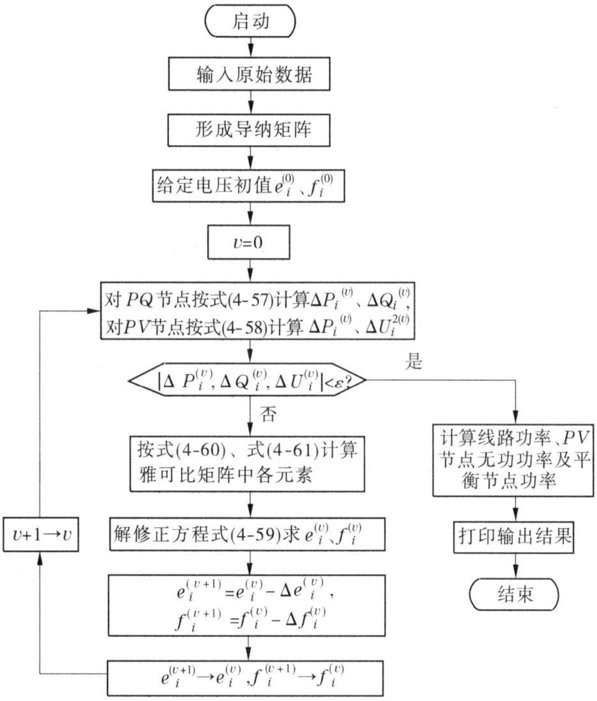

图 4-23　牛顿－拉夫逊法潮流计算程序框图

(2)网络的节点导纳矩阵;

(3)给定初值,用直角坐标形式的牛顿－拉夫逊法作一次潮流迭代。

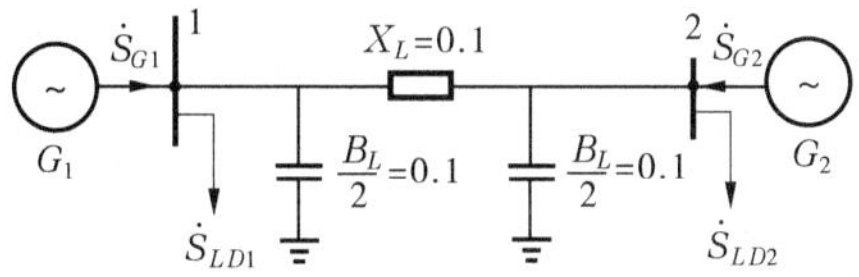

图 4-24　例 4-11 图

解:(1)由已知条件可看出,节点 1 的电压和相位 $\dot{U}_1=1\angle 0°$已知,故节点 1 为平衡节点。由于节点 2 的电压幅值 $U_2=1.0$,节点 2 的有功功率 $P_2=15$,故节点 2 为 PV 节点。

(2)由图 4-24 可直接写出导纳矩阵

$$Y_{11}=\frac{1}{\mathrm{j}X_L}+\mathrm{j}\frac{B_L}{2}=\frac{1}{\mathrm{j}0.1}+\mathrm{j}0.1=-\mathrm{j}10+\mathrm{j}0.1=-\mathrm{j}9.9$$

$$Y_{22}=\frac{1}{\mathrm{j}X_L}+\mathrm{j}\frac{B_L}{2}=-\mathrm{j}10+\mathrm{j}0.1=-\mathrm{j}9.9$$

$$Y_{12}=Y_{21}=-\frac{1}{\mathrm{j}X_L}=\mathrm{j}10$$

故

$$\begin{bmatrix} Y_{11} & Y_{12} \\ Y_{21} & Y_{22} \end{bmatrix}=\begin{bmatrix} -\mathrm{j}9.9 & \mathrm{j}10 \\ \mathrm{j}10 & -\mathrm{j}9.9 \end{bmatrix}$$

(3)功率误差方程式和电压误差方程式

$$\Delta P_2 = P_2 - e_2\sum_{j=1}^{n}(G_{2j}e_j - B_{2j}f_j) - f_2\sum_{j=1}^{n}(G_{2j}f_j + B_{2j}e_j)$$

$$= 15 - [e_2(-B_{21}f_1) + e_2(-B_{22}f_2)] - [f_2(B_{21}e_1) + f_2(B_{22}e_2)]$$

$$\Delta U_2^2 = U_2^2 - (e_2^2 + f_2^2) = 1 - (e_2^2 + f_2^2)$$

修正方程式为

$$\begin{bmatrix}\Delta P_2\\ \Delta U_2^2\end{bmatrix} = \begin{bmatrix}\dfrac{\partial \Delta P_2}{\partial e_2} & \dfrac{\partial \Delta P_2}{\partial f_2}\\ \dfrac{\partial \Delta U_2^2}{\partial e_2} & \dfrac{\partial \Delta U_2^2}{\partial f_2}\end{bmatrix}\begin{bmatrix}\Delta e_2\\ \Delta f_2\end{bmatrix}$$

$$\frac{\partial \Delta P_2}{\partial e_2} = B_{21}f_1 + B_{22}f_2 - B_{22}f_2 = B_{21}f_1$$

$$\frac{\partial \Delta P_2}{\partial f_2} = B_{22}e_2 - B_{21}e_1 - B_{22}e_2 = -B_{21}e_1$$

$$\frac{\partial \Delta U_2^2}{\partial e_2} = -2e_2$$

$$\frac{\partial \Delta U_2^2}{\partial f_2} = -2f_2$$

给定节点 2 电压初值 $\dot{U}_2^{(0)} = e_2^{(0)} + jf_2^{(0)} = 1 + j0$，已知 $\dot{U}_1 = 1\angle 0° = 1 + j0$，导纳矩阵为

$$\begin{bmatrix}Y_{11} & Y_{12}\\ Y_{21} & Y_{22}\end{bmatrix} = \begin{bmatrix}-j9.9 & j10\\ j10 & -j9.9\end{bmatrix}$$

因而有

$$\Delta P_2 = 15 - [e_2^{(0)}(-10f_1^{(0)}) + e_2^{(0)}(-9.9f_2^{(0)})] - [f_2^{(0)}(10e_1) + f_2^{(0)}(9.9e_2^{(0)})]$$

$$= 15 - 0 = 15$$

$$\Delta U_2^{(0)2} = 1 - (e_2^{(0)2} + f_2^{(0)2}) = 0$$

$$\frac{\partial \Delta P_2}{\partial e_2} = 0 \quad \frac{\partial \Delta P_2}{\partial f_2} = -10 \quad \frac{\partial \Delta U_2^2}{\partial e_2} = -2e_2^{(0)} = -2 \quad \frac{\partial \Delta U_2^2}{\partial f_2} = 0$$

修正方程式为

$$\begin{bmatrix}15\\ 0\end{bmatrix} = \begin{bmatrix}0 & -10\\ -2 & 0\end{bmatrix}\begin{bmatrix}\Delta e_2\\ \Delta f_2\end{bmatrix}$$

解得 $\Delta f_2 = -1.5 \quad \Delta e_2 = 0$

修正 $e_2^{(1)} = e_2^{(0)} - \Delta e_2 = 1$，$f_2^{(1)} = f_2^{(0)} - \Delta f_2 = 0 - (-1.5) = 1.5$。

2. 支路功率和平衡节点功率

当计算收敛后，可得到各个节点的电压值，根据各节点的电压可以很方便地求出系统中各支路及变压器中流过的功率。

设线路或变压器的 Π 型等值电路如图 4-25 所示，支路导纳及支路对地导纳均标注在图中。若支路两端 i、j 的电压分别为 $\dot{U}_i$、$\dot{U}_j$，节点 i、j 注入的电流分别为 $\dot{I}_{ij}$、$\dot{I}_{ji}$，则支路功

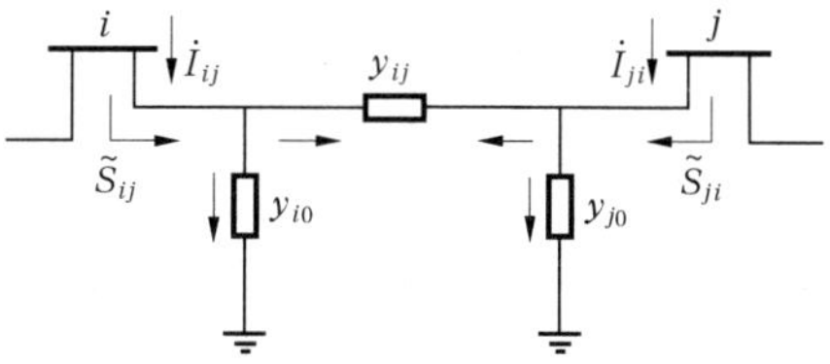

图 4-25　Π 型等值电路中流过的电流和功率

率为

$$\tilde S_{ij} = P_{ij} + \mathrm{j}Q_{ij} = \dot U_i \overset{*}{I}_{ij} = U_i^2 \overset{*}{y}_{i0} + \dot U_i(\overset{*}{U}_i - \overset{*}{U}_j)\overset{*}{y}_{ij} \tag{4-62a}$$

$$\tilde S_{ji} = P_{ji} + \mathrm{j}Q_{ji} = \dot U_j \overset{*}{I}_{ji} = U_j^2 \overset{*}{y}_{j0} + \dot U_j(\overset{*}{U}_j - \overset{*}{U}_i)\overset{*}{y}_{ij} \tag{4-62b}$$

支路上的功率损耗为

$$\Delta \tilde S_{ij} = \Delta P_{ij} + \Delta Q_{ij} = \tilde S_{ij} + \tilde S_{ji}$$

平衡节点功率为

$$\tilde S_n = \dot U_n \sum_{j=1}^{n} \overset{*}{Y}_{nj} \overset{*}{U}_j$$

PV 节点的无功功率 $Q_i(i=m+1,\cdots,n-1)$ 可以通过式(4-45)中的第二式求得。

3. 潮流计算中的约束条件

在潮流计算中还必须对某些控制变量和状态变量根据实际情况进行限制，否则最终结果有可能是实际工程所不能接受的。因此，潮流计算的解除满足功率方程外，还必须满足如下约束条件。

对控制变量的约束条件是

$$P_{Gi\min} < P_{Gi} < P_{Gi\max} \tag{4-63a}$$

$$Q_{Gi\min} < Q_{Gi} < Q_{Gi\max} \tag{4-63b}$$

式中　$P_{Gi\min}$、$P_{Gi\max}$、$Q_{Gi\min}$、$Q_{Gi\max}$——发电机和无功补偿设备的功率极限值。

对状态变量的约束条件是

$$U_{i\min} < U_i < U_{i\max} \quad (i = 1,2,\cdots,n) \tag{4-64}$$

这个条件表示系统中各节点电压大小不得越出上下限的范围，这是保证电压质量的必需条件。此外，为了保证系统的稳定性，对功率角可以设置约束条件 $|\delta_i - \delta_j| < |\delta_i - \delta_j|_{\max}$，即线路两端电压相角不超过某一数值。

习　题

4-1　多级电压的电力网中的线路和变压器的阻抗与导纳参数是怎样折算的？

4-2　简单电力系统接线如图 4-26 所示，若不考虑线路电阻和各元件导纳的影响，试解答以下问题：

(1) 画出所有参数折算到 110 kV 侧的有名值等值电路。

(2) 画出所有参数折算到 10 kV 侧的有名值等值电路。

(3) 画出 $U_B = U_{av}$，$S_B = 100$ MVA 的标幺值等值电路。

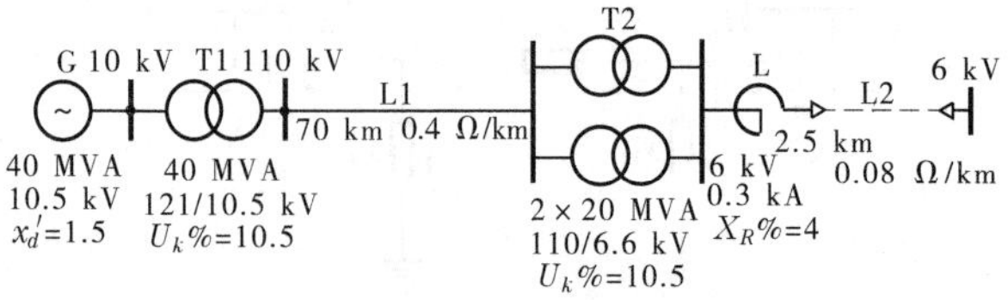

图 4-26　习题 4-2 图

4-3　什么是电压降落？什么是电压损耗？什么是电压偏移？

4-4　电力网元件首、末端功率及电压的关系是什么？

4-5　试用电压降落和功率损耗公式分析减小电压降落和功率损耗的措施。

4-6　额定电压 220 kV、长度 200 km 的单回输电线路，已知送入线路的始端功率为 120 + j0（MVA），始端电压为 240 kV，如图 4-27 所示。线路参数如下：$r_1=0.108\ \Omega/\text{km}$，$x_1=0.427\ \Omega/\text{km}$，$b_1=2.665\times10^{-6}\ \text{S/km}$，$g_1=0$。试求线路末端电压和线路末端送出的功率。

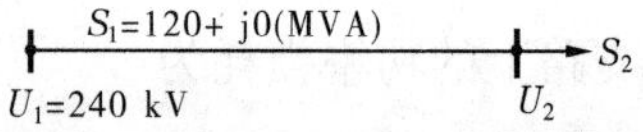

图 4-27　习题 4-6 系统接线图

4-7　在题 4-6 中，若已知线路末端功率为 120 + j0（MVA），始端电压为 240 kV，其他参数均与题 4-6 相同，试求线路始端功率和末端电压。

4-8　110 kV、100 km 双回输电线路，末端负荷 40 MW、$\cos\varphi=0.8$，导线采用 LGJ－185，水平排列，线间距离 4 m，线路末端电压 105 kV。试计算：

（1）在计入和不计入电压降落横分量两种情况下，线路的始端电压、功率和功率因数。

（2）若将线路升压至 220 kV 运行，线路末端电压为 210 kV，其他参数不变，试再次计算（1）的各项内容，并将结果加以比较。

（3）线路的电容电流是增加还是减少线路的电压损耗？

4-9　图 4-28 给出了两级电压开式地方网，线路始端电压 36 kV，变压器分接头接在 33.25 kV 位置，$\Delta P_S=47\ \text{kW}$，$U_S\%=7$，其余参数均在图中标明。试计算线路末端 c 点的实际电压。

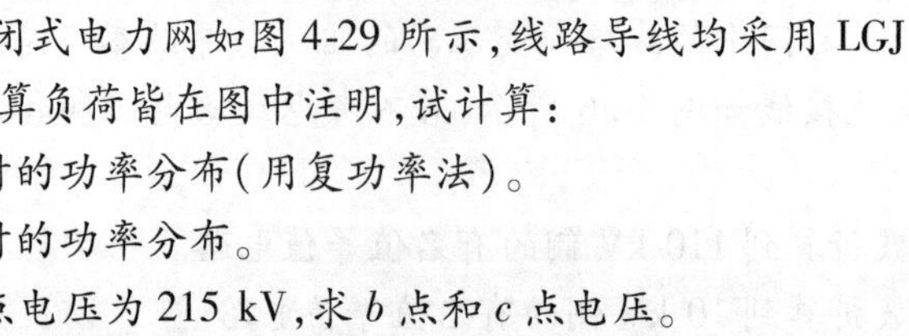

图 4-28　习题 4-9 系统接线图

4-10　220 kV 闭式电力网如图 4-29 所示，线路导线均采用 LGJ－300，几何均距 6.5 m，各线路长度和计算负荷皆在图中注明，试计算：

（1）不计网损时的功率分布（用复功率法）。

（2）计及网损时的功率分布。

（3）若电源 A 点电压为 215 kV，求 b 点和 c 点电压。

（4）当线路故障跳开时，求可能出现的最大电压损耗。

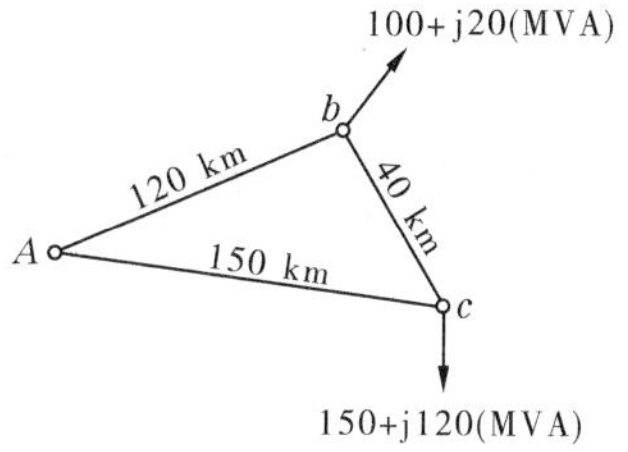

图 4-29　习题 4-10 系统接线图

4-11　根据习题 4-10 给出的条件，用网络拆开法计算不计网损时的功率分布。

4-12　如何形成已知网络的节点导纳矩阵？

4-13　电力系统的节点如何分类？对每一类节点已知什么量？待求什么量？

4-14　试直接写出图 4-30 所示电力系统的节点导纳矩阵。

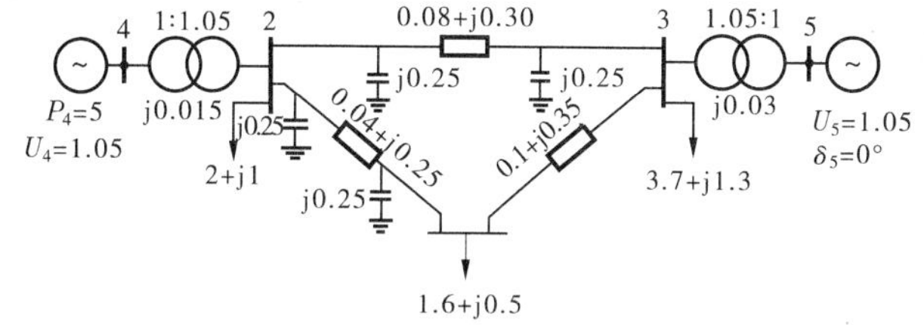

图 4-30　习题 4-14 图

第五章　电力系统有功功率平衡及频率调整

内容提要

本章介绍的主要内容有：电力系统中的负荷及变化情况、电力系统的有功功率平衡、电力系统的频率特性及频率调整过程。

要保证电力系统的频率质量必须保持电力系统的有功功率平衡，并且必须具有一定的有功电源备用容量，以适应负荷变化的需要。负荷变化引起频率变化，对于不同的负荷变化，系统相应采取不同的调整手段。电力系统频率的一次调整是由系统中具有可调能力的发电机组（装有调速器）依靠调速器自动调整来进行的，只能对周期较短、幅度较小的负荷变化引起的频率偏移做调整，是有差的调节；电力系统频率的二次调整是由电力系统的调频厂承担，由外界信号控制，通过调频器来完成的，可以实现无差调节。电力系统的负荷对系统的频率调整具有补偿作用，当系统频率为有差调节时，就是靠发电机组调节出力及负荷本身的调节效应共同作用而实现的。电力需求侧管理工作任重而道远，需要各方面积极努力，以缓解电力紧张的局面，这将对系统维持有功平衡、保证频率质量起着积极的作用。

第一节　电力系统频率调整的必要性

我国电力系统交流电压、电流的额定频率为50 Hz，允许偏移为±0.2 ~ ±0.5 Hz，用百分数表示为±0.4% ~ ±1%。大系统取较小的允许偏移值，小系统取较大的允许偏移值。系统频率变化对电力系统用户和系统本身都有很多不良影响。因此，必须采取措施，对频率进行控制和调整，以确保系统频率稳定在规定的范围内。

一、电力系统频率变化对用户的影响

工业中普遍应用的异步电动机，其转速与频率有关。当频率变化时，电动机的转速随之变化，因而严重地影响到产品的质量，如纺织工业、造纸工业，将会因为系统频率变化而出现残品、次品。

电力系统的频率降低将使电动机的功率降低。一般带恒定转矩负荷（如机床设备）的电动机吸收的有功功率，当频率降低1%时也随着降低1%。这种电动机有功功率的降低，将直接影响所传动机械的出力，降低生产效率。

现代工业、国防和科学研究部门广泛应用各种电子设备，如果系统频率不稳定，将会影响这些电子设备的精确性，造成误差。当频率过低时，雷达、电子计算机等重要设备将可能无法运行。

二、电力系统频率变化对发电厂和电力系统本身的影响

发电厂用的许多机械(如水泵、风机等)在频率降低时都要减小出力,则它们所供应的水量和风量就会迅速减少,影响锅炉和发电机的正常运行,使整个发电厂的有功出力减小,从而导致系统频率的进一步下降,形成恶性循环,最终导致频率崩溃、系统瓦解。

电力系统低频率运行时,容易引起汽轮机叶片的共振,缩短汽轮机叶片的寿命,严重时会使叶片断裂,造成重大事故。

电力系统频率降低时,异步电动机和变压器的励磁电流将大为增加,引起系统的无功功率损耗增加, 这些会给下一章讲述的电力系统无功功率平衡及电压调整增加困难。

第二节 电力系统有功功率平衡

电力系统运行中的任何时刻,电源发出的有功功率总和应等于系统所有负荷消耗的有功功率以及输变配电过程中网络元件损耗的有功功率之和,称为电力系统的有功功率平衡。

电力系统有功功率平衡可用方程式表示为

$$\sum P_G = \sum P_L + \Delta P_{\sum} \tag{5-1}$$

式中 $\sum P_G$——所有电源发出的有功功率之和;

$\sum P_L$——所有负荷消耗的有功功率之和,包括厂用负荷;

$\Delta P_{\sum}$——网络中有功功率损耗之总和。

电力系统在稳态运行时,具有同一频率。当系统中出现有功功率不平衡,如有功功率电源不足或负荷增大时,将引起系统的频率下降;反之,系统的频率将增大。系统频率发生变化通常是由系统有功负荷变化引起的。调整系统频率就必须随着系统中有功负荷的变化情况,及时调整电源有功功率,使任何时刻系统的有功功率在供与求之间都能保持平衡。当电力系统中的负荷增大时,网络损耗也增大,电源发出的功率必须增加才能使整个系统的功率平衡。

为了满足上述要求,保证系统安全、优质、经济地运行,系统应具有可供调整的电源有功功率。除保持有功功率平衡外,系统还必须拥有一定的备用容量,即

$$\sum P_{GN} = \sum P_{G\max} + \Delta P_R \tag{5-2}$$

式中 $\sum P_{GN}$—— 系统有功电源设备容量;

$\sum P_{G\max}$—— 系统电源所发最大有功功率(系统最大发电负荷);

ΔP_R—— 系统应具备的有功电源备用容量。

第三节 电力系统负荷及负荷曲线

电力系统调度管理部门需要掌握电力系统负荷的变化情况,以便能随时调整发电机出力,保证有功功率平衡,从而保证系统的频率质量。

一、电力系统的负荷

电力系统某一时刻所承担的各类用电设备消耗的功率总和称为电力负荷，又称为电力系统综合用电负荷。电力系统的负荷通常采用以下几种方法进行分类。

（一）按发电、供电、用电的关系分类

(1)用电负荷:用户的用电设备在某一时刻实际取用的功率的总和。从电力系统来讲，则是指该时刻为了满足用户用电所须具备的发电出力。

(2)线路损失负荷:电能在输送过程中发生的功率和能量损失。

(3)供电负荷:用电负荷加上同一时刻的线路损失负荷。

(4)厂用负荷:发电厂中厂用设备所消耗的功率。

(5)发电负荷:供电负荷加上同一时刻各发电厂的厂用负荷。这是电网的全部生产负荷。

（二）按电力系统中负荷发生的时间分类

(1)高峰负荷:电网或用户在一天时间内所发生的最大负荷值。通常选一天 24 h 中用电最多的一个小时的平均负荷为高峰负荷。

(2)最低负荷:电网或用户在一天时间内所发生的最小负荷值。通常选一天 24 h 中用电最少的一个小时的平均负荷为最低负荷。

(3)平均负荷:电网或用户在某一段确定时间内的平均小时用电量。

（三）按突然中断供电引起的损失程度分类

电力系统的负荷按突然中断供电引起的损失程度可分为以下三类:①第一级负荷;②第二级负荷;③第三级负荷。详见第一章相关内容。

将用电负荷分类的主要目的是确定供电工程设计和建设标准，保证使建成投入运行的供电工程的供电可靠性能满足生产安全、社会安定的需要。

二、负荷曲线

电力系统的负荷曲线用来描述一段时间内负荷随时间变化的规律。负荷曲线通常绘制在平面坐标系中，横轴表示时间，纵轴表示负荷(功率、电流等)。

电力系统的负荷涉及广大地区的各类用户，每个用户的用电情况很不相同，且事先无法确知在什么时间、什么地点、增加哪一类负荷。因此，电力系统的负荷变化带有随机性。人们用负荷曲线记述负荷随时间变化的情况，并据此研究负荷变化的规律性。

电力系统的负荷曲线按负荷种类不同，分为有功功率负荷曲线和无功功率负荷曲线；按时间长短不同，分为日负荷曲线和年负荷曲线；按计量地点不同，分为个别用户、电力线路、变电所、发电厂乃至整个系统的负荷曲线。将上述三种特征相组合，就确定了某一种特定的负荷曲线。

电力系统的负荷曲线是电力系统规划设计和进行调度的依据，常用的有日负荷曲线、年最大负荷曲线以及年持续负荷曲线等。

（一）日负荷曲线

日负荷曲线描述了一天 24 h 负荷的变化情况。图 5-1(a)所示为某电力系统的有功日负荷曲线。负荷曲线中的最大值称为日最大负荷 P_{max}（又称峰荷），最小值称为日最小负荷 P_{min}（又称谷荷）。为了方便计算，实际上常常把连续变化的曲线绘制成阶梯形，如图 5-1(b)所示。

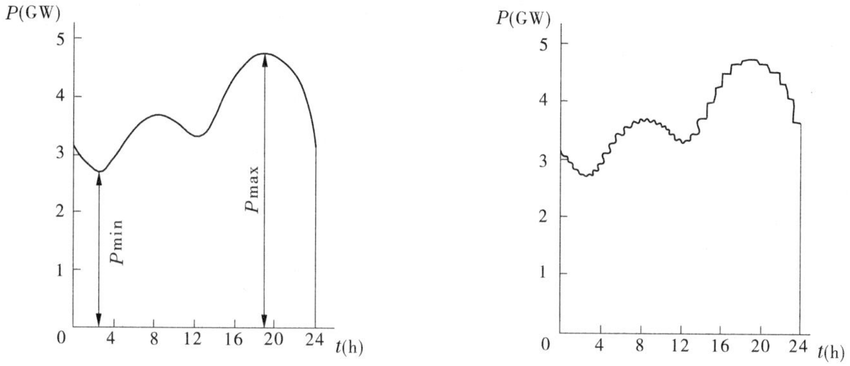

(a)平滑曲线　　(b)阶梯形曲线

图 5-1　日负荷曲线

根据日负荷曲线可以计算一天的总耗电量

$$W_d = \int_0^{24} P(t)\,\mathrm{d}t \tag{5-3}$$

日平均负荷为

$$P_{av} = \frac{W_d}{24} = \frac{1}{24}\int_0^{24} P(t)\,\mathrm{d}t \tag{5-4}$$

为了说明负荷曲线的起伏特性，常用负荷率和最小负荷率这两个指标来表征。这两个指标不仅用于日负荷曲线，也可用于其他时间段的负荷曲线。

负荷率是指在规定时间（日、月、年）内的平均负荷与最大负荷之比，通常用 γ 表示

$$\gamma = \frac{P_{av}}{P_{max}} \tag{5-5}$$

最小负荷率是指在规定时间（日、月、年）内的最小负荷与最大负荷之比，通常用 β 表示

$$\beta = \frac{P_{min}}{P_{max}} \tag{5-6}$$

负荷率和最小负荷率用来衡量在规定时间内负荷变动情况，以及考核电气设备的利用程度。负荷率 γ 与最小负荷率 β 越接近于 1，说明负荷曲线越平坦，设备利用率越高，有利于调频、调压，并且可以降低网损，减少机组启停，提高系统运行的安全性和经济性。电力系统通常采取“调荷节电”“峰谷电价”等措施来达到这一目的。

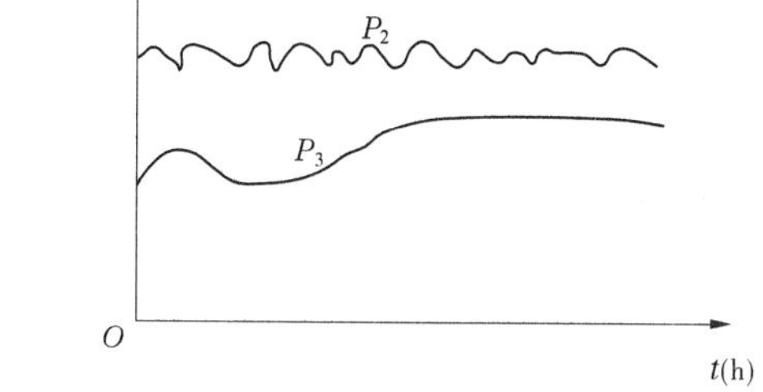

图 5-2　有功功率负荷曲线

图 5-2 所示为某电力系统的负荷变化曲

线，其中，P_Σ表示电力系统的实际负荷变化曲线。这一曲线可以分解为P_1、P_2、P_3三组曲线。曲线P_1变化快，幅值变化范围小；曲线P_2变化较慢，幅值变化范围较大，属于这类负荷的主要有大电机、电炉、液压机械、电气机车等；曲线P_3变化最慢，幅值变化范围大，引起这类负荷变化的原因主要是厂矿、企业生产发展情况及作息制度、用电地区的地理位置、当地气候条件和人民生活习惯等，其变化规律可以预测。变化规律不同的负荷在电力系统运行中应当分别采取不同的方法来适应其变化规律，以保证电力系统有功功率平衡。

日负荷曲线对电力系统的运行非常重要，它是安排日发电计划和确定系统运行方式的重要依据。

（二）年最大负荷曲线

年最大负荷曲线描述一年内每月（或每日）最大有功功率负荷变化的情况。它主要用来安排发电设备的检修计划，同时也为制订发电机组或发电厂的扩建或新建计划提供依据。

图5-3为年最大负荷曲线，其中画斜线的面积A代表各检修机组的容量和检修时间的乘积之和，B是系统新装的机组容量。

（三）年持续负荷曲线

年持续负荷曲线按一年中系统负荷的数值大小及其持续小时数顺序排列绘制，如图5-4所示。在安排发电计划、计算电能损耗和进行可靠性估算时，常用到年持续负荷曲线。

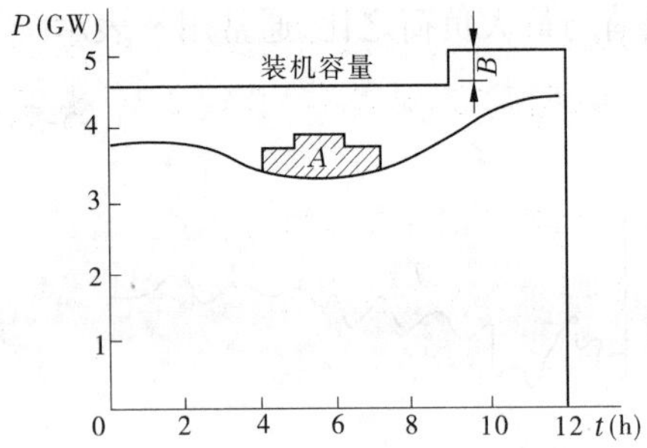

图5-3　年最大负荷曲线

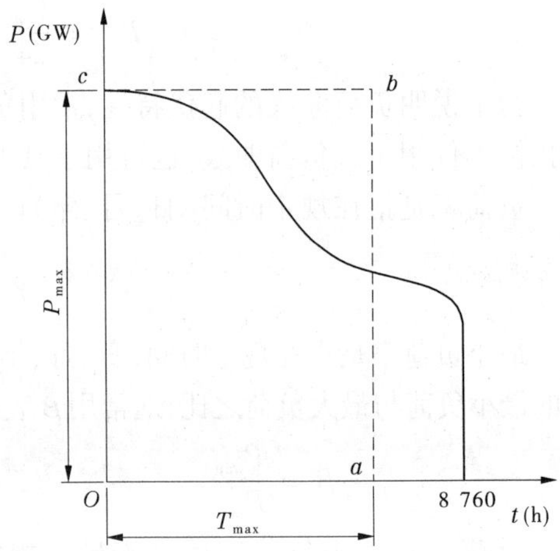

图5-4　年持续负荷曲线

根据年持续负荷曲线可以确定系统负荷的全年耗电量为

$$W = \int_0^{8\,760} P(t)\,\mathrm{d}t$$

表征年负荷曲线起伏特性的主要指标是年最大负荷利用小时数$T_{\max}$（亦称为最大负荷使用时间），其定义式为

$$T_{\max} = \frac{W}{P_{\max}} = \frac{1}{P_{\max}}\int_0^{8\,760} P(t)\,\mathrm{d}t \tag{5-7}$$

如果负荷始终等于最大值$P_{\max}$，运行$T_{\max}$消耗的电能恰好等于全年按实际负荷曲线

运行消耗的电量,则称 T_{max} 为最大负荷利用小时数。对于图 5-4 所示的年持续负荷曲线,若使矩形 $Oabc$ 的面积等于年持续负荷曲线与时间轴围成的面积,则线段 Oa 表示的时间即等于 T_{max}。

负荷曲线越平坦,T_{max} 的值越大,设备的利用率越高。

根据电力系统的运行经验,各类负荷的 T_{max} 数值大体有一个范围,见表 5-1。

表 5-1 各类用户的年最大负荷利用小时数

负荷类型	T_{max}(h)
户内照明及生活用电	2 000 ~ 3 000
一班制企业用电	1 500 ~ 2 200
两班制企业用电	3 000 ~ 4 500
三班制企业用电	6 000 ~ 7 000

在设计电网时,用户的负荷曲线往往是未知的。但如果知道用户的性质,就可以选择适当的 T_{max} 值,从而近似地估算出用户的全年耗电量,即

$$W = P_{max} T_{max} \tag{5-8}$$

第四节 电力系统有功电源及其备用

电力系统唯一的有功电源是使用各种能源的发电厂的发电机。

所有发电机的额定容量之和称为系统的总装机容量。可投入发电的发电机可发功率之和构成可供调度的电源容量。系统中的电源容量不一定等于系统的总装机容量,因为发电机可能停机检修;投入运行的机组不一定都能按额定容量发电,如设备缺陷、水文条件限制使水电厂发电机的出力可能小于其额定容量。电力系统调度部门必须及时、准确地掌握各发电厂各机组的发电能力。

要保证系统在额定频率下连续地运行,在电力系统规划设计和运行时均应设置有功电源备用容量。系统中电源容量大于发电负荷的部分称为系统的备用容量,如图 5-5 所示。备用容量大小一般为最大发电负荷的 15% ~25% 。

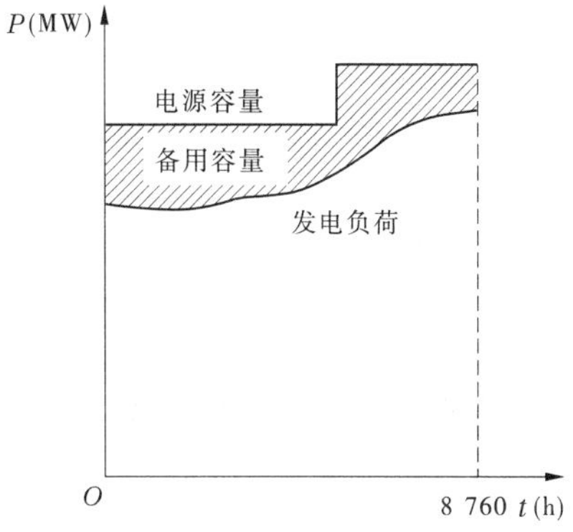

图 5-5 电力系统的备用容量

电力系统中的备用容量按其作用不同,分为负荷备用、事故备用、检修备用以及国民经济备用;按其状态不同,分为热备用及冷备用两种形式。热备用是指运转中的发电设备可发最大功率与系统发电负荷之差,又称为旋转备用。冷备用是指未运转但能随时启用的发电设备可发最大功率。故障检修中的发电机组不属于冷备用。

(1)负荷备用。

负荷备用又称为调频备用,是为了适应短时间内的负荷波动并担负日计划外的负荷增加,以稳定系统频率而在系统中留有的备用容量。

负荷备用容量的大小应根据系统总负荷的大小及运行经验,并考虑系统中各类用户的比重来确定,一般取系统最大发电负荷的2% ~5%,大系统取小值,小系统取大值。

负荷备用一般由应变能力较强的有调节库容的水电厂担任。

(2)事故备用。

事故备用是为了保证在某些发电设备发生偶然事故时,不致影响供电而在系统中留有的备用容量。这种备用是保证系统可靠性所必需的。

事故备用容量的大小,要根据系统中机组的台数、机组容量的大小、机组的故障率以及系统的可靠性指标等来确定,一般取系统最大发电负荷的5% ~10%,并且不小于系统中一台最大机组的容量。

事故备用可以是停机备用,事故发生时,动用停机备用需要一定的时间。汽轮发电机组从启动到满载,需要数小时,而水轮发电机组只需要几分钟。因此,一般以水轮发电机组作为事故备用机组。

(3)检修备用。

检修备用是为了保证系统的发电设备进行定期检修时不致影响供电而在系统中留有的备用容量。

发电设备的检修分大修和小修。大修一般分批分期安排在一年中最小负荷季节进行,小修则利用节假日进行,以尽量减少检修备用容量。检修备用容量的大小应根据需要而定,一般为最大发电负荷的4% ~5%。

(4)国民经济备用。

国民经济备用是考虑到工业用户超计划生产及新用户的出现等而设置的备用容量。这种备用容量的大小要根据国民经济的增长情况而确定,一般为最大发电负荷的3% ~5%。

以上四种备用中,负荷备用必须以热备用形式存在于电力系统中;事故备用一般应以热备用形式存在,部分可以冷备用形式存在;检修备用、国民经济备用则一般以冷备用形式存在。

电力系统拥有适当的备用容量是保证其安全、优质和经济运行的必要条件。

第五节　频率特性

所谓频率特性,这里是指电力系统有功功率－频率静态特性,简称功频静特性。它反映稳态运行情况下有功功率和频率变化的关系。下面将介绍电力系统负荷的功频静特性、发电机组的功频静特性和电力系统等值电源的功频静特性。

一、电力系统负荷的功率－频率静态特性

电力系统中的用电设备从系统中取用的有功功率的多少与用户的生产状况、接入点的系统电压有关,还与系统的频率有关。假定前两种因素不变,仅考虑有功功率负荷随频

率变化的静态关系，称为负荷的功率－频率静态特性。

负荷的功频静特性取决于负荷的组成，由于负荷类型不同，负荷的有功功率与系统频率的关系也不同。负荷所需的有功功率与频率的关系可以分为以下几类：

(1)有功功率与频率变化无关，如照明、电弧炉、电阻炉和整流负荷等。

(2)有功功率与频率的一次方成正比，如球磨机、切割机床、压缩机、卷扬机、往复式水泵等。

(3)有功功率与频率的二次方成正比，如变压器铁芯中的涡流损耗。

(4)有功功率与频率的三次方成正比，如通风机、循环水泵等。

(5)有功功率与频率的高次方成正比，如锅炉的给水泵等。

电力系统的综合负荷功率与频率的关系可以写成

$$P_L = a_0 P_{LN} + a_1 P_{LN}\left(\frac{f}{f_N}\right) + a_2 P_{LN}\left(\frac{f}{f_N}\right)^2 + \cdots + a_n P_{LN}\left(\frac{f}{f_N}\right)^n \tag{5-9}$$

式中 P_L——频率为 f 时系统的有功功率负荷；

P_{LN}——频率为额定频率 f_N 时系统的有功功率负荷；

a_0、a_1、…、a_n——与频率的 0、1、…、n 次方成正比的负荷占系统总负荷 P_L 的百分数。

若以 P_{LN} 为基准除式(5-9)两边，则得到标幺值形式

$$P_{L*} = a_0 + a_1 f_* + a_2 f_*^2 + \cdots + a_n f_*^n \tag{5-10}$$

因为在额定频率下标幺值 $f_* = 1$ 及 $P_{L*} = 1$，所以

$$a_0 + a_1 + a_2 + \cdots + a_n = 1 \tag{5-11}$$

在一般情况下，式(5-9)和式(5-10)右边的多项式只取到频率的三次方项，因为与频率的更高次方成正比的负荷所占比重很小，可以忽略。这种关系式即为负荷的功频静特性方程。该方程式表明，当系统频率降低时，系统负荷所需的有功功率将减小；当频率升高时，负荷所需的有功功率将增大。

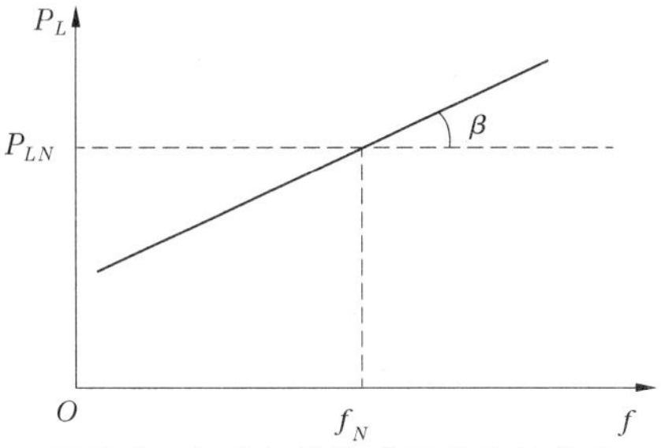

图 5-6　有功负荷的功频静特性曲线

在电力系统实际运行中，频率的允许变化范围很小，而且在负荷的组成中一次方关系的负荷比例较大。因此，系统综合负荷的功频静特性曲线近似成直线，如图 5-6 所示。

图 5-6 中直线的斜率为

$$K_L = \tan\beta = \frac{\Delta P_L}{\Delta f} \tag{5-12}$$

用标幺值表示为

$$K_{L*} = \frac{\Delta P_{L*}}{\Delta f_*} = \frac{\Delta P_L / P_{LN}}{\Delta f / f_N} \tag{5-13}$$

有名值和标幺值的变换关系为

$$K_{L*} = K_L \frac{f_N}{P_{LN}} \quad 或 \quad K_L = K_{L*} \frac{P_{LN}}{f_N} \tag{5-14}$$

K_L、K_{L*}称为负荷频率调节效应系数，也称为负荷的单位调节功率。它反映了系统负荷对频率的自动调整作用：当系统频率下降时，有功负荷自动减少；当系统频率上升时，有功负荷自动增加。K_{L*}可以通过试验或计算求得，一般取1～3。这表明频率变化1%，有功负荷相应地变化1%～3%。调度部门常以此数据作为考虑系统频率降低需减少负荷或低频事故计算切除负荷的依据。

【例5-1】 某电力系统中，与频率无关的负荷占30%，与频率的一次方成正比的负荷占40%，与频率的二次方成正比的负荷占10%，与频率的三次方成正比的负荷占20%。求系统频率由50 Hz下降到48 Hz时，负荷功率变化的百分数及其相应的负荷频率调节效应系数K_{L*}。

解：当频率由50 Hz下降到48 Hz时，$f_* = \frac{48}{50} = 0.96$。

由式(5-10)可以求出系统的负荷(百分比)为

$$\begin{aligned} P_{L*} &= a_0 + a_1 f_* + a_2 f_*^2 + a_3 f_*^3 \\ &= 0.3 + 0.4 \times 0.96 + 0.1 \times 0.96^2 + 0.2 \times 0.96^3 \\ &= 0.953 \end{aligned}$$

则

$$\Delta P_L\% = (1 - 0.953) \times 100 = 4.7$$

$$\Delta f\% = \frac{50 - 48}{50} \times 100 = 4$$

于是

$$K_{L*} = \frac{\Delta P_L\%}{\Delta f\%} = \frac{4.7}{4} = 1.18$$

【例5-2】 某电力系统总有功负荷为3 000 MW(包括电网的有功损耗)，系统的频率为50 Hz，若$K_{L*} = 1.5$，求负荷频率调节效应系数K_L的值。

解：根据式(5-14)，得

$$K_L = K_{L*} \frac{P_{LN}}{f_N} = 1.5 \times \frac{3\,000}{50} = 90(\text{MW/Hz})$$

二、发电机组的功率－频率静态特性

发电机组的有功功率与频率之间的关系，称为发电机组的有功功率－频率静态特性。

发电机组的功频静特性取决于发电机组的调速系统。调速系统种类很多，为了说明这种特性，下面先介绍离心飞摆式调速系统的工作原理。

(一)离心飞摆式调速系统的工作原理

根据测量环节的工作原理，原动机调速系统可以分为机械液压调速系统和电气调速系统两大类。这里以结构简单且直观性较强的离心飞摆式机械液压调速系统为例来进行说明。

离心飞摆式调速系统的示意图如图5-7所示，它主要由四个部分构成：转速测量元件(图中的1和2)、放大元件(错油门3)、执行机构(油动机4，也称接力器)、转速控制机构(同步器5，也称调频器，包括伺服马达及蜗轮、蜗杆传动机构)。频率的一次调整由离心飞摆、错油门和接力器共同实现，频率的二次调整由调频器、错油门和接力器共同实现。

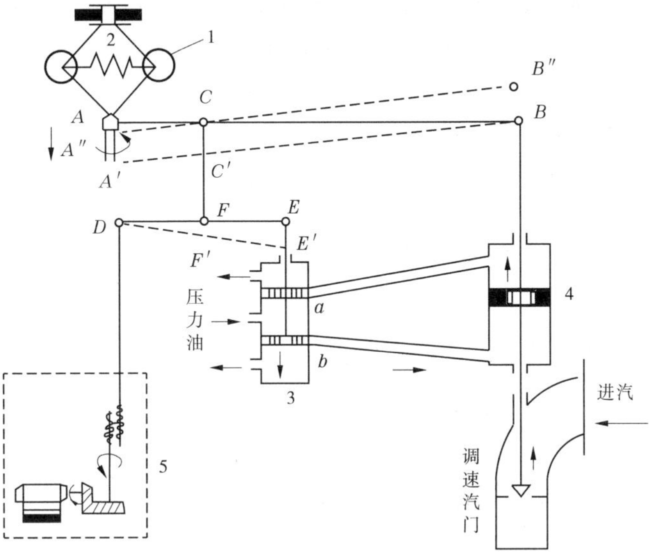

1—飞摆；2—弹簧；3—错油门；4—油动机；5—调频器

图 5-7　离心飞摆式调速系统示意图

离心飞摆式调速系统的结构及工作原理如下：

飞摆连接弹簧，连杆系统与原动机轴连接。当飞摆等系统在原动机轴的带动下以额定转速旋转时，飞摆的离心力与弹簧的拉力平衡，杠杆 ACB 在水平位置，错油门管口 a、b 被活塞堵住，压力油不能经过错油门进入油动机，油动机活塞不动，调速汽门的开度适中，进汽量一定。汽轮机在额定转速下旋转，发电机具有额定频率。

如果负荷增大，发电机与原动机转速下降，飞摆因离心力减小，同时在弹簧及重力的作用下下落。由于油动机活塞两边油压相等，B 点不动，杠杆以 B 点为中心转动到 $A'C'B$ 的位置。在调频器不能动作的情况下，杠杆 DFE 以 D 点为中心转动到 $DF'E'$ 的位置。E 点移动到 E' 后，错油门活塞下移，开启油门 b，带有压力的油经过错油门进入油动机活塞下部。在油压的作用下，油动机活塞上移，开大调速汽门的开度，进入原动机的汽量（对于水轮机是进水量）增加，使得原动机的转速增加。

油动机活塞上升开大调速汽门开度的同时，使 B 点移到 B''，由于汽轮机转速增加，飞摆离心力增大，使 A' 移到 A''，杠杆 ACB 移到 $A''CB''$ 的位置。杠杆 $DF'E'$ 又回到原来 DFE 的位置，关闭了油门 b，中止压力油继续进入油动机的下部，起到了传动与反馈的作用。

由发电机组的调速器完成的对频率变化所做的调整过程，称为频率的一次调整。仔细看来，由于负荷增大，通过一次调整，A' 点达到了 A'' 点，而没有回到 A 点，使频率虽有所增加，但没有增大到原来的额定值，这种特性称为调速装置的有差特性。

（二）发电机组的有功功率 – 频率静态特性

反映调整过程中发电机组的有功功率和频率关系的曲线称为发电机组的有功功率 – 频率静态特性曲线，而发电机组的有功功率 – 频率静态特性通常可理解为发电机组中原动机机械功率 – 频率静态特性。

调速器的调频是自动完成的。从调节过程可见,对应负荷的增大,发电机输出功率增加,转速与频率略低于原来值;如果负荷减小,调速器调整作用将使输出功率减小,转速与频率略高于原来值。发电机组的功率-频率静态特性,可以近似地表示为一条向下倾斜的直线,如图 5-8 所示。

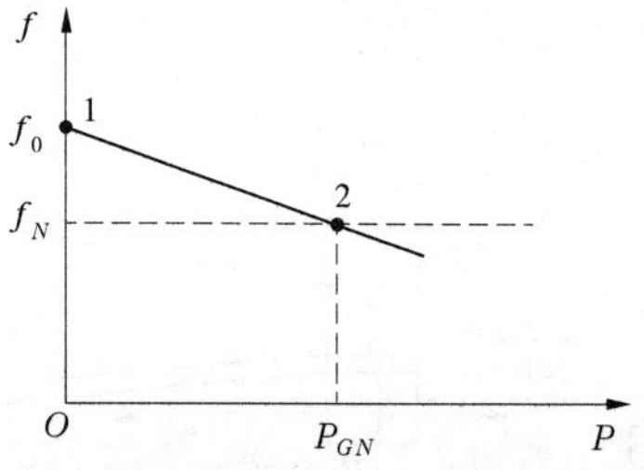

图 5-8　发电机组的功率-频率静态特性

在发电机组的功频静特性曲线上任取两点 1 和 2,定义机组的静态调差系数

$$\delta = -\frac{f_2 - f_1}{P_{G2} - P_{G1}} = -\frac{\Delta f}{\Delta P_G} \tag{5-15}$$

以额定参数为基准的标幺值表示时,便有

$$\delta_* = -\frac{\Delta f / f_N}{\Delta P_G / P_{GN}} = -\frac{\Delta f_*}{\Delta P_{G*}} \tag{5-16}$$

式中的负号是因为调差系数习惯上取正值,而频率变化量又恰与功率变化量的符号相反。

发电机组调差系数通常由制造厂家提供,由机组空载运行点和额定运行点定出。如果取点 1 为空载运行点,即 $P_1 = 0, f_1 = f_0$;点 2 为额定运行点,即 $P_2 = P_{GN}, f_2 = f_N$,便有

$$\delta = -\frac{f_N - f_0}{P_{GN} - 0} \tag{5-17}$$

或

$$\delta_* = -\frac{f_N - f_0}{f_N} = \frac{f_0 - f_N}{f_N} \tag{5-18}$$

如果用百分数表示,则为

$$\delta\% = \frac{f_0 - f_N}{f_N} \times 100 \tag{5-19}$$

图 5-8 中直线的斜率称为发电机组单位调节功率。它反映系统频率变化引起发电机组输出功率的变化。调差系数的倒数称为机组的单位调节功率(或称为发电机组的功频静特性系数)。从空载到额定运行,发电机组的单位调节功率为

$$K_G = \frac{1}{\delta} = -\frac{\Delta P_G}{\Delta f} = \frac{P_{GN}}{f_0 - f_N} \tag{5-20}$$

用标幺值表示为

$$K_{G*} = \frac{1}{\delta_*} = -\frac{\Delta P_{G*}}{\Delta f_*} \tag{5-21}$$

两者的关系为

$$K_G = K_{G*}\frac{P_{GN}}{f_N} \tag{5-22}$$

由 K_G 与 δ 的关系可得出 K_G 的计算式为

$$K_G = \frac{1}{\delta} = \frac{P_{GN}}{f_0 - f_N} = \frac{P_{GN} \times 100}{\delta\% \times f_N} \tag{5-23}$$

调差系数的大小对频率偏移的影响很大，调差系数愈小，频率偏移也愈小。与负荷的频率调节效应系数 K_{L*} 不同，发电机组的调差系数 δ_* 或相应的单位调节功率 K_{G*} 是可以整定的，一般整定为如下数值：

汽轮发电机组 $\delta\% = 4 \sim 6$，$K_{G*} = 25 \sim 16.6$；

水轮发电机组 $\delta\% = 2 \sim 4$，$K_{G*} = 50 \sim 25$。

（三）调频器的工作原理

由前面的分析可知，仅依靠调速器实行频率的一次调整不能维持发电机组转速不变，即不能维持系统频率不变。当负荷功率的变化幅度较大时，频率偏移也较大，有可能超出允许的范围。为了维持频率不变或限制频率偏移在允许范围内，都需要对频率进行二次调整。频率的二次调整由调速系统中的调频器来完成。下面仍以负荷突然增大的情况为例来说明其工作原理。

在图 5-7 中，转速控制机构的伺服马达在外界信号的作用下转动，通过蜗轮、蜗杆传动使 D 点上移，此时 C 点未动，从而 F 点未动。DFE 以 F 点为支点，E 点下移，错油门活塞下降，使压力油从管口 b 进入油动机活塞下部，活塞向上移动，进一步加大汽门（或导叶）的开度，原动机输入的功率进一步提高，转速增大，频率升高，发电机输出功率增加。同时，B 点也进一步上升，使 C 点及 F 点上升，错油门活塞又将 a、b 管口堵住，调节过程结束，使机组稳定在一个新的转速上。只要 D 点位置调整得合适，可使转速（频率）回复原值。

这就是调频器的动作原理，其动作是由外界信号（手动或自动操纵伺服马达）来控制的，这一调整过程可以实现频率的无差调节。

该过程调整的结果，反映在机组的功频静特性上是曲线向上或向下的平行移动，如图 5-9所示。特性线①表示发电机组输出功率为 P_1 时频率达到额定值；特性线②表示发电机组的功频静特性由于调频器动作而上移，在发电机满载时达到额定频率；特性线③则表示在调频器作用下发电机组的功频静特性下移，在发电机空载时达到额定频率。

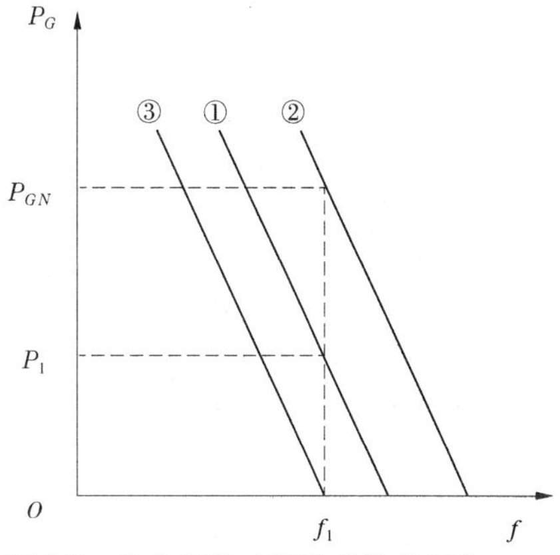

图 5-9　发电机组功频静特性的平移

三、电力系统等值机的功率－频率静态特性

实际的电力系统是多机系统，电源的功频静特性应是系统机组的等值功频静特性，或称等值机的频率特性，仍然如图 5-8 所示。当系统中有多台装有调速器的发电机组时，研究其频率特性就须计算全系统机组的平均单位调节功率 $K_{G\Sigma}$。

若系统中有 n 台机组装有调速器，在系统频率有 Δf 的变动时，各发电机组将有 ΔP_{Gi} 的功率改变，即

$$\left.\begin{aligned}\Delta P_{G1} &= -K_{G1}\Delta f\\ \Delta P_{G2} &= -K_{G2}\Delta f\\ &\vdots\\ \Delta P_{Gn} &= -K_{Gn}\Delta f\end{aligned}\right\} \tag{5-24}$$

将以上各式相加，可得全系统电源功率的变化量

$$\Delta P_{G\Sigma} = \sum_{i=1}^{n}\Delta P_{Gi} = -\sum_{i=1}^{n}K_{Gi}\Delta f = -K_{G\Sigma}\Delta f \tag{5-25}$$

因而

$$K_{G\Sigma} = \sum_{i=1}^{n}K_{Gi} \tag{5-26}$$

系统电源的单位调节功率即为各装有调速器机组的单位调节功率之和。由此可见，n 台机组的等值单位调节功率远大于一台机组的单位调节功率，在输出功率变化值相同的条件下，多台机组并列运行的频率变化比一台机组运行时要小得多。

用标幺值计算时，有

$$K_{Gi} = K_{Gi*}\frac{P_{GiN}}{f_N} \tag{5-27}$$

所以

$$K_{G\Sigma} = \frac{K_{G\Sigma*}\sum_{i=1}^{n}P_{GiN}}{f_N} = \sum_{i=1}^{n}K_{Gi} = \sum_{i=1}^{n}K_{Gi*}\frac{P_{GiN}}{f_N} \tag{5-28}$$

则

$$K_{G\Sigma*} = \frac{\sum_{i=1}^{n}K_{Gi*}P_{GiN}}{\sum_{i=1}^{n}P_{GiN}} \tag{5-29}$$

计算中，对满载运行的发电机组，在系统负荷增加时其 $K_{Gi}=0$。

第六节　电力系统频率调整

电力系统的频率调整包括频率一次调整、频率二次调整以及电力需求侧管理等其他调整措施。

一、频率的一次调整

频率的一次调整是指由发电机组的调速器自动进行的，对周期较短、幅度较小的负荷变动而引起的频率偏移的调整过程。电力系统的负荷时刻都在变化，如果负荷变化快，幅

值变化范围小，则需依靠系统各发电机组的调速装置自动调节原动机功率，以适应这一变化。

如图 5-10 所示，把电力系统等值机的功率静特性 P_G 和系统负荷的功率静特性 P_L 画在一个坐标上，分析频率一次调整：P_G 与 P_L 的交点 O 是系统的原始运行点，这时系统的频率为 f_0（理想状态时为额定频率 f_N）。

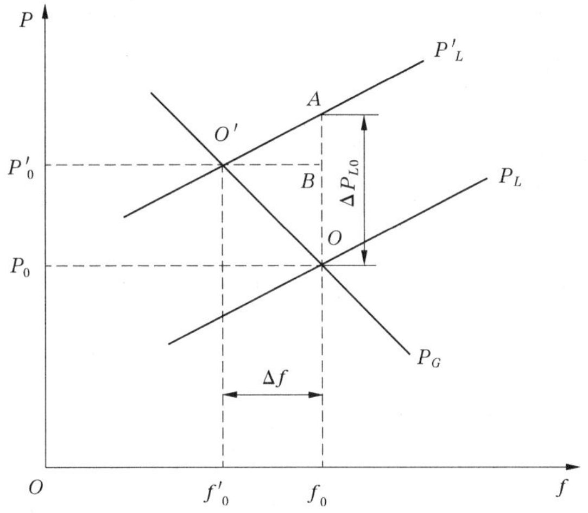

图 5-10　频率的一次调整

此时若负荷功率突然增加 ΔP_{L0}，若负荷的性质不变，则负荷的功率静特性突然向上移动 ΔP_{L0}，负荷曲线由 P_L 增加到 P'_L。由于负荷突然增加时发电机组的功率不能及时随之变动，因而机组将减速，系统频率将下降。而在系统频率下降时，发电机组的功率将因它的调速器的一次调整作用而增大，图中运行点从 O 点沿原动机的频率特性向上移动。负荷的功率将因它本身的调节效应而减小，减小的趋势见图中运行点从 A 点沿负荷的频率特性向下转移。前者沿原动机的频率特性向上增加，后者沿负荷的频率特性向下减小，正好到 O'点二者相交，经过一个衰减的振荡过程，最终稳定在 O'点。O'点即为新的运行工作点，对应的发电机功率为 P'_0，频率为 f'_0。

可见，经过一次调整后，对应负荷的增加量 ΔP_{L0} 为发电机组增发的功率 $\Delta P_G = P'_0 - P_0$ 与系统负荷减少的功率 ΔP_L 之和，而系统的频率偏差为 $\Delta f = f'_0 - f_0$。

$$\Delta P_{L0} = \Delta P_G + \Delta P_L = -K_G\Delta f - K_L\Delta f = -(K_G + K_L)\Delta f = -K_S\Delta f \qquad (5\text{-}30)$$

其中，K_S 表示系统的单位调节功率

$$K_S = K_G + K_L = -\frac{\Delta P_{L0}}{\Delta f}$$

可见，系统的单位调节功率取决于各发电机组的单位调节功率及负荷的单位调节功率。由于负荷的频率调节系数 K_L 是不可控的，欲使 K_S 的值增大只有增大各发电机组的单位调节功率（减小调差系数），但是为了保证调速系统工作的稳定性，其调差系数不宜太小，因而利用电力系统的功频静特性进行频率的一次调整只能是有差的调整，频率不可能回复到原值。

系统的单位调节功率表示负荷增加（减少）时，在各发电机组的调速器及负荷的调节

效应共同作用下,系统频率下降(上升)多少。因此,可根据系统的单位调节功率求取在允许的频率偏移范围内系统能承受多大负荷变动。

利用系统的单位调节功率公式可算出负荷功率初始变化量引起的频率偏差,从而每台机组所承担的功率增量为

$$\Delta P_{Gi} = -K_{Gi}\Delta f = -\frac{1}{\delta_i}\Delta f = -\frac{\Delta f}{\delta_{i*}}\frac{P_{GiN}}{f_N} \tag{5-31}$$

由式(5-31)可见,调差系数越小的机组所增加的有功出力(相对于本身的额定值)就越大。

【例5-3】 在图5-11所示的两机系统中,负荷为800 MW时,频率是50 Hz。当负荷突增50 MW后,在下列两种运行方式下,系统的频率、两机出力各为多少?

(1)两发电机组各承担一半负荷;

(2)发电机组 A 承担560 MW,余下240 MW负荷由 B 机组承担。

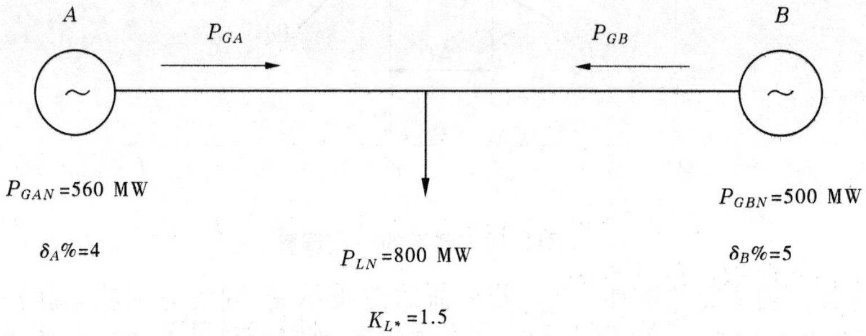

图5-11 两机系统

解:(1)由式(5-23)得两机单位调节功率分别为

$$K_{GA} = \frac{P_{GAN}\times 100}{\delta_A\% \times f_N} = \frac{560\times 100}{4\times 50} = 280(\text{MW/Hz})$$

$$K_{GB} = \frac{P_{GBN}\times 100}{\delta_B\% \times f_N} = \frac{500\times 100}{5\times 50} = 200(\text{MW/Hz})$$

负荷的频率调节效应系数为

$$K_L = K_{L*}\frac{P_{LN}}{f_N} = 1.5\times\frac{800}{50} = 24(\text{MW/Hz})$$

系统的单位调节功率为

$$K_S = K_{GA} + K_{GB} + K_L = 280 + 200 + 24 = 504(\text{MW/Hz})$$

频率变化量为

$$\Delta f = -\frac{\Delta P_{L0}}{K_S} = -\frac{50}{504} = -0.099\,2(\text{Hz})$$

系统频率为

$$f = 50 - 0.099\,2 = 49.900\,8(\text{Hz})$$

A 机出力为

$$P_{GA} = 400 + 280\times 0.099\,2 = 427.78(\text{MW})$$

B 机出力为

$$P_{GB} = 400 + 200 \times 0.0992 = 419.84(\text{MW})$$

此时负荷实际取用的功率为

$$800 + 50 - 24 \times 0.0992 = 847.62(\text{MW})$$

与发电机出力保持平衡。

(2)在该运行方式下,A 机组满载,因此其调速器不再有调整作用,即 $K_{GA}=0$,此时系统的单位调节功率为

$$K_S = K_{GA} + K_{GB} + K_L = 0 + 200 + 24 = 224(\text{MW/Hz})$$

频率变化量为

$$\Delta f = \frac{-\Delta P_{L0}}{K_S} = -\frac{50}{224} = -0.2232(\text{Hz})$$

系统频率为

$$f = 50 - 0.2232 = 49.7768(\text{Hz})$$

A 机出力为

$$P_{GA} = 560\ \text{MW}$$

B 机出力为

$$P_{GB} = 240 + 200 \times 0.2232 = 284.64(\text{MW})$$

此时负荷实际取用的功率为

$$800 + 50 - 24 \times 0.2232 = 844.64(\text{MW})$$

与发电机出力保持平衡。若该系统允许频率偏移为 ±0.2 Hz,这种运行方式下,系统频率已超出允许的偏移范围,需再进行调整。

二、频率的二次调整

电力系统的一些负荷(如大电机、电炉、液压机械、电气机车等)变化较慢,幅值变化范围较大,由这类负荷所引起的频率变化也较大,仅依靠一次调频无法满足频率质量的要求,可以通过手动或自动调整调频器来改变调速装置的整定特性,以适应这类负荷变化。

频率的二次调整即是指由外界信号控制,依靠发电机组的调频器自动或手动进行的,对周期较长、幅度较大的负荷变动而引起的频率偏移的调整过程。

如图 5-12 所示,一次调频的结果,使工作点转移到 O' 点,如果一次调整后频率偏差 $\Delta f'$ 超出允许的波动范围,应操作调频器,进行二次调整,增加发电机组发出的功率,使电源的频率特性向右移动,由负荷变动引起的频率偏差有所减小。发电机组增发的功率为 ΔP_{G0},则运行点又将从 O' 点移动到 O'' 点(曲线 1 平行移至曲线 2)。

O'' 点即为二次调整后的系统运行工作点,O'' 点对应的功率为 P''_0,频率为 f''_0。可见,经过二次调整后,可以供给负荷的功率由 P'_0 增加到 P''_0($P''_0 > P'_0$),且频率偏差由 $\Delta f'$ 减小至 $\Delta f''$($\Delta f'' < \Delta f'$),尽管这仍然是有差调节,但显然系统的电能质量有所提高。

由图 5-12 还可以看出,只进行一次调频时,负荷的原始增量 ΔP_{L0} 可分解为两个部分:一部分是因调速器的调整作用而增大的发电机组功率 $-K_G\Delta f'$(图中 $B'O'$);另一部分是因负荷本身的调节效应而减小的负荷功率 $K_L\Delta f'$(图中 $B'A'$)。当不仅进行一次调整,而

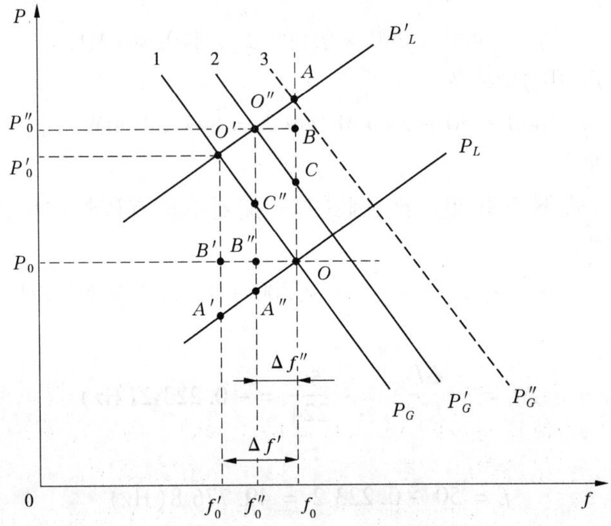

图 5-12　频率的二次调整

且还进行二次调整时，负荷增量 ΔP_{L0}（图中 AO）可以分解为三部分：一部分是由于进行二次调整发电机组增发的功率 ΔP_{G0}（图中 OC），另一部分是由于调速器的调整作用而增大的发电机组功率 $-K_G\Delta f''$（图中 $CB=B''C''$），第三部分仍然是由于负荷本身的调节效应而减小的负荷功率 $K_L\Delta f''$（图中 $AB=B''A''$）。即有

$$\Delta P_{L0} = \Delta P_{G0} - K_G\Delta f'' - K_L\Delta f'' \tag{5-32}$$

于是有

$$\Delta f'' = -\frac{\Delta P_{L0} - \Delta P_{G0}}{K_G + K_L} = -\frac{\Delta P_{L0} - \Delta P_{G0}}{K_S} \tag{5-33}$$

由式(5-32)可知，有二次调整时，除增加一项因操作调频器而增发的功率 ΔP_{G0} 外，其他和仅有一次调整时一样。而正是因为发电机组增发了这一部分的功率，系统频率偏移减小了，负荷所获得功率才有所增大。如当 $\Delta P_{G0}=\Delta P_{L0}$，即二次调整使发电机组增发了负荷功率的原始增量 ΔP_{L0} 时，则 $\Delta f''=0$，亦即实现了所谓无差调节，无差调节如图 5-12 中的虚线（曲线 3）所示。

二次调频提高了发电机组的发电功率，缩小了频率偏差，因而二次调频是调频的主要手段。在电力系统中，二次调频任务可分配给一个或几个主调频厂的发电机组来承担，当主调频机组的功率不能补偿负荷的原始变化量时，系统的功率缺额仍由其他发电机组进行一次调整按各自的功频特性来分配，以及由系统负荷的频率调节效应来共同补偿。

三、电力系统的调频厂

电力系统中各发电机组均装有调速器，所以每台运行机组都可参加一次调频（除机组已满载外）。二次调频的作用比一次调频的作用大，但实际运行中不是所有的发电机组都能进行二次调频，而是选择少数发电厂作为调频厂。承担二次调频任务的电厂称为调频厂。

调频厂又分成主调频厂及辅助调频厂。主调频厂又称第一调频厂，承担主要的调频任务；辅助调频厂的调频器动作整定在系统频率偏移超过某一定值时参加调频，按照参加次序又分为第二调频厂、第三调频厂等。只有在主调频厂调节后，而系统频率仍不能恢复正常时，才启用辅助调频厂。

非调频厂在系统正常情况下按预先给定的负荷曲线发电。

按照频率调整的要求，主调频厂应具备以下条件：

(1)具有足够的调频容量和调频范围。

(2)能比较迅速地调整发电厂的出力以适应负荷变化的需要。

(3)调整出力时应符合安全及经济原则。

就调整容量而言，火电厂的调整容量主要受锅炉最小技术出力的限制，高温高压及蒸汽参数更高的锅炉仅为额定容量的30%，中温中压锅炉为额定容量的75%，水电厂的调整容量一般可达额定容量的50%以上乃至100%。就调整速度而言，火电厂主要受汽轮机热膨胀的影响，其机组出力变化不能太快，从50%～100%额定负荷范围内，每分钟仅能增加出力2%～5%；水电厂水轮机组的出力，每分钟可增长50%～100%额定负荷，当然，在实际运行中也不能使之过分急剧地变化，否则会损坏水电厂设备，但是1 min内是可以从空载调整到满载的，且操作安全方便。核能电厂的可调容量较大，调整速度不低于火电厂，但由于核能电厂运行费用低等特点，投产后使其尽量多发电，因而一般带基本负荷而不承担调频任务。

从出力调整范围和调整速度来看，水电厂最适宜承担调频任务。但是在安排各类电源负荷时，还应考虑整个系统运行的经济性。在枯水季节，宜选水电厂作为主调频厂，火电厂中效率较低的机组则承担辅助调频的任务；在丰水季节，为了充分利用水力资源，节省燃料，水电厂宜满负荷运行，而由效率不高的中温中压凝汽式火电厂承担调频任务，作为主调频厂。

在多台机组参加调频的情况下，为了提高系统运行的经济性，还要求按“等微增率准则”在各主调频机组之间分配负荷增量，把频率调整和负荷的经济分配一并加以考虑。

四、电力需求侧管理

从我国近年来的电力持续负荷统计来看，全国95%以上的高峰负荷年累计持续时间只有几十个小时，采用增加调峰发电装机的方法来满足这部分高峰负荷很不经济。如果采用电力需求侧管理的方法削减这部分高峰负荷，则可以缓解电力供需紧张的压力。

电力需求侧管理(DSM)是指在政府法规和政策的支持下，采取有效的激励和引导措施以及适宜的运作方式，通过发电公司、电网公司、能源服务公司、社会中介组织、产品供应商、电力用户等共同协力，提高终端用电效率和改变用电方式，在满足同样用电功能的同时减少电量消耗和电力需求，达到节约资源和保护环境的目的，实现社会效益最好、各方受益、最低成本能源服务所进行的管理活动。

电力需求侧管理的目标主要集中在电力和电量的改变上，一方面采取措施降低电网峰荷时段的电力需求或增加电网低谷时段的电力需求，以较小的新增装机容量达到系统的电力供需平衡；另一方面采取措施节省或增加电力系统的发电量，在满足同样的能源服务的同时节约社会总资源。

电力需求侧管理的对象主要包括电力用户终端的主要用电设备(照明系统、空调系统、电动机系统等),可与电能相互替代的用能设备(以燃气、燃油、燃煤、太阳能等作为动力的替代设备),与电能利用有关的余热回收(热泵、热管、余热和余压发电等),与用电有关的蓄能设备(蒸汽蓄热器、电动汽车蓄电瓶等),自备发电厂(抽汽式热电厂、燃气轮机电厂、柴油机电厂等),与用电有关的环境设施(建筑物的保温、自然采光、采暖及遮阴等)。

电力需求侧管理的主要内容可概括为以下几个方面:

(1)提高能效。即通过一系列措施鼓励用户使用高效用电设备,替代低效用电设备及改变用电习惯,在获得同样用电效果的情况下减少电力需求和电量消耗。

(2)负荷管理。即通过技术和经济措施激励用户调整其负荷曲线形状,有效地降低电力峰荷需求或增加电力低谷需求,提高电力系统的供电负荷率,从而提高供电企业的生产效益和供电可靠性。

(3)能源替代及余能回收。即在成本效益分析的基础上,如果用户的设备采取其他的能源形式比使用电能效益更好,则更换或新购使用其他能源形式的设备,用户通过余能回收来发电就可以减少从电力系统取用的电力和电量。

(4)分布式电源。即是将用户出于可靠、经济和因地制宜考虑而装设的各种自备电源直接或间接纳入电力系统的统一调度,也可达到减少系统的电力和电量的目的。

(5)新用电服务项目。即电力公司为提高能源利用效率而开展的一些宣传、咨询活动,如能源审计、节电咨询、宣传、教育等。

根据不同地区的特点,电力需求侧管理的工作重点可以不同。在新建电厂造价昂贵、峰期供电紧张、负荷峰谷差较大的地区,通常把节约电力置于首要地位;在发电燃料比较昂贵、环境约束比较苛刻的地区,更要重视节约电量。

为了完成综合资源规划,实施电力需求侧管理,必须采取多种手段。这些手段以先进的技术设备为基础,以经济效益为中心,以法制为保障,以政策为先导,采用市场经济运作方式,讲究贡献和效益。概括起来主要有技术手段、经济手段、引导手段、行政手段等四种。

(1)技术手段指的是针对具体的管理对象、生产工艺和生活习惯的用电特点,采用当前成熟的先进节电技术和管理技术及与其相适应的设备来提高终端用电效率或改变用电方式。

(2)经济手段是指采取各种电价、直接经济激励和需求侧竞价等措施,刺激和鼓励用户改变消费行为和用电方式,安装并使用高效设备,减少电量消耗和电力需求。电价是由供应侧制定的,属于控制性经济手段,用户被动响应;直接经济激励和需求侧竞价属于激励性经济手段,需求侧竞价加入了竞争,用户主动响应,积极利用这些措施的用户在为社会做出增益贡献的同时也降低了自己的生产成本,甚至获得了一些利益。对不参与节电的用户不予经济激励,但也不应损害其经济利益。

(3)引导手段是对用户进行消费引导的一种有效的、不可缺少的市场手段。相同的经济激励和同样的收益,用户可能出现不同的反应,关键在于引导。通过引导使用户愿意接受 DSM 的措施,知道如何用最少的资金获得最大的节能效果,更重要的是在使用电能的全过程中自觉挖掘节能的潜力。

(4)行政手段是指政府及其有关职能部门,通过法律、标准、政策、制度等规范电力消费和市场行为,推动节能增效、避免浪费、保护环境的管理活动。

据介绍,美国、日本、加拿大、德国、法国、意大利等国家都有一支庞大的队伍从事电力需求侧管理工作。仅2002年,美国投入约15.6亿美元实施需求侧管理工作,节电537亿kWh,减少高峰负荷2 200万kW。

电力需求侧管理20世纪90年代初传入我国。在政府的倡导下,电力公司及电力用户做了大量工作。如采取拉大峰谷电价,实行可中断负荷电价等措施,引导用户调整生产运行方式,采用冰蓄冷空调、蓄热式电锅炉等。同时,还采取一些激励政策及措施,推广节能灯、变频调速电动机及水泵、高效变压器等节能设备。

电力需求侧管理工作任重而道远,需要各方积极行动起来,使供电和用电双方得到实惠,最终达到节约能源和保护环境的长远目的。

习　题

5-1　电力系统中常用哪几种负荷曲线?试简述其作用及制作方法。

5-2　什么是最大负荷利用小时数T_{max}?电力系统分析中引入最大负荷利用小时数有何意义?

5-3　什么是有功功率备用容量?电力系统中为何要设置有功功率备用容量?通常设置哪几类有功功率备用容量?

5-4　电力系统频率变化有哪些危害?

5-5　试分别画出电力系统综合负荷的功频静特性曲线、发电机组的功频静特性曲线,并简要说明其意义。

5-6　什么是电力系统频率的一次调整?哪些机组将参与频率的一次调整?

5-7　什么是电力系统频率的二次调整?哪些机组将参与频率的二次调整?

5-8　电力系统中的发电厂按承担调频任务的不同分为哪几类?如何选择主调频厂?

5-9　什么是电力需求侧管理?

5-10　电力需求侧管理的主要内容有哪些?通过哪些手段来实现?

第六章　电力系统无功功率平衡及电压调整

内容提要

本章介绍的主要内容有：电力系统电压变化的危害及原因；无功功率与电压之间的关系；电力系统的无功负荷和无功电源；电力系统的无功功率损耗以及无功功率平衡；电力系统中枢点的电压管理及其调压要求；电力系统电压调整的措施及其比较，具体包括调节发电机端电压调压、改变变压器的分接头调压、增设无功补偿设备调压等措施；电力系统无功补偿的原理、意义，变压器分接头以及补偿容量的计算方法等。

第一节　概　述

一、电力系统电压变化的不利影响

在电力系统的正常运行中，任何电压偏移都会带来经济和安全方面的不利影响。具体分析如下：

(1)电力系统中的电气设备是按照在额定电压下效率最高设计和制造的，偏离额定电压运行将导致效率下降。

(2)系统电压降低时，异步电动机的转差率增大，转速下降，将影响用户产品的产量和质量；电动机转差增大，绕组电流增大，导致电动机温升增加、效率降低、寿命缩短；系统电压降低，异步电动机的启动过程增长，且有较大的启动电流，可能导致电动机因温度过高而烧毁。

(3)电压过低将减小白炽灯的亮度和发光效率，各种电子设备也不能正常工作；电压过高将大大缩短照明灯的寿命，同时对设备的绝缘产生不利影响，例如电压偏移 +10% 时，白炽灯的寿命约缩短 1/2。

(4)用户的电热设备，如电炉的有功功率与电压的平方成正比，钢铁厂中的电炉将因电压降低而减小发热量，使产品产量和质量下降。

(5)系统电压降低时，发电机的定子电流将因其功率角的增大而增大，不得不减小发电机所发功率，相似地，也不得不减小变压器的负荷。系统电压降低，发电厂中由异步电动机拖动的厂用机械(如风机、泵等)出力将减小，影响到锅炉、汽轮机和发电机的出力。

二、电力系统电压偏移的原因

虽然要求电力系统运行时保持各节点电压为额定值，但实际是不可能实现的。其主要原因分析如下：

(1)电力系统运行时，电力网中各个元件都有可能产生电压损耗，所以系统中各点电压不相同,不可能同时将所有点的电压保持在额定值。

(2)电力系统的负荷随时变化,潮流随时变化,电力网中各个元件上的电压损耗也随时变化,即使是同一节点,也很难始终维持其电压为额定值。

(3)电力系统的运行方式变化,例如某些变压器或线路退出运行,电力网接线方式改变及某些电源退出或投入运行等,也会引起潮流变化和电压变化。

因此,电力系统运行中各节点电压产生偏移是不可避免的,而大多数的电气设备也允许电压与额定值有一定偏移。电力系统规定了各类电气设备正常运行情况下允许的电压偏移范围。电力系统进行电压调整的目的就是使系统中各负荷点的电压偏移保持在规定的范围内。

三、电力系统电压调整的复杂性

电力系统电压调整与频率调整比较有如下的不同:

(1)全系统频率相同,而系统中为数甚多的节点(母线)电压各不相同。

(2)频率与系统有功功率密切相关,系统的有功电源集中于发电厂的发电机;而电压则与系统无功功率关系很大,无功电源除各类发电厂的发电机外,还包括分散在各变电所的其他无功电源。

(3)调整频率只须采用调整发电厂原动机功率这一手段;而要使全系统各节点电压满足要求,必须采取各种调整措施。

由于电力系统结构复杂,负荷极多且很分散,要对每个负荷点的电压都进行监视和调整不仅很难做到,而且也没有必要。因此,对电力系统电压的监视和调整实际上是通过监视、调整中枢点的电压来实现的。一般是选定少数有代表性的节点作为电压监视的中枢点。

第二节　电力系统无功功率和电压的关系

电力系统的电压水平和系统的无功功率密切相关。具体可以从节点电压有效值的大小对无功功率分布的影响来分析。

一、节点电压有效值的大小对无功功率分布起着决定作用

以阻抗为 $R+\mathrm{j}X$ 的一个线路环节为例,设输送功率为 $P+\mathrm{j}Q$,首端电压为 $\dot{U}_1$、末端电压为 $\dot{U}_2$,根据潮流计算可得

$$\dot{U}_1 = \dot{U}_2 + \frac{PR+QX}{U_2} + \mathrm{j}\,\frac{PX-QR}{U_2}$$

因输电线路 R 远远小于 X,忽略 R,得

$$\dot{U}_1 \approx \dot{U}_2 + \frac{QX}{U_2} + \mathrm{j}\,\frac{PX}{U_2}$$

其有效值大小为

$$U_1 \approx U_2 + \frac{QX}{U_2}$$

推导得
$$Q = \frac{U_2}{X}(U_1 - U_2) \tag{6-1}$$

由此可知，线路中传输的无功功率与线路两端电压大小之差成正比；当 $U_1 > U_2$ 时，$Q > 0$；当 $U_1 < U_2$ 时，$Q < 0$。无功功率从电压高的一端流向电压低的一端。节点电压变化将导致流经线路的无功功率发生变化。如果经输电线路远距离向负荷提供无功功率，线路首末端的电压差值大，可能导致末端电压质量不能满足要求。所以，负荷所需的无功功率应尽可能由附近的无功电源供给。

二、电力系统的无功功率对电压水平有决定性的影响

电力系统用电设备消耗的无功功率大都和施加的电压有关。电力系统的综合负荷无功功率正比于电压的 2 ~4 次方（$U^{2\sim4}$）。

第三节　电力系统无功功率平衡

一、电力系统的无功负荷

通常讲的电力系统无功负荷是指以滞后的功率因数运行的用电设备所吸收的感性无功功率。感性无功功率是电动机、变压器等电磁元件产生磁场所消耗的功率。

异步电动机在电力系统负荷中占很大的比重。一般情况下，系统综合负荷的功率因数为 0.6 ~0.9。异步电动机所占的比例愈大，吸收的无功功率愈多，综合负荷的功率因数也愈低。

异步电动机消耗的无功功率可表示为

$$Q_M = Q_m + Q_\sigma = \frac{U^2}{X_m} + I^2 X_\sigma \tag{6-2}$$

式中　Q_m——励磁无功功率，与机端电压平方成正比；

Q_σ——绕组漏抗 X_σ 无功损耗，它与负荷电流平方成正比。

在额定电压附近，电动机消耗的无功功率主要为励磁无功，随电压的升降而增减；当电压大大低于额定值时，主要为漏抗消耗的无功功率，随电压下降而增加。

电力系统的无功负荷与电压之间的关系称为无功电压静态特性。它主要是由异步电动机决定的。

二、电力网的无功损耗

电力网的无功损耗包括变压器和电力线路的无功损耗。

由潮流计算可知，变压器的无功损耗为

$$\Delta Q_T = \Delta Q_0 + \Delta Q_Z = \frac{I_0\% S_N}{100} + \frac{U_k\% S^2}{100 S_N} \tag{6-3}$$

式中　ΔQ_0——空载(励磁)无功损耗,与电压平方成正比;

ΔQ_Z——绕组漏抗中的无功损耗,与通过变压器的电流平方成正比。

电力系统从电源到用户一般需要经过几级变压,所以变压器的无功功率损耗在系统的无功需求中占有相当大的比重。

电力线路的串联电抗消耗的无功功率与通过线路的功率或电流的平方成正比。线路的并联电容发出的无功功率和线路电压的平方成正比。当线路传输功率较大时,电抗中消耗的无功功率大于电容中发出的无功功率,线路等值为无功负荷;当传输功率较小、线路运行电压水平较高时,电抗中消耗的无功功率小于电容中发出的无功功率,线路等值为无功电源。

三、电力系统无功电源

在电力系统中,无功电源包括同步发电机、同步调相机、大型同步电动机、并联电容器、静止补偿器以及输电线路的导纳支路。下面着重讨论各类无功电源的特点。

(一)同步发电机

同步发电机是系统唯一的有功功率电源,也是系统最基本的无功功率电源。

同步发电机在额定有功功率条件下运行时,所能提供的最大无功出力与发电机的额定功率因数有关。一般发电机额定功率因数为0.8～0.9。当发电机的有功功率容量有余,而系统无功功率电源容量不足时,可以降低功率因数运行,甚至将发电机用作调相机运行。

从同步电机的原理可知,当过励磁时发电机可以发出感性无功功率;而欠励磁时,发电机将要吸收感性无功功率。但发电机在不同的功率因数下运行时,其定子、转子绕组容量的利用是不相同的。发电机最大无功出力既受额定容量的限制,还受转子电流不过载以及原动机出力的限制。

(二)同步调相机

同步调相机是专门发无功功率的发电机,其工作原理相当于空载运行的同步电动机。它是电力系统中能大量吞吐无功功率的设备。

通过调节调相机的励磁电流大小可以平滑地改变其输出无功功率的大小和方向。在正常励磁(平励磁)状态下,调相机既不发出无功功率,也不吸收系统的无功功率;如果加大调相机的励磁电流,则调相机向系统提供感性无功功率;如果减小调相机的励磁电流,则调相机从系统吸收感性无功功率。

因此,调相机既可作为无功电源,发出无功功率,提高母线电压;又可作为无功负荷,吸收无功功率,降低母线电压,有正的调节效应。由于同步调相机主要用于发出感性无功功率,它在欠励磁运行时的容量仅设计为过励磁运行时容量的50%～60%。

(三)电力电容器

电力电容器吸收容性无功功率,相当于发出感性无功功率。因此,电力电容器可作为无功电源,向系统供给无功功率。

电力电容器发出的无功功率与所在节点的电压平方成正比,即

$$Q_C = \frac{U^2}{X_C} \tag{6-4}$$

式中　U——电容器所在节点的电压；

X_C——电容器的容抗，$X_C = \frac{1}{\omega C}$。

当系统电压下降时，电容器发出的无功功率也减小，结果将导致电网无功功率不足，电压继续下降。这是电力电容器在调压特性上的主要缺点。为克服该缺点，在使用时，通常将多个电容器连接成组，可以按需要成组地投入或切除，使它的容量可大可小。

电力电容器与同步调相机各有优缺点，其比较如表6-1所示。

表6-1　电力电容器与同步调相机的比较

比较内容	电力电容器	同步调相机
有功功率损耗	0.05%～0.5%	1.8%～5.5%
运行与维修	不需人值班，检修周期长	需人值班，要定期检修
调节性能	只能阶梯地调压	可平滑无级地调压
电压下降时的影响	对无功出力有较大影响	对无功出力影响不大
单位容量设备费	廉	贵

（四）静止补偿器

静止补偿器（Static Var Compensator，简称SVC）是由电力电容器组与可调电抗器组成的可控静止无功补偿装置。其原理是：利用晶闸管电力电子元件所组成的电子开关，分别控制电容器组与电抗器的投切，使其既可发出又可吸收感性无功。

静止补偿器能依靠自动装置实现快速调节，从而可以作为系统的一种动态无功电源。与同步调相机和电力电容器比较，其运行时的有功损耗较小，满载时不超过额定容量的1%，可靠性高，维护工作量小，不增加短路电流，因此得到越来越广泛的应用。但是，由于使用电力电子开关投切电抗器与电容器组，将使电力系统产生一些附加的高次谐波，这是使用中存在的问题之一。

静止补偿器既可接在低压侧，也可通过升压变压器直接接在高压或超高压线路上，这样还对改善长距离输电线路的运行性能起着较大的作用。

下面对迄今为止系统中使用较多的无功静止补偿器作一个综合介绍与性能比较。

目前，电力系统中应用的静止补偿器有饱和电抗器型（Saturated Reactors，简称SR）和晶闸管控制电抗器型（Thyristor Controlled Reactors，简称TCR）两种。饱和电抗器型静止补偿器又可以分为可控饱和电抗器型和自饱和电抗器型两种类型。晶闸管控制的并联静止补偿器又可以分为两种类型：固定连接电容器（Fixed Capacitor，FC）加晶闸管控制的电抗器（Thyristor Controlled Reactors），简称FC－TCR；晶闸管开关操作的电容器（Thyristor Switched Capacitor，TSC）加晶闸管控制的电抗器，简称TSC－TCR。

1. FC－TCR型静止补偿器

FC－TCR型静止补偿器的原理接线如图6-1所示。图中C为固定连接电容器（FC），晶闸管控制的电抗器由线性电抗器 L_h 和两个反极性并联的双向晶闸管构成;与 C 串联的电抗器 L 为高次谐波调谐电感线圈。L 与 C 组成滤波电路,可按需要滤去晶闸管动作所形成的 5、7、11、13 等高次谐波。调节晶闸管的导通角可以改变流过电抗器的电流及其吸收的无功功率。

2. TSC－TCR 型静止补偿器

TSC－TCR 型静止补偿器的其原理接线如图 6-2 所示,图中与固定电容 C 并联部分包括由晶闸管控制的电抗器(TCR)以及由晶闸管开关操作的电容器(TSC)。TSC 和 TCR 的组合运行则可以得到平滑可调的无功功率输出,弥补了 TSC 阶梯式调压的缺陷。

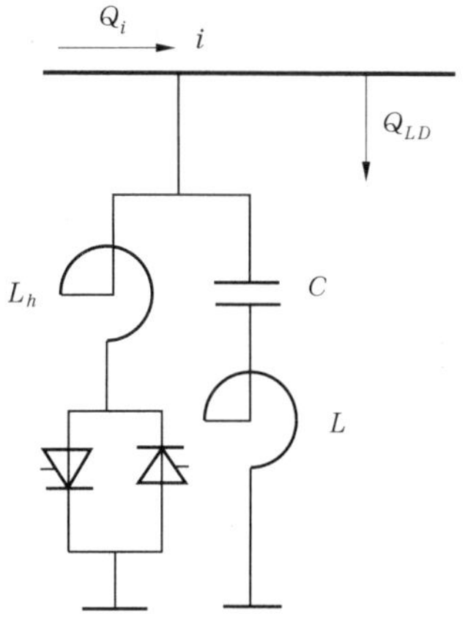

图 6-1　FC－TCR 型静止补偿器的原理接线图

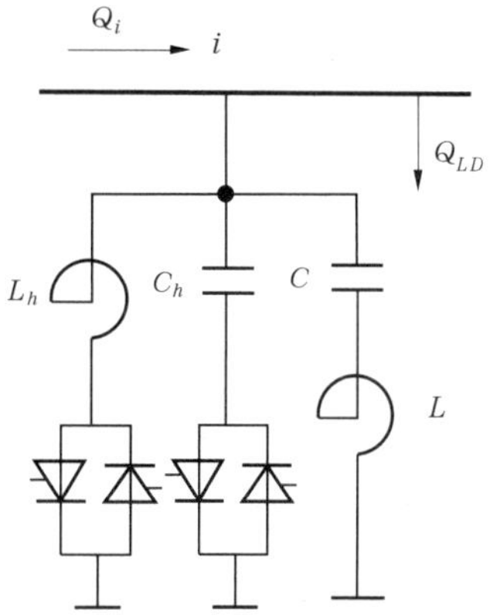

图 6-2　TSC－TCR 型补偿器的原理接线图

3. 可控饱和电抗器型静止补偿器

可控饱和电抗器型静止补偿器的原理接线如图 6-3 所示,包括并联电容器组、可调饱和电抗器和检测与控制系统等部分。电容器组回路串联了 6% 左右的限流电抗器。限流电抗器的作用是限制电容器投入时的过电流和切除时的过电压,同时与电容器组成对某一高次谐波电压的串联谐振回路,短接高次谐波电压,改善电压波形,提高电能质量。可调饱和电抗器是一个可调的电感元件,包括铁芯、交流绕组 AC 和直流绕组 DC,吸收无功功率。检测与控制系统用于自动改变饱和电抗器直流绕组 DC 中的励磁电流,从而调节铁芯的饱和程度,改变电抗器吸收的无功功率。如减小直流绕组的励磁电流,降低电抗器铁芯的饱和程度,从而使交流绕组的感抗增大,吸收的无功功率减小,电容器组供给负荷的无功功率增加。

检测与控制系统包括无功功率检测器、无功功率调节器、电流调节器、移相触发装置以及可控硅整流器等 5 个部分。控制调节方式有按进线无功功率不变原则调节、按进线无功电流不变原则调节、按母线电压不变原则调节等三种方式。

4. 自饱和电抗器型静止补偿器

它由并联电容器组 C、自饱和电抗器 L 和串联电容器 C_S 等部分组成。实质上是一种大容量的磁饱和稳压器,不需要外加控制调节设备,主要用于稳定电压,其原理接线在此不再详述。

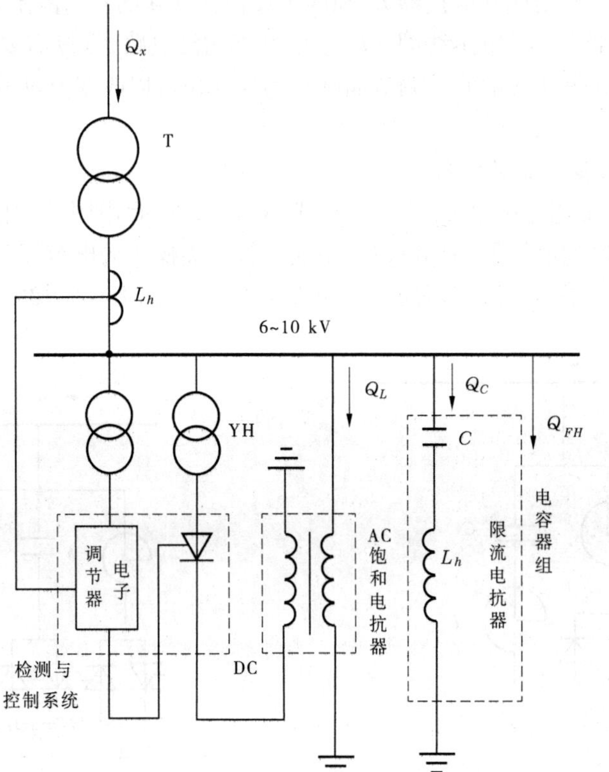

图 6-3　可控饱和电抗器型静止补偿器的原理接线

不同类型静止补偿器的技术经济比较如表 6-2 所示。

表 6-2　不同类型静止补偿器的技术经济比较

比较内容	静止补偿器				
	可控饱和电抗器型	自饱和电抗器型	TCR	TSC－TCR	TSC
动态响应时间(ms)	60	10	5～10	5～10	10～20
调节连续与否	连续	连续	连续	连续	级差调节
能否分相调节	三相式的不能	不能,但能改善不平衡度	能	能	能
吸收无功能力(抑制过电压)	好	很好	依靠设计决定	依靠设计决定	无
是否可控	可控	稳压,但无控	可控	可控	可控
能否快速接受多路信号控制	能,但偏慢	不能	能	能	能

续表 6-2

比较内容	静止补偿器				
	可控饱和电抗器型	自饱和电抗器型	TCR	TSC－TCR	TSC
铁磁谐振可能	有	有	无	无	无
噪声	大,约 100 dB	大,约 100 dB	小,约 70 dB	稍大,约 75 dB	最小,<70 dB
产生谐波量	大	曲折接线,消除了大量谐波	较小	较小	无
投资	较大	与所配合的有载调压变压器一起核算	较小	较小	最小
本身能耗大小	较大	较大	小(0.5%～1.0%)	较大(2%～3%)	最小(0.3%)
成套性能	无	无	允许部分设备暂时退出工作或逐步安装		
制造时要求解决的主要问题	饱和电抗器的制造与控制问题	实现曲折接线及内部串联电容问题	高压阀组问题	阀组问题,高阻抗变压器制造问题	阀组问题和电容器组的控制角度投入问题

静止补偿器既可以发出无功功率,又可以吸收无功功率;既可以补偿电压偏移,又可以调节电压波动。它在技术、经济特性上的优点主要有:

(1)反应快,能迅速跟踪补偿负荷无功功率突然而频繁的变化,特别适用于补偿冲击负荷。

(2)装有滤波电路,提高了电能质量。

(3)调节电压平滑无级,准确度高。

(4)安全经济,维护简便,可实现分相操作及无人值班。

四、电力系统无功功率平衡

电力系统无功功率平衡的含义是:在电力系统运行的任何时刻,系统各类无功电源所发出的无功功率总和与系统无功负荷及无功功率损耗之和相平衡。即

$$\sum Q_G = \sum Q_L + \sum \Delta Q \tag{6-5}$$

式中 $\sum Q_G$——系统无功电源所发出的无功功率;

$\sum Q_L$——系统无功负荷所需要的无功功率;

$\sum \Delta Q$——系统网络元件所引起的无功功率损耗。

电力系统无功功率平衡只有在保证电压质量的前提下实现才有意义。当系统无功电

源充足时，能在较高电压质量水平下获得无功平衡；而当系统无功电源不足时，只能在较低电压质量水平下达到无功平衡。此时，要采取无功功率补偿的调压措施。

第四节　电力系统电压调整

一、中枢点的电压管理

（一）中枢点

电力系统的电压中枢点，又称为电压监控点，通常选择电力系统中大型发电厂和枢纽变电所的母线。它们一般都装设无功电源，具有调节电压的能力。系统中大部分负荷都是由这些电压中枢点供电的。如果能够控制电压中枢点的电压偏移，也就控制了系统中大部分负荷的电压偏移。

电力系统的电压监视和控制是通过监视和控制中枢点的电压实现的。对中枢点电压的监控，实际上就是根据各个负荷点所允许的电压偏移，在计及中枢点到各负荷点线路上的电压损耗后，确定每个负荷点对中枢点电压的要求，从而确定中枢点电压的允许变化范围。

确定中枢点电压允许变动范围的方法属于编制中枢点电压曲线的问题，主要是电力系统运行部门的电压管理工作。在电力系统规划设计时，由系统供电的较低电压等级的电网往往还未建成，甚至还未兴建，很多运行数据和要求都不确定，不能正确计算较低电压等级电网中的电压损耗，无法求出中枢点电压的允许变动范围。为了进行调压计算，可以根据电网的性质对中枢点的调压方式提出原则性的要求。

（二）中枢点的调压方式

中枢点的调压方式一般分为逆调压、顺调压和常调压三种。

1. 逆调压

逆调压是指在最大负荷时，使中枢点的电压较该点所连线路的额定电压提高 5%；在最小负荷时，使中枢点的电压等于线路的额定电压。

逆调压方式适用于线路较长、负荷变动较大的电力网。为满足这种调压方式的要求，一般需要在电压中枢点装设较贵重的调压设备（如调相机、静止补偿器、带负荷调压变压器等）。

2. 顺调压

顺调压是指在最大负荷时，使中枢点的电压不低于线路额定电压的 1.025 倍；在最小负荷时，使电压中枢点的电压不高于线路额定电压的 1.075 倍。即要求电压中枢点的电压偏移在 2.5% ~7.5% 的范围内。

顺调压是一种较低的调压要求，一般不需要加装特殊的调压设备，适用于线路电压损耗较小，负荷变动不大，或用电单位允许电压偏移较大的电力网。

3. 常调压（也称为“恒调压”）

常调压是指在任何负荷下都保持中枢点电压为一基本不变的数值。

对于负荷变动小、线路上电压损耗小的情况，采用常调压方式，其电压可以保持在（102% ~105%）U_N 间的某一值。

以上三种方式都是正常运行时对电压调整的要求。当系统发生故障时，电压损耗一般比正常运行时大，对电压质量的要求允许适当降低，通常允许事故时的电压偏移较正常时再增大 5%。

二、电力系统电压调整的原理及措施

图 6-4 所示为简单电力系统，发电机通过升压变压器、线路和降压变压器向客户供电，要求调整负荷节点上的电压。已知发电机出口母线电压为 U_G，变压器变比分别为 k_1 和 k_2，从发电机出口母线到客户端归算到高压侧的总阻抗为 $R_\Sigma + jX_\Sigma$，高压输电线路的额定电压为 $\dot{U}_N$，负荷功率为 $P + jQ$，略去线路的电容功率、变压器励磁损耗和网络功率损耗，则负荷处的母线电压为

$$U = (U_G k_1 - \frac{PR_\Sigma + QX_\Sigma}{U_N})/k_2$$

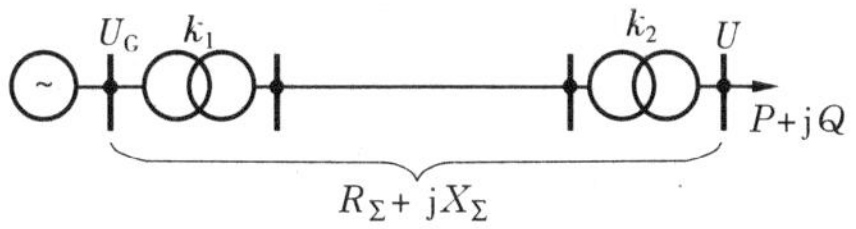

图 6-4　电压调整的基本原理

由上式可见，为了调整用户端的电压 U，可以采取以下措施：

(1)改变发电机的端电压 U_G 调压，可以通过改变发电机的励磁电流实现。

(2)改变变压器的变比 k_1、k_2 调压，即选择适当的变压器分接头调压。

(3)改变电力网中无功功率 Q 分布调压，即并联无功补偿设备调压。

(4)改变网络参数 R_Σ、X_Σ 调压。

(一)改变发电机端电压调压

现代同步发电机在端电压偏离额定值不超过 ±5% 的范围内，能够以额定功率运行。因此，在实际运行中，可以通过改变发电机励磁电流的大小，改变发电机的端电压，实现逆调压方式。

在发电机不经升压直接向用户供电的简单系统中，如果供电线路不长、线路上电压损耗不大，改变发电机的端电压进行逆调压，一般可满足负荷点电压质量的要求。

在线路较长、供电范围较大、发电机经多级变压向负荷供电时，仅靠发电机调压可能达不到负荷点电压质量的要求，但发电机逆调压可以缩小电压变动的范围。

在大型电力系统中，发电机逆调压一般只作为调压的辅助手段。

(二)改变变压器的变比调压

改变变压器的变比调压是指通过改变普通无励磁调压型变压器的变比或调整有载调压变压器分接头的手段来进行电压调整。

改变变压器的变比实质上是通过改变绕组间的匝数比来实现的。根据调节方式不同，变压器可以分为普通无励磁调压型变压器和有载调压变压器。

普通双绕组变压器高压绕组和三绕组变压器的高、中压绕组一般有 3 个或 5 个抽头，低压绕组均只有一个抽头。对应绕组额定电压 U_N 的分接头称为主分接头，其他的抽头称为附加分接头。高压侧有 3 个抽头，可表示为 U_N ±5%；高压侧有 5 个抽头，可表示为

$U_N \pm 2\times 2.5\%$。普通变压器只能在停电情况下改变分接头。

有载调压变压器的调节范围可达20%,每级抽头的调压范围根据实际情况而定。例如,110 kV 级有载调压变压器高压侧有 7 个分接头,表示为 $U_N \pm 3\times 2.5\%$;220 kV 级有载调压变压器高压侧有 9 个分接头,表示为 $U_N \pm 4\times 1.25\%$。有载调压变压器可以在带负荷情况下手动或电动操作改变分接头。

改变变压器的变比进行调压,一般在系统中无功功率不缺乏的情况下有效。下面介绍根据调压要求选择变压器分接头的具体方法。

1. 双绕组降压变压器分接头选择

图 6-5 为双绕组降压变压器分接头选择示意图。节点 1 为高压母线,节点 2 为低压母线。设最大负荷时,高压母线电压为 $U_{1\max}$,变压器中电压损耗为 $\Delta U_{\max}$,归算到高压侧的低压母线电压为 $U_{2\max}$,低压母线实际要求的电压为 $U'_{2\max}$,最大负荷时的变比为 $k_{\max}$,变压器低压绕组的额定电压为 U_{2N},分接头电压表示为 $U_{t1\max}$。由此可得低压母线的实际电压应为

$$U'_{2\max}=\frac{U_{2\max}}{k_{\max}}=\frac{U_{1\max}-\Delta U_{\max}}{k_{\max}}=(U_{1\max}-\Delta U_{\max})\frac{U_{2N}}{U_{t1\max}}$$

最大负荷时变压器高压绕组应选择的分接头电压则为

$$U_{t1\max}=(U_{1\max}-\Delta U_{\max})\frac{U_{2N}}{U'_{2\max}} \tag{6-6}$$

同理,假设最小负荷的情况,可得最小负荷时变压器高压绕组应选择的分接头电压为

$$U_{t1\min}=(U_{1\min}-\Delta U_{\min})\frac{U_{2N}}{U'_{2\min}} \tag{6-7}$$

式中,下标 min 表示最小负荷时的情况。

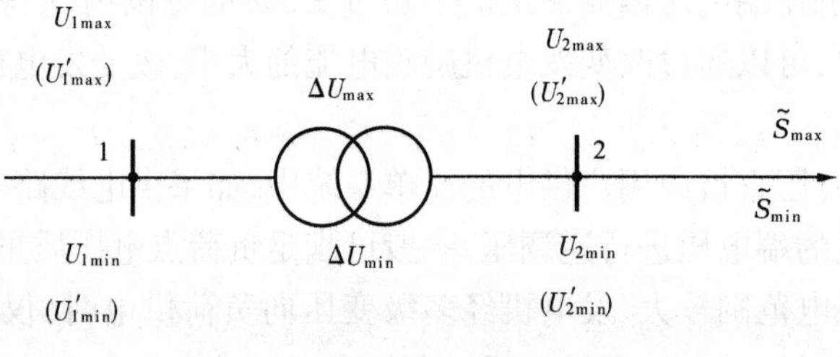

图 6-5 变压器分接头选择示意图

对于普通变压器而言,由于只能在停电情况下改变分接头,所以最大、最小负荷时只能共用同一个分接头。兼顾这两种情况下低压母线的实际电压偏移的要求,高压绕组的分接头电压可取 $U_{t1\max}$、$U_{t1\min}$ 的算术平均值

$$U_{t1}=\frac{1}{2}(U_{t1\max}+U_{t1\min}) \tag{6-8}$$

U_{t1} 不一定是标准的分接头电压,所以还要根据 U_{t1} 选择一个最接近的标准分接头电压。

如此选出的分接头电压是否能够满足电压要求并不确定。所以,最后一步是要校验在所选的分接头下,最大、最小负荷时低压母线上的实际电压是否符合要求。

对于有载调压变压器，由于可以在运行中调整分接头，则分别根据 $U_{t1\max}$、$U_{t1\min}$ 选择标准分接头，最大、最小负荷时标准分接头的范围就是其分接头的调整区间。

当普通变压器不能满足调压要求时，应考虑采用有载调压变压器。

【例 6-1】 一台降压变压器，其容量为 31.5 MVA，变比为(110 ±2 ×2.5%)/6.3 kV，归算到高压侧的阻抗为 $R_T + jX_T = 2.44 + j40(\Omega)$。在最大、最小负荷时通过变压器的功率分别为 $\tilde{S}_{\max} = 28 + j14(\text{MVA})$、$\tilde{S}_{\min} = 10 + j6(\text{MVA})$，高压侧的电压分别为 $U_{1\max} = 110$ kV、$U_{1\min} = 113$ kV，低压母线的电压允许变动范围为 6.0 ~6.6 kV。试选择该变压器的分接头。

解：示意图仍用图 6-5。首先按 $\Delta U = \dfrac{PR + QX}{U}$ 计算最大、最小负荷时变压器的电压损耗

$$\Delta U_{\max} = \frac{28 \times 2.44 + 14 \times 40}{110} = 5.712(\text{kV})$$

$$\Delta U_{\min} = \frac{10 \times 2.44 + 6 \times 40}{113} = 2.3398(\text{kV})$$

最大、最小负荷时低压侧要求电压取 $U'_{2\max} = 6$ kV、$U'_{2\min} = 6.6$ kV，得

$$U_{t1\max} = (U_{1\max} - \Delta U_{\max})\frac{U_{2N}}{U'_{2\max}} = (110 - 5.712) \times \frac{6.3}{6} = 109.5(\text{kV})$$

$$U_{t1\min} = (U_{1\min} - \Delta U_{\min})\frac{U_{2N}}{U'_{2\min}} = (113 - 2.3398) \times \frac{6.3}{6.6} = 105.6(\text{kV})$$

$$U_{t1} = \frac{1}{2}(U_{t1\max} + U_{t1\min}) = \frac{1}{2} \times (109.5 + 105.6) = 107.55(\text{kV})$$

选取最接近的 −2.5% 分接头，$U_{t1} = 110 \times (1 - 0.025) = 107.25(\text{kV})$。按选出的分接头校验低压母线的实际电压为

$$U'_{2\max} = (110 - 5.712) \times \frac{6.3}{107.25} = 6.13(\text{kV}) > 6\ \text{kV}$$

$$U'_{2\min} = (113 - 2.3398) \times \frac{6.3}{107.25} = 6.5(\text{kV}) < 6.6\ \text{kV}$$

可见所选取的分接头能够满足调压要求，即选定的实际变比为 107.25/6.3 kV。

2. 双绕组升压变压器分接头选择

双绕组升压变压器分接头的选择与降压变压器原理类似。图 6-5 中，节点 1 为高压母线，节点 2 为低压母线。因功率由低压侧流向高压侧，所以低压侧归算到高压侧的电压等于高压母线电压加上变压器的电压损耗。高压侧分接头电压的计算公式为

$$\left.\begin{aligned} U_{t1\max} &= (U_{t1\max} + \Delta U_{\max})\frac{U_{2N}}{U'_{1\max}} \\ U_{t1\min} &= (U_{t1\min} + \Delta U_{\min})\frac{U_{2N}}{U'_{1\min}} \end{aligned}\right\} \tag{6-9}$$

对于普通变压器，取平均分接头电压

$$U_{t1} = \frac{1}{2}(U_{t1\max} + U_{t1\min}) \tag{6-10}$$

根据 U_{t1} 选择标准分接头电压，然后校验所选的分接头是否能够满足调压要求。

【例 6-2】 一台升压变压器，其容量为 31.5 MVA，变比为(121 ±2 ×2.5%)/6.3 kV，归算到高压侧的阻抗为 $R_T + jX_T = 3 + j48(\Omega)$。在最大、最小负荷时通过变压器的功率分别为 $\tilde{S}_{max} = 25 + j18(MVA)$、$\tilde{S}_{min} = 14 + j10(MVA)$，高压侧的电压分别为 $U_{1max} = 120$ kV、$U_{1min} = 114$ kV，低压母线的电压允许变动范围为 6.0 ~ 6.6 kV。试选择该变压器的分接头。

解：示意图仍用图 6-5。首先按 $\Delta U = \dfrac{PR + QX}{U}$ 计算最大、最小负荷时变压器的电压损耗

$$\Delta U_{max} = \frac{25 \times 3 + 18 \times 48}{120} = 7.825(kV)$$

$$\Delta U_{min} = \frac{14 \times 3 + 10 \times 48}{114} = 4.579(kV)$$

由于是升压变压器，根据低压母线允许变动范围，最大、最小负荷时低压侧电压都取为 $U'_{2max} = 6.6$ kV、$U'_{2min} = 6.0$ kV，得

$$U_{t1max} = (U_{1max} + \Delta U_{max})\frac{U_{2N}}{U'_{2max}} = (120 + 7.825) \times \frac{6.3}{6.6} = 122.015(kV)$$

$$U_{t1min} = (U_{1min} + \Delta U_{min})\frac{U_{2N}}{U'_{2min}} = (114 + 4.579) \times \frac{6.3}{6.0} = 124.508(kV)$$

$$U_{t1} = \frac{1}{2}(U_{t1max} + U_{t1min}) = \frac{1}{2} \times (122.015 + 124.508) = 123.261\,5(kV)$$

选取最接近的 +2.5% 分接头，$U_{t2} = 121 \times (1 + 0.025) = 124.025(kV)$。

按选出的分接头校验低压母线的电压变化范围

$$U'_{2max} = (120 + 7.825) \times \frac{6.3}{124.025} = 6.493(kV) < 6.6\ kV$$

$$U'_{2min} = (114 + 4.579) \times \frac{6.3}{124.025} = 6.023(kV) > 6\ kV$$

可见，所选择的分接头能够满足低压侧调压的要求。

3. 三绕组变压器分接头选择

三绕组变压器在高压侧和中压侧设置了分接头，这就需要根据三绕组变压器的基本运行方式，两次应用选择双绕组变压器分接头的方法，分别确定三绕组变压器高压侧和中压侧的分接头。一般的选择方法是首先按照高、低压侧的调压要求确定高压侧的分接头，然后按中、高压侧的调压要求选择中压侧的分接头。如果高、中压侧分别选择一个分接头不能满足各种负荷情况的调压要求，往往需要采用有载调压变压器，也可以采用附加串联加压器调压，附加串联加压器一般都可以有载调压。

(三)利用无功补偿设备调压

1. 无功补偿的原理及意义

电力系统中的无功补偿方式分为串联补偿和并联补偿两类。串联补偿是指网络中串联电容器，抵偿线路的感抗；并联补偿是指在负荷侧并联无功补偿设备，减小网络中流过的无功功率。将串联电容器单纯用于调压的方式并不多见，下面介绍并联补偿原理。

设电网传输功率为 $\tilde{S}=P+\mathrm{j}Q$，并联无功补偿设备发出功率为 Q_C，则补偿后传输功率为 $\tilde{S}=P+\mathrm{j}(Q-Q_C)$。无功补偿后，电力网传输的视在功率减小，功率因数提高，具有以下几个方面的意义：

（1）减小系统元件的容量，换个角度看是提高电网的输送能力。在输送同样的有功功率情况下，设备安装容量可以减少，能节约大量有色金属，也节约了投资。对运行中的电气设备而言，无功补偿后其中通过的无功功率减小了，有功功率的输送能力提高，使设备容量得到充分利用。

（2）降低网络功率损耗和电能损耗。

（3）改善电压质量。减小电网输送的无功功率，则降低了电网的电压损耗，改善了电力网和用户的电压质量。无功补偿是保证电压质量的重要措施。

2. 无功补偿的配置原则

无功补偿设备的配置原则包括两个方面的内容：一是确定补偿地点和补偿方式；二是对无功补偿总容量进行布点分配。

通过对典型各级配电网络无功损耗构成情况分析，得到各电压等级的无功损耗占总无功损耗的比重：0.4 kV 级损耗占 50%，10 kV 级损耗占 20%，35 kV 级损耗占 10%，110 kV 级损耗占 20%。可见，各级电网都要消耗一定数量的无功功率，尤以低压配电网所占的比重最大，占总损耗的 1/2。

为了最大限度地减少无功功率的传输损耗，提高输、配电设备的效率，无功补偿设备的配置应按照“就地补偿，分级分区平衡”的原则进行规划，合理布局。以下是无功补偿设备合理配置的主要原则：

（1）总体平衡与局部平衡相结合。要做到各级电网的无功功率平衡，首先要满足电压较低级电网的无功功率平衡，其次要同时满足各个分所（变电所）、分线（配电线）的无功功率平衡。如果无功电源的布局选择不合理，局部地区的无功功率就不能就地平衡，会造成一些变电所或一些线路的无功功率偏多，电压偏高，过剩的无功功率就要向外输送；也可能会造成一些变电所或一些线路的无功功率不足，电压下降，必然向上级电网吸取无功功率。这样仍然会造成不同分区之间无功功率的远距离输送和交换，使电网的功率损耗和电能损耗增加。所以，在规划时就要在总体平衡的基础上，研究各个局部的补偿方案，获得最优化的组合，才能达到最佳的补偿效果。

（2）电业部门补偿和用户补偿相结合。统计资料表明，在各级电网中用户消耗的无功功率约占 50%；在工业网络中，用户消耗的无功功率约占 60%；其余的无功功率消耗在输配电网中。应当根据总的无功功率需求，同时发挥供电部门和用户的作用，共同进行补偿，搞好无功功率补偿设施的建设和管理。

（3）分散补偿与集中补偿相结合，以分散为主。无功补偿既要达到总体平衡，又要满足局部平衡；既要有供电部门的补偿，又需要用户的补偿。这就要求采取分散补偿与集中补偿相结合的方式。集中补偿是指在变电所集中装设容量较大的补偿设备进行补偿；分散补偿是指在配电网络中的分区（如配电线路、配电变压器和用户的用电设备等）分散进行的无功补偿。

变电所的集中补偿，主要是补偿主变压器本身的无功损耗，及减少变电所上一级线路传输的无功功率,从而降低供电网络的无功损耗;但它不能降低配电网络的无功损耗,因为用户需要的无功功率仍需要通过变电所以下的配电线路向负荷输送。所以,为了有效地降低线损,必须进行分散补偿。由于配电网的线损占全网总损失的70%左右,因此应当以分散补偿为主。

(4)降损与调压相结合,以降损为主。利用并联电容器进行无功补偿,其主要目的是达到无功功率就地平衡,减少网络中的无功功率流通,降低线损。与此同时,也可以利用电容器组的分组投切,对电压进行适当调整。

根据补偿设备的特点,在各种补偿形式中,并联电容器当为首选。特别是在感性负荷多、功率因数低的地区,安装并联电容器补偿无功功率效益十分显著。在变电所安装并联电容器补偿,适时、分级投入又可使电压质量得到改善。在全国电力系统中,90%以上的无功补偿装置为并联电容器。

3.并联补偿设备容量的计算

如图6-6所示的简单电力系统,假设在变电所的低压母线上设置并联补偿设备。如果已知电源电压为U_1,补偿前变电所低压母线电压为U_2,补偿后变电所低压母线要求电压为U_{2C}(均归算到高压侧),图中母线1、2之间归算到线路额定电压下的等值阻抗为Z_{12},设补偿容量为Q_C,则设置补偿设备前,电压平衡关系式为

$$U_1 = U_2 + \frac{P_2R_{12} + Q_2X_{12}}{U_2}$$

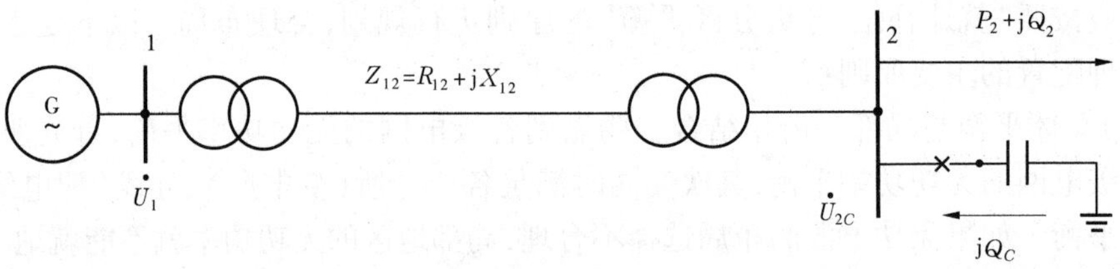

图6-6 简单系统的无功功率补偿

设置补偿设备后,电压平衡关系式为

$$U_1 = U_{2C} + \frac{P_2R_{12} + (Q_2 - Q_C)X_{12}}{U_{2C}}$$

假设补偿前后节点1的电压保持不变,由以上两式可得

$$U_2 + \frac{P_2R_{12} + Q_2X_{12}}{U_2} = U_{2C} + \frac{P_2R_{12} + (Q_2 - Q_C)X_{12}}{U_{2C}}$$

解得

$$Q_C = \frac{U_{2C}}{X_{12}}\left[(U_{2C} - U_2) + \frac{P_2R_{12} + Q_2X_{12}}{U_{2C}} - \frac{P_2R_{12} + Q_2X_{12}}{U_2}\right]$$

式中方括号内第二、三部分的数值一般不大,可略去,则上式简化为

$$Q_C = \frac{U_{2C}}{X_{12}}(U_{2C} - U_2) \tag{6-11}$$

若计及变压器的变比k,且补偿前变电所低压母线电压为U'_2,补偿后变电所低压母

线要求电压为 U'_{2C}，则式(6-11)改写为

$$Q_C = \frac{U'_{2C}}{X_{12}}(U'_{2C} - \frac{U_2}{k})k^2 \tag{6-12}$$

式(6-12)说明，待定的补偿容量 Q_C 不仅取决于调压要求，而且取决于变压器的变比。所以，可以结合变压器变比调压，确定补偿容量 Q_C，使在满足调压要求的条件下，无功补偿的容量最小。

由于各种无功功率补偿设备的调节、运行方式不同，选择变压器变比的条件也不相同。下面作详细说明。

1)补偿设备为静电电容器时容量的确定

静电电容器只能发出无功功率，且不能连续调节。其具体运行方式是在最大无功负荷时全部投入，最小无功负荷时全部退出。因此，应该按最小负荷时电容器全部退出选择变压器的变比，然后用选定的变比按照最大负荷时的调压要求确定应设置的补偿容量。

首先选择变压器的变比

$$U_{t1\min} = U_{2\min}\frac{U_{2N}}{U'_{2\min}}$$

选择接近 $U_{t1\min}$ 的标准分接头，求变比 $k = \frac{U_{t1\min}}{U_{2N}}$，将 k 代入式(6-12)，得

$$Q_C = \frac{U'_{2C\max}}{X_{12}}(U'_{2C\max} - \frac{U_{2\max}}{k})k^2 \tag{6-13}$$

选择与 Q_C 最接近的电容器标准容量，校验电压是否满足要求。

2)补偿设备为调相机时容量的确定

调相机既能发出无功功率，又能吸收无功功率，但作为感性负荷吸收无功功率的容量是作为无功电源时容量的50% ~60%。据此，可由式(6-12)列出最大、最小负荷时的容量并将两式相除，得

$$-2 = \frac{U'_{2C\max}(kU'_{2C\max} - U_{2\max})}{U'_{2C\min}(kU'_{2C\min} - U_{2\min})} \tag{6-14}$$

由式(6-14)求变压器的变比 k，选定变压器的分接头；再按照最大负荷时的调压要求确定调相机应该选用的容量。

3)补偿设备为静止补偿器时容量的确定

静止补偿器能发出和吸收感性无功功率，可以连续调节。静止补偿器额定的感性和容性无功功率的容量，计算时应按照额定感性和额定容性无功功率容量的实际比值确定。

【例6-3】 某简单输电系统如图6-7所示，变压器变比为 $110 \pm 2 \times 2.5\%/11$ kV，阻抗 Z_{12} 为线路和变压器归算到高压侧的总阻抗。节点1的电压在最大、最小负荷时保持不变，为118 kV。变压器低压侧母线要求常调压，保持10.5 kV。试选择变压器的变比，并确定采用下列无功功率补偿设备时的设备容量：

(1)补偿设备为静电电容器；

(2)补偿设备为调相机。

解：分别计算最大、最小负荷时，无功补偿前变压器低压侧归算到高压侧的电压

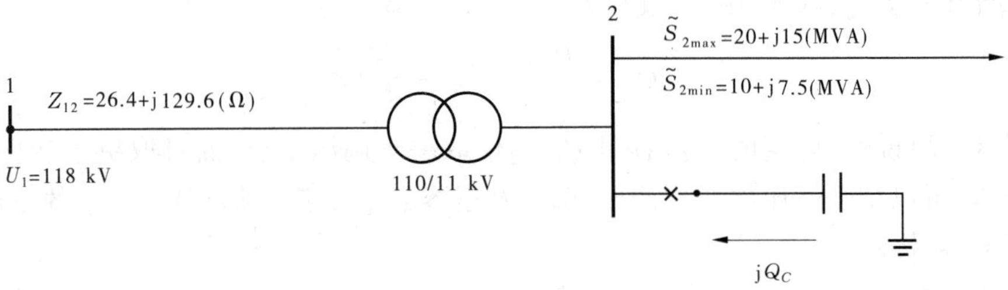

图6-7 简单系统接线图

$$U_{2max}=U_{1max}-\frac{P_{2max}R_{12}+Q_{2max}X_{12}}{U_{1max}}=118-\frac{20\times 26.4+15\times 129.6}{118}=97.05(\text{kV})$$

$$U_{2min}=U_{1min}-\frac{P_{2min}R_{12}+Q_{2min}X_{12}}{U_{1min}}=118-\frac{10\times 26.4+7.5\times 129.6}{118}=107.53(\text{kV})$$

变压器低压侧母线要求常调压，即 $U'_{2max}=U'_{2min}=10.5$ kV。

(1)补偿设备为静电电容器，应按最小负荷时电容器全部退出运行的情况选择变压器的变比

$$U_{t1min}=U_{2min}\frac{U_{2N}}{U'_{2min}}=107.53\times\frac{11}{10.5}=112.65(\text{kV})$$

选用最接近的 +2.5% 分接头 $U_{t1}=110\times(1+2.5\%)=112.75(\text{kV})$，即选定变比为 $k=112.75/11$。最大负荷时的调压要求 $U'_{2Cmax}=10.5$ kV，得

$$Q_C=\frac{U'_{2Cmax}}{X_{12}}(U'_{2Cmax}-\frac{U_{2max}}{k})k^2$$

$$=\frac{10.5}{129.6}\times(10.5-97.05\times\frac{11}{112.75})\times(\frac{112.75}{11})^2=8.78(\text{Mvar})$$

用确定的静电电容器的最小容量 8.78 Mvar 校验电压偏移：

最大负荷时补偿设备全部投入，$Q_C=8.78$ Mvar，则

$$U_{2Cmax}=118-\frac{20\times 26.4+(15-8.78)\times 129.6}{118}=106.69(\text{kV})$$

最小负荷时补偿设备全部退出，此时

$$Q_C=0\quad U_{2min}=107.53\text{ kV}$$

低压母线在最大负荷时的实际电压为

$$U'_{2Cmax}=106.69\times\frac{11}{112.75}=10.41(\text{kV})$$

低压母线在最小负荷时的实际电压为

$$U'_{2Cmin}=107.53\times\frac{11}{112.75}=10.49(\text{kV})$$

由此可见，电压偏移分别为

$$\frac{10.41-10.5}{10.5}\times 100\%=-0.86\%$$

$$\frac{10.49-10.5}{10.5}\times 100\%=-0.095\%$$

满足常调压的要求。

(2)补偿设备为调相机。

$$-2=\frac{U'_{2C\max}(kU'_{2C\max}-U_{2\max})}{U'_{2C\min}(kU'_{2C\min}-U_{2\min})}=\frac{10.5\times(k\times10.5-97.05)}{10.5\times(k\times10.5-107.53)}$$

求得 $k=9.908$。变压器高压侧电压为 $9.908\times11=108.99$(kV),选用接近的主分接头 $U_{t1}=110$ kV。变压器的变比为 $k=110/11$。按照最大负荷时的调压要求,得

$$Q_C=\frac{U'_{2C\max}}{X_{12}}(U'_{2C\max}-\frac{U_{2\max}}{k})k^2$$

$$=\frac{10.5}{129.6}\times(10.5-97.05\times\frac{11}{110})\times(\frac{110}{11})^2=6.44(\text{Mvar})$$

可选用容量为7.5 MVA的调相机。

最大负荷时调相机过激满载运行,发出无功功率 $Q_C=7.5$ Mvar,则

$$U_{2C\max}=118-\frac{20\times26.4+(15-7.5)\times129.6}{118}=105.29(\text{kV})$$

最小负荷时调相机欠激满载运行,吸收无功功率 $Q_C=3.75$ Mvar,则

$$U_{2C\min}=118-\frac{10\times26.4+(7.5+3.75)\times129.6}{118}=103.41(\text{kV})$$

低压母线在最大、最小负荷时的实际电压和电压偏移分别为

$$U'_{2C\max}=105.29\times\frac{11}{110}=10.53(\text{kV})$$

$$\frac{10.53-10.5}{10.5}\times100\%=0.29\%$$

$$U'_{2C\min}=103.41\times\frac{11}{110}=10.34(\text{kV})$$

$$\frac{10.34-10.5}{10.5}\times100\%=-1.52\%$$

由此可见,最大负荷时电压稍高,基本符合调压要求;而最小负荷时,由于调相机吸收感性无功功率多,电压降低1.52%,即这时应适当减少吸收的无功功率,可使电压达到10.5 kV。这说明所选择的调相机容量能够满足常调压的要求,还有一定的无功功率备用。

(四)改变电力网参数调压

分析电压损耗的计算公式 $\Delta U=\frac{PR+QX}{U}$ 可以看出,当输送功率 P、Q 不变时,改变电力网的参数 R 和 X 也能改变电压损耗,从而达到调压的目的。

改变网络参数常用的方法有:选择合适的导线截面;改变电力网的接线方式和运行方式;串联电容器补偿。

1.选择合适的导线截面

增大导线截面可以减小线路电阻,从而起到降低电压损耗、达到调压的目的。这种方法一般只适合于电压等级较低、截面偏小的中低压配电网,按照允许电压损耗选择导线截面。在电压等级较高的配电网中,导线截面较大,$X\gg R$,无功功率也较大,使得电压损耗中电阻分量占的比例较小,采用增大导线截面来减小电压损耗效果不明显,反而会增大导

线的投资,一般按照经济电流密度选择导线截面。

2. 改变电力网的接线方式和运行方式

改变电力网的接线方式和运行方式可以改变阻抗,从而可以改变电力网电压损耗的大小,达到调压的目的。但只能在不降低供电可靠性和不显著增加功率损耗的前提下,才可以作为辅助的调压措施。

3. 串联电容器补偿

在感抗较大的线路上串联接入静电电容器,利用电容器的容抗补偿线路的感抗,使电压损耗中 $\frac{QX}{U}$ 分量减小,从而可以提高线路末端电压。对图 6-8 所示的架空输电线路,未加串联电容前有

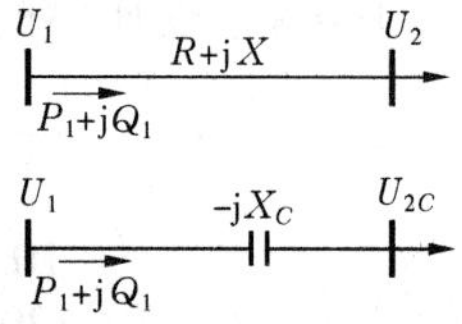

图 6-8 串联电容补偿

$$\Delta U = \frac{P_1R + Q_1X}{U_1}$$

线路上串联容抗 X_C 后,电压损耗变为

$$\Delta U_C = \frac{P_1R + Q_1(X - X_C)}{U_1}$$

上述两种情况下电压损耗之差就是线路末端电压提高的数值,以上两式相减得

$$\Delta U - \Delta U_C = \frac{Q_1X_C}{U_1}$$

所以,串联电容器的容抗应为

$$X_C = \frac{U_1(\Delta U - \Delta U_C)}{Q_1} \tag{6-15}$$

实际中线路上串联接入的电容器是由许多单个电容器串、并联组成的,如图 6-9 所示。如果每台电容器的额定电压为 U_{NC},额定电流为 I_{NC},额定容量为 $Q_{NC} = U_{NC}I_{NC}$,则可根据通过电容器的最大负荷电流 $I_{L\max}$ 求得需要补偿的电容器串数 m 为

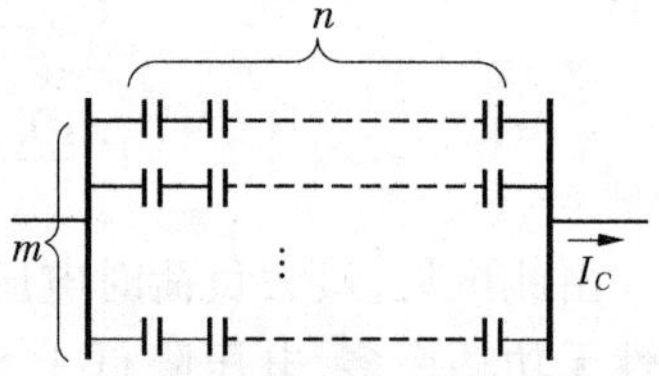

图 6-9 串联电容器组

$$m \geqslant \frac{kI_{L\max}}{I_{NC}} \tag{6-16}$$

式中 k——串联电容器电流储备系数,一般取 $k = 1.2$。

则每串电容器的台数 n 为

$$n \geqslant \frac{I_{L\max}X_C}{U_{NC}} \tag{6-17}$$

三相电容器的总容量 Q_C 为

$$Q_C = 3mnQ_{NC} = 3mnU_{NC}I_{NC} \tag{6-18}$$

三相总共需要的电容器台数为 $3mn$。全部电容器经过串、并联后,一般安装在绝缘平台上。

串联电容器的安装地点与负荷和电源的分布有关。安装地点的选择原则是使沿线电压尽可能均匀,而且各负荷点电压都在允许范围内。在单电源线路上,当负荷集中在线路

末端时，可将串联电容器安装在线路末端，以免首端电压过高和通过电容器的短路电流过大；当沿线有若干个负荷时，可安装在未加串联电容器补偿前线路总电压损耗的 1/2 处，如图 6-10 所示。

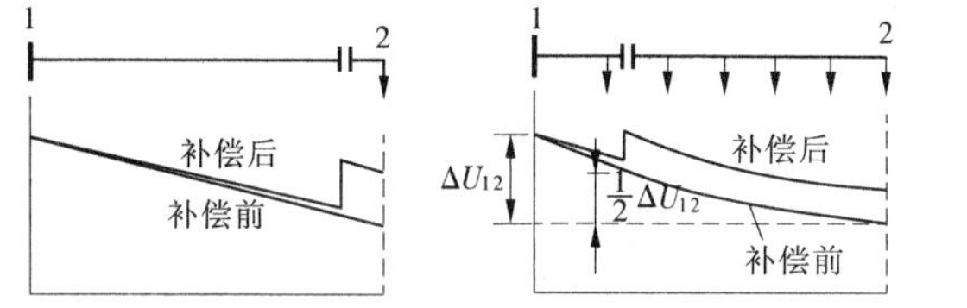

(a)集中负荷在线路末端　(b)补偿前、后沿线电压分布

图 6-10　串联电容器补偿前、后沿线电压分布

串联电容器提升末端电压的数值 $\dfrac{QX_C}{U}$（即调压效果）随无功负荷的大小而改变，负荷大时增大，负荷小时减少，恰与调压的要求一致，这是串联电容器调压的一个显著优点。但对于负荷功率因数较高的线路或导线截面较小的线路，由于 $\dfrac{PR}{U}$ 分量的比重较大，串联补偿调压的效果就很小，故串联电容器调压一般用在供电电压 10～35 kV、负荷波动大而频繁、功率因数又较低的配电线路上。补偿所需的容抗值 X_C 和被补偿线路原来的感抗值 X_L 之比称为补偿度，即

$$k_C = X_C/X_L$$

在配电网中以调压为目的的串联电容器补偿，其补偿度常接近于 1 或大于 1，一般多为 1～4。

超高压输电线路中的串联电容器补偿，其作用主要在于提高输送容量和提高系统运行的稳定性。

三、电力系统调压方法分析与综合

实际电力系统的调压问题，很少是用单一措施就得以解决的。一般而论，对上述各种调压措施的合理选用可概括如下：利用发电机调压不附加设备也就不需附加投资，是首先应考虑的调压措施。当发电机母线没有负荷时，一般可在 95%～105% 的范围内调压；当发电机母线有负荷时，一般采用逆调压。合理使用发电机调压后，在大多数情况下都可以减轻其他调压措施的负担。

当电力系统中的无功功率供应比较充裕时，利用改变变压器的变比或分接头调压可以取得好的效果。普通变压器只能在退出运行后才能改变分接头，在不要求逆调压时，适当调整分接头可满足调压要求；在要求逆调压时，必须采用有载调压变压器或串联加压器，而串联加压器需附加设备。采用各种类型的有载调压变压器后，几乎可以满足系统中各负荷点对电压质量的要求。有载调压变压器的特殊功能还体现在系统间联络线以及中低压配电网络中的应用方面。在联络线上装设串联加压器后，可使两个系统的电压调整互不影响，即分散调压；中低压配电网络的线路电阻较大，往往不得不采用有载调压变压器。电力系统无功功率充裕时，使用有载调压变压器确为有效且灵活的调压措施。

当电力系统中的无功功率供应不足时，应设置无功功率补偿设备进行调压。并联补

偿设备包括电容器、调相机或静止补偿器等。采用这些并联补偿设备后,还可以减少网络中无功功率的流通,降低网络中有功功率和电能的损耗。

作为调压措施之一的串联补偿电容器,其调压效果显著,特别适用于电压波动频繁、负荷功率因数低的场合,但由于设计、运行等方面的原因,目前很少应用。

在电力系统中具体采取何种调压措施,需要进行技术经济比较。不同的调压措施各有其优缺点,如果将各种调压措施组合起来取长补短,就会取得更好的调压效果,这可称为组合调压。

习 题

6-1 电力系统中无功负荷和无功损耗主要是指什么?

6-2 电力系统的电压变动对用户有什么影响?

6-3 电力系统中无功功率与节点电压有什么关系?

6-4 电力系统中无功功率电源有哪些?其工作原理分别是什么?

6-5 电力系统中无功功率的含义是什么?在什么情况下才有意义?

6-6 什么叫电压中枢点?

6-7 电力系统中电压中枢点一般选在何处?电压中枢点的调压方式有哪几种?哪一种方式较容易实现?哪一种方式最不容易实现?为什么?

6-8 电力系统电压调整的基本原理是什么?当电力系统无功功率不足时,是否可以通过改变变压器的变比调压?为什么?

6-9 有载调压变压器与普通变压器有什么区别?在什么情况下宜采用有载调压变压器?

6-10 什么是静止补偿器?其原理是什么?有何特点?常见的有哪几种类型?

6-11 并联电容器补偿和串联电容器补偿各有什么特点?

6-12 电力系统常见的调压措施有哪些?其适用情况如何?

6-13 某降压变电所通过额定电压为 110 kV,长 100 km 的双回线路供电。线路首端电压在最大负荷时为 116 kV;在最小负荷时为 113 kV。线路采用 LGJ-95 导线,水平排列,线间距离为 4 m。变电所装有两台容量各为 20 MVA 的双绕组变压器(型号:SF_9-20000/110),变电所低压侧 10 kV 母线,最大负荷为 30 MVA,$\cos\varphi=0.8$;最小负荷时切除一台变压器,最小负荷为 10 MVA,$\cos\varphi=0.8$。

(1)变电所低压母线要求顺调压时,试选择普通变压器的分接头电压;

(2)变电所低压母线要求逆调压时,试选择有载调压变压器在最大、最小负荷运行方式下的分接头电压。

6-14 某降压变电所变压器电压为 $110\pm2\times2.5/11$ kV,最大负荷时,变压器低压侧归算到高压侧的电压为 108 kV;在最小负荷时,归算到高压侧的电压为 112 kV。

(1)变电所低压母线要求顺调压时,试选择普通变压器的分接头电压;

(2)变电所低压侧母线要求逆调压时,试选择有载调压变压器在最大、最小负荷运行方式下的分接头电压。

6-15　水电厂通过 SFL－40000/110 型升压变压器与系统连接，变压器归算到高压侧的阻抗为 $2.1+j38.5(\Omega)$，额定电压为 $121\pm2\times2.5\%/10.5$ kV。在系统最大、最小负荷时，变压器高压侧母线电压分别为 112.09 kV 和 115.92 kV；低压侧要求电压在系统最大负荷时不低于 10 kV，在系统最小负荷时不高于 11 kV。当水电厂在最大、最小负荷时输出功率为 $28+j21$(MVA)时，试选择变压器分接头。

6-16　三绕组变压器分接头电压的选择原则是什么？

第七章　电力网电能损耗计算

内容提要

由网损的概念开始，简单介绍了电力系统电能损耗的实用计算方法——均方根电流法和最大功率损耗时间法。若已知负荷曲线或已知实测负荷记录，可以用均方根电流法计算线路的电能损耗；电力系统在规划及设计阶段通常没有负荷曲线也没有实测负荷记录，此时可以根据负荷的性质，求出最大功率损耗时间，再用最大功率损耗时间法计算电力网的电能损耗。在分析计算网损的基础上提出了电力系统降低电能损耗的主要技术措施，提高电力网负荷的功率因数、适当提高电力网的运行电压、合理组织变压器的运行方式以及对旧电网进行改造都可以达到降低电力网电能损耗的目的。

第一节　概　述

电力网运行时，电流或功率通过电力网的元件，就会产生功率损耗和电能损耗。由于负荷时刻都在变化，系统的运行方式也在变化，因而按照某一个电流（功率）值计算的功率损耗是针对该运行状态而言的瞬时值。功率损耗值不能说明电力网运行的经济性，而必须以一定时间段内网络损耗的电量来衡量。在一定时间段内网络元件上损耗的电量，称为电能损耗。

在电力网的电阻和电导中产生有功功率损耗，在电力网的电抗中产生无功功率损耗。在电力网元件阻抗上产生的功率损耗和电能损耗大小随负荷的变化而变化，称为变动损耗；在电力网元件导纳上产生的功率损耗和电能损耗大小与负荷无关，只与运行电压有关，称为固定损耗。

在给定的时间（日、月、季或年）内，系统中所有发电厂的总发电量与厂用电量之差，称为供电量；所有送电、变电和配电环节所损耗的电量，称为电力网的损耗电量（或损耗能量）。在同一时间内，电力网损耗电量占供电量的百分比，称为电力网的损耗率，简称网损率或线损率，即

$$\text{网损率}(\%)=\frac{\text{电力网损耗电量}}{\text{供电量}}\times 100\%$$

网损率是衡量电力系统运行经济性的一项重要指标，也是衡量供电部门管理水平的一项主要指标，应尽力采取措施降低它，以提高电力系统运行的经济性。

第二节　电力网电能损耗的实用计算方法

当流经线路的负荷电流或功率在一段时间 t 内不变时，线路电阻中的电能损耗可用下式计算

$$\Delta A = \Delta Pt = 3I^2Rt \times 10^{-3} = \left(\frac{S}{U}\right)^2 Rt \times 10^{-3} \quad (\text{kWh}) \tag{7-1}$$

式中 R——线路一相的电阻，Ω；

ΔP——线路电阻产生的有功功率损耗，kW；

I——线路电阻中流过的电流，A；

S——线路电阻中通过的视在功率，kVA；

U——线路的实际电压，可用 U_N 代替，kV；

t——计算电能的时间，h。

在一般情况下，线路中的电流或功率是随时间变化的。因此，电能损耗应用下式计算

$$\Delta A = \int_0^t \Delta P \mathrm{d}t = 3R \times 10^{-3} \int_0^t I^2 \mathrm{d}t = R \times 10^{-3} \int_0^t \left(\frac{S}{U}\right)^2 \mathrm{d}t \quad (\text{kWh}) \tag{7-2}$$

由于负荷随时间的变化规律一般不容易用简单的函数式表示，因而也不可能用式(7-2)来准确计算线路中的电能损耗。但是，根据其表示的意义，可以采用一些近似的方法计算。一般采用的近似方法有均方根电流法和最大功率损耗时间法。

一、均方根电流法

若已知线路的负荷曲线或已知实测负荷记录，就可以用均方根电流法计算线路的电能损耗。

设已知年持续负荷曲线 $P = f(t)$，如图 7-1 所示。先求出对应的负荷平方曲线 $P^2 = f^2(t)$，用网格法近似地求出负荷平方曲线下从 0 到时间 t 的面积，然后乘以适当的比例系数，即可得出线路电阻中的电能损耗。用公式表示为

$$\Delta A = \int_0^t \left(\frac{S}{U}\right)^2 R \mathrm{d}t \times 10^{-3} = \frac{R \times 10^{-3}}{U^2 \cos^2 \varphi} \int_0^t P^2 \mathrm{d}t \tag{7-3}$$

式中 $\int_0^t P^2 \mathrm{d}t$——负荷平方曲线下 t 时间内的面积。

若 S 以 kVA 为单位，P 以 kW 为单位，R 以 Ω 为单位，U 以 kV 为单位，则 ΔA 的单位为 kWh。若 $t = 8\,760$ h，则 ΔA 为一年中线路电阻中的电能损耗(kWh)。

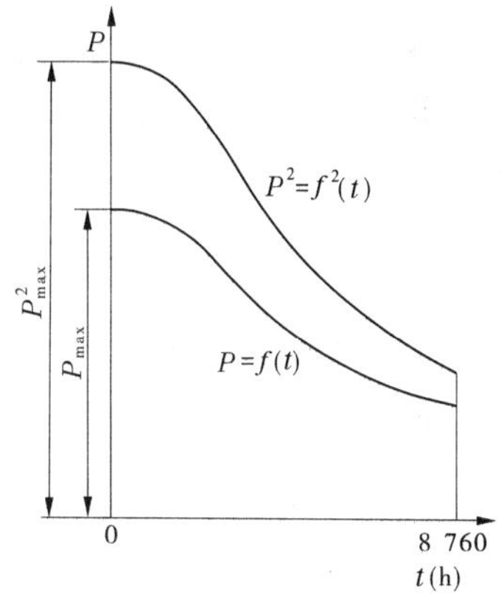

图 7-1 已知负荷曲线计算电网能耗

在一般近似计算中，常把负荷曲线画成阶梯形，则可以用解析法计算线路在 t 时间内的电能损耗，计算式为

$$\Delta A = \frac{R \times 10^{-3}}{U^2 \cos^2 \varphi} \sum_{k=1}^{n} P_k^2 \Delta t_k \quad (\text{kWh}) \tag{7-4}$$

【例 7-1】 有一条额定电压为 10 kV，长度为 10 km 的三相架空电力线路，采用 LJ－50 导线，已知此线路所供给的用户年持续负荷曲线如图 7-2 所示，有关数据示于图中。试求一年内线路中的电能损耗。

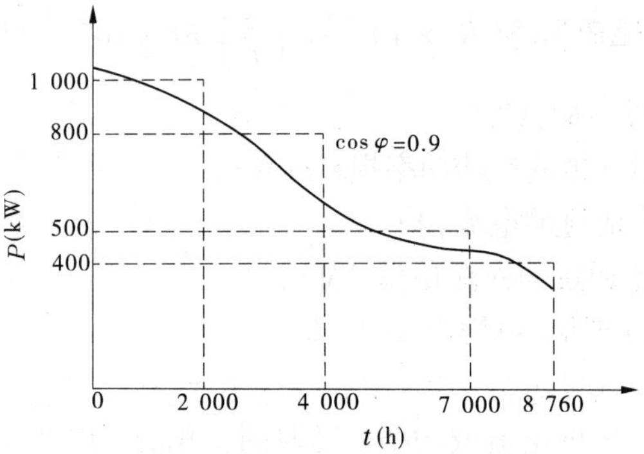

图 7-2　例 7-1 的负荷曲线

解：已知线路单位长度电阻为 $r_1 = 0.64\ \Omega/\text{km}$，则线路总电阻

$$R = r_1 L = 0.64 \times 10 = 6.4(\Omega)$$

将负荷曲线画成阶梯形，如图 7-2 中虚线所示，则线路在一年中的电能损耗

$$\begin{aligned}\Delta A &= \frac{R \times 10^{-3}}{U^2 \cos^2\varphi}\sum_{k=1}^{n} P_k^2 \Delta t_k \\ &= \frac{6.4 \times 10^{-3}}{10^2 \times 0.9^2} \times [1\,000^2 \times 2\,000 + 800^2 \times (4\,000 - 2\,000) + \\ &\quad 500^2 \times (7\,000 - 4\,000) + 400^2 \times (8\,760 - 7\,000)] \\ &= 7.90 \times 4.31 \times 10^4 = 340\,000(\text{kWh})\end{aligned}$$

上述线路运行时，每年损耗电能 340 000 kWh。

用年持续负荷平方曲线下的面积计算电能损耗时，需要绘出年持续负荷平方曲线，这是比较复杂的，尤其对于有分支的电力网，工作量很大。

均方根电流法则是根据上述电路而导出的一种实用计算方法。

对于已知负荷曲线（或实测负荷记录）的电力网，若负荷以电流表示，并且使每一时间间隔都相等，则式(7-4)可改写为

$$\Delta A = 3R \times 10^{-3} \sum_{k=1}^{n} I_k^2 \Delta t = 3R \times 10^{-3}(I_1^2 + I_2^2 + \cdots + I_n^2)\Delta t \tag{7-5}$$

若取 $\Delta t = 1$ h，则一天内的电能损耗为

$$\Delta A = \frac{I_1^2 + I_2^2 + \cdots + I_{24}^2}{24} \times 3R \times 24 \times 10^{-3} = I_{jf}^2 \times 3R \times 24 \times 10^{-3} \quad (\text{kWh}) \tag{7-6}$$

式中　I_{jf}——均方根电流，A。

线路 24 h 的 I_{jf} 计算式为

$$I_{jf} = \sqrt{\frac{I_1^2 + I_2^2 + \cdots + I_{24}^2}{24}} \tag{7-7}$$

在电力网实际运行时，可以根据实测负荷记录或负荷曲线获取代表日电流，按式(7-7)计算代表日均方根电流，然后按式(7-6)计算代表日电力网的电能损耗。也可根据代表日的数据适当加以修正，以确定电力网的月电能损耗及全年的电能损耗。

二、最大功率损耗时间法

在某些情况下(比如在电力网规划及设计阶段),通常不知道变电所或用户的负荷曲线或实测记录,就不能用均方根电流法来计算电力网电能损耗。此时可以根据负荷的性质,用最大功率损耗时间法计算。

(一)最大功率损耗时间 τ 的含义

由前述可知,电能损耗的计算为

$$\Delta A = \frac{R \times 10^{-3}}{U^2 \cos^2 \varphi}\int_0^t P^2 \mathrm{d}t = \frac{R \times 10^{-3}}{U^2}\int_0^t S^2 \mathrm{d}t$$

如果线路连续以最大功率运行,经过 τ 时间后,线路电阻损耗的电能恰好等于线路按实际负荷曲线运行 t 时间内所损耗的电能,使 $t = 8\ 760$ h,则 τ 称为年最大功率损耗时间。

$$\tau = \frac{\Delta A}{\dfrac{R \times 10^{-3}}{U^2}S_{\max}^2} = \frac{\displaystyle\int_0^{8\ 760} S^2 \mathrm{d}t}{S_{\max}^2} \quad (\mathrm{h}) \tag{7-8}$$

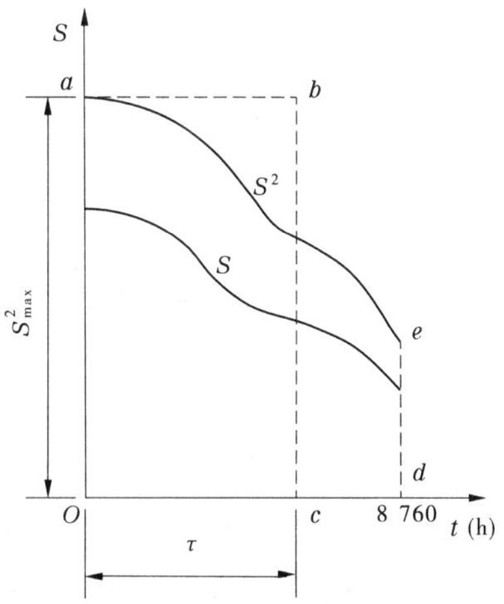

图 7-3 最大功率损耗时间的意义

式(7-8)的意义可用图 7-3 表示,即视在功率 S^2 曲线包含的面积 $aedO$,乘以一定的比例可求得电能损耗。$t = 8\ 760$ h,表示 ΔA 为线路运行一年的电能损耗。如果用一个矩形面积 $abcO$ 来代替面积 $aedO$,并令矩形的高等于最大视在功率的平方,则矩形的底边就是最大功率损耗时间 τ。

若已知最大功率损耗时间,则电能损耗计算式可改写为

$$\Delta A = \frac{R \times 10^{-3}}{U^2}\int_0^{8\ 760} S^2 \mathrm{d}t = \frac{R \times 10^{-3}}{U^2} S_{\max}^2 \tau = \Delta P_{\max}\tau \quad (\mathrm{kWh}) \tag{7-9}$$

对于同一用户,根据负荷有功功率曲线,可以得出年最大负荷利用小时数 $T_{\max}$;根据负荷视在功率平方曲线,可以得出最大功率损耗时间 τ。显然,$T_{\max}$ 与 τ 的关系是由负荷曲线的形状和功率因数所决定的。对于某一功率因数及有相同的最大负荷利用小时数 $T_{\max}$ 的负荷,计算得出的 τ 值大致相等。

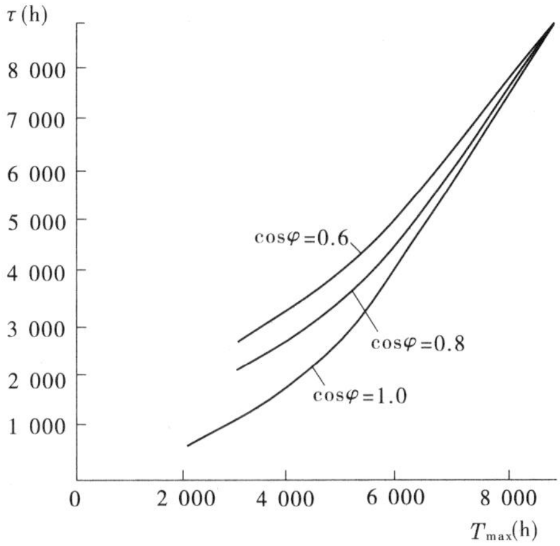

图 7-4 $T_{\max}$—τ 的关系曲线

$T_{\max}$、$\cos\varphi$ 及 τ 的数值关系,用图 7-4 所示的曲线表示,或从表 7-1 所给的数值中查出。因此,在不知道负荷曲线时,根据用户的性质,由表 7-1 中查出 $T_{\max}$,再根据 $T_{\max}$ 及功率因数,查出 τ 值,即可计算出线路全年的电能损耗。

表 7-1　年最大负荷利用小时数 T_{max} 与最大功率损耗时间 τ 的关系

T_{max} (h)	cosφ				
	0.80	0.85	0.90	0.95	1.00
	τ(h)				
2 000	1 500	1 200	1 000	800	700
2 500	1 700	1 500	1 250	1 100	950
3 000	2 000	1 800	1 600	1 400	1 250
3 500	2 350	2 150	2 000	1 800	1 600
4 000	2 750	2 600	2 400	2 200	2 000
4 500	3 200	3 000	2 900	2 700	2 500
5 000	3 600	3 500	3 400	3 200	3 000
5 500	4 100	4 000	3 950	3 750	3 600
6 000	4 650	4 600	4 300	4 350	4 200
6 500	5 250	5 200	5 100	5 000	4 850
7 000	5 950	5 900	5 800	5 700	5 600
7 500	6 650	6 600	6 550	6 500	6 400
8 000	7 400	7 350	7 350	7 300	7 250

【例 7-2】　对于例 7-1 所述的电力线路，负荷曲线未知，已知线路一年中输送的电能为6 000 MWh，已知最大负荷 $P_{max}=1\ 000$ kW，平均功率因数 $\cos\varphi=0.9$。试求一年中线路的电能损耗。

解：已知线路的最大负荷 $P_{max}=1\ 000$ kW，最大负荷利用小时数

$$T_{max}=\frac{A}{P_{max}}=\frac{6\ 000\ 000}{1\ 000}=6\ 000(\mathrm{h})$$

因 $\cos\varphi=0.9$，查表 7-1 得，最大功率损耗时间 $\tau=4\ 300$ h。

所以，线路全年的电能损耗

$$\Delta A=\frac{R\times 10^{-3}}{U^2\cos^2\varphi}P_{max}^2\tau=\frac{6.4\times 10^{-3}}{10^2\times 0.9^2}\times 1\ 000^2\times 4\ 300=339\ 753(\mathrm{kWh})$$

（二）线路上有几个集中负荷时电能损耗的计算

如线路上有几个集中负荷，如图 7-5 所示，则总的电能损耗等于各线路段电能损耗之和，用数学式表示为

$$\Delta A=\left(\frac{S_3}{U_d}\right)^2R_3\tau_3+\left(\frac{S_2}{U_c}\right)^2R_2\tau_2+\left(\frac{S_1}{U_b}\right)^2R_1\tau_1 \tag{7-10}$$

式中　R_1、R_2、R_3——线段 1、2、3 的电阻；

τ_1、τ_2、τ_3——线段 1、2、3 的最大功率损耗时间，可查表 7-1 求得。

为了求出各线段的 τ 值，需先按以下各式求出各线段的 $\cos\varphi$ 和 T_{max} 值。

$$\cos\varphi_1=\frac{S_b\cos\varphi_b+S_c\cos\varphi_c+S_d\cos\varphi_d}{S_b+S_c+S_d}$$

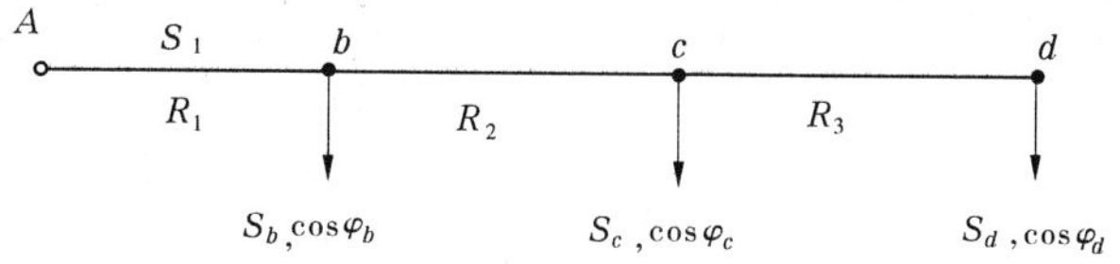

图 7-5　接三个集中负荷的线路

$$\cos\varphi_2 = \frac{S_c\cos\varphi_c + S_d\cos\varphi_d}{S_c + S_d}$$

$$\cos\varphi_3 = \cos\varphi_d$$

$$T_{\max\cdot 1} = \frac{P_bT_{\max\cdot b} + P_cT_{\max\cdot c} + P_dT_{\max\cdot d}}{P_b + P_c + P_d}$$

$$T_{\max\cdot 2} = \frac{P_cT_{\max\cdot c} + P_dT_{\max\cdot d}}{P_c + P_d}$$

$$T_{\max\cdot 3} = T_{\max\cdot d}$$

式中　P_b、P_c、P_d——b、c、d 点的有功负荷；

$T_{\max\cdot b}$、$T_{\max\cdot c}$、$T_{\max\cdot d}$——b、c、d 点的年最大负荷利用小时数。

（三）负荷沿线路均匀分布时电能损耗的计算

在计算配电电力网的电能损耗时，往往遇到许多大小相差不多、沿线均匀分布的负荷。例如沿着街道敷设的线路，每隔一定距离接上一个用户的负荷；街道路灯线路以及沿线有相同负荷密度的农村配电电力网等。带有均匀分布负荷的线路，可以按等效集中负荷计算电能损耗。

均匀分布负荷线路如图 7-6 所示，线路总长为 L，单位长度电阻为 r_1，线路所带的总负荷为 P，则线路单位长度的负荷为$\frac{P}{L}$，距线路末端 x 段的功率为$\frac{P}{L}x$，则在线路 dx 段中的有功功率损耗为

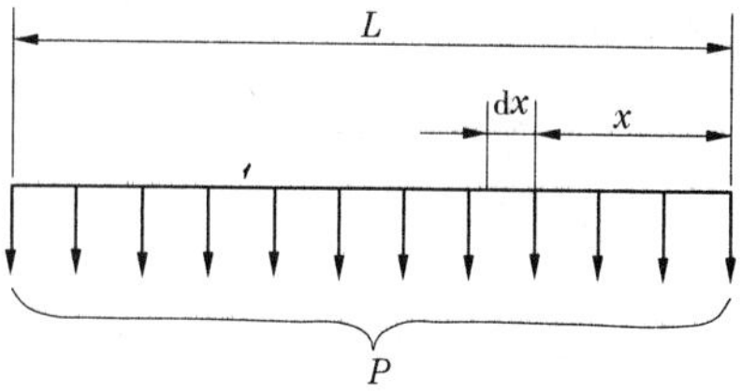

图 7-6　匀布负荷的线路

$$d(\Delta P) = \frac{1}{U_N^2\cos^2\varphi}\left(\frac{P}{L}x\right)^2 r_1\mathrm{d}x \times 10^{-3} \quad (\mathrm{kW/km})$$

长度为 L 的线路中总功率损耗为

$$\Delta P = \int_0^L d(\Delta P) = \frac{r_1 \times 10^{-3}}{U_N^2\cos^2\varphi}\int_0^L\left(\frac{P}{L}x\right)^2\mathrm{d}x = \frac{1}{3}\frac{R \times 10^{-3}}{U_N^2\cos^2\varphi}P^2 \quad (\mathrm{kW})$$

在 τ 小时内，线路中的电能损耗为

$$\Delta A = \Delta P_{\max}\tau = \frac{1}{3}\frac{R \times 10^{-3}}{U_N^2\cos^2\varphi}P_{\max}^2\tau \quad (\mathrm{kWh}) \qquad (7\text{-}11)$$

从式(7-11)得知，均匀分布负荷线路所产生的电能损耗，为总负荷相等而集中在同一线路末端时所产生的电能损耗的 1/3。

（四）变压器中电能损耗的计算

变压器中的电能损耗包括产生于铁芯上的损耗（又称为固定损耗）和产生于线圈上的损耗（又称为变动损耗）两个部分。铁芯上的损耗基本不随负荷的变化而变化，可以用

空载损耗 ΔP_0 乘以变压器接入电力网的运行时间 t 来近似计算,若计算运行一年的电能损耗,则 $t=8\ 760$ h。

线圈上的损耗可以利用最大功率损耗时间计算,计算公式为

$$\Delta A_{Cu} = \Delta P_{max}\tau = 3I_{max}^2 R_T \tau \times 10^{-3} \quad (\text{kWh}) \tag{7-12}$$

式中 ΔP_{max}——变压器在最大功率时线圈上产生的有功功率损耗,kW;

τ——最大功率损耗时间,h。

将 $R_T = \dfrac{\Delta P_k U_N^2}{S_N^2} \times 10^{-3}$ 及 $I_{max} = \dfrac{S_{max}}{\sqrt{3}U_N}$ 代入式(7-12),得

$$\Delta A_{Cu} = \Delta P_k \left(\frac{S_{max}}{S_N}\right)^2 \tau \quad (\text{kWh})$$

一台变压器运行一年的总损耗为

$$\Delta A = \Delta P_k \left(\frac{S_{max}}{S_N}\right)^2 \tau + \Delta P_0 \times 8\ 760 \quad (\text{kWh}) \tag{7-13}$$

如果电力网中接有 n 台同容量的变压器并联运行,则在一年中的电能损耗计算式为

$$\Delta A = \frac{\Delta P_k}{n}\left(\frac{S_{max}}{S_N}\right)^2 \tau + n\Delta P_0 \times 8\ 760 \quad (\text{kWh}) \tag{7-14}$$

式中 S_{max}——电力网在运行时的最大视在功率;

S_N——单台变压器的容量。

第三节 降低电力网电能损耗的措施

为了降低电力网的电能损耗,首先要做好供电的技术管理、计量管理和用电管理等工作,不断提高电力网的运行水平。同时,还必须采取以下技术措施。

一、提高电力网负荷的功率因数

从电力网电能损耗计算式(7-3)可以看到,提高电力网负荷的功率因数,可降低电能损耗。提高负荷功率因数的目的,在于减小通过电力网的无功功率。

要提高电力网负荷的功率因数,首先应提高负荷的自然功率因数,其次是增设无功功率补偿装置。

(一)提高负荷的自然功率因数

负荷的自然功率因数是指未设置任何无功补偿设备时负荷自身的功率因数。提高负荷的自然功率因数主要通过合理选择异步电动机、变压器等的容量来实现。

从电机学中知道,异步电动机所需要的无功功率 Q 与有功功率 P 之间有下列关系,即

$$Q = Q_0 + (Q_N - Q_0)\left(\frac{P}{P_N}\right)^2 \tag{7-15}$$

式中 Q_0——电动机在空载时所需的无功功率;

Q_N——电动机在额定负荷时所需的无功功率;

P_N——电动机在额定负荷时所需的有功功率。

从式(7-15)可知,异步电动机所需的无功功率由两部分组成。一部分是用来建立磁场所需的空载无功功率,占60% ~70%,它与电动机所带负荷大小无关;另一部分是绕组漏抗中消耗的无功功率,它与电动机负荷系数的平方成正比。所以,电动机的负荷系数越小,即所带负荷越小,电动机用户的功率因数越低。因此,在选择异步电动机时应尽量做到使异步电动机的容量与所拖动的机械功率相配套,避免出现“大马拉小车”的现象。另外,应尽量限制异步电动机的空载运行时间,避免大量消耗无功功率。在有条件的企业中,可用同步电动机来代替异步电动机运行,因为同步电动机不需要电网供给无功功率,在过励情况下,它反而能向电网送出无功功率,这就能显著提高用户的功率因数。

另外,合理选择变压器及感应电炉和电焊机设备的容量,使之与实际负荷相配套,避免过多消耗无功功率。限制变压器空载运行时间和防止变压器轻载运行是提高功率因数的重要措施。

(二)增设无功功率补偿装置

在用户处或靠近用户的变电所中装设无功功率补偿设备,就地平衡无功功率,减少无功功率在电力网中的输送。这也是提高功率因数、降低电能损耗的重要措施。

从调压、降低电能损耗,提高电力系统运行稳定性综合考虑,需要较大的无功功率补偿容量时,常采用同步调相机;需要较小补偿容量时,常在用户处加装并联电容器;对于有较大冲击负荷的地区,宜在变电所中加装静止补偿器。

二、提高电力网运行的电压水平

从电力网电能损耗计算式(7-3)可知,提高电力网运行的电压水平,也是降低电力网功率损耗和电能损耗的措施之一。电力网运行时,线路和变压器等电气设备的绝缘所允许的最高工作电压,一般不超过额定电压的10%。电力网运行时,在允许范围内,应尽量提高运行电压水平。例如,35 kV 电压的线路,可以在38.5 kV 下运行;110 kV 电压的线路,可以在121 kV 电压下运行,等等。

根据计算,线路运行电压值提高1%,电能损耗可以降低1% ~2%,效果显著。

对于变压器,当提高变压器运行电压水平,降低功率损耗和电能损耗时,最好相应地改变变压器的分接头,因为当加在变压器上的电压高于变压器分接头的额定电压时,虽然减少了变压器绕组中的铜损,但是电压的增加使得变压器磁通密度增加,相应地增加了铁损。这就降低了节约的效果。

三、使闭式网的功率实现经济功率分布

如图7-7所示的闭式电力网,根据潮流计算分析,网络的功率分布为

$$\tilde{S}_1 = \frac{\tilde{S}_c \overset{*}{Z}_3 + \tilde{S}_b(\overset{*}{Z}_3 + \overset{*}{Z}_2)}{\overset{*}{Z}_1 + \overset{*}{Z}_2 + \overset{*}{Z}_3}$$

$$\tilde{S}_3 = \frac{\tilde{S}_b \overset{*}{Z}_1 + \tilde{S}_c(\overset{*}{Z}_1 + \overset{*}{Z}_2)}{\overset{*}{Z}_1 + \overset{*}{Z}_2 + \overset{*}{Z}_3}$$

式中　$\overset{*}{Z}_1$、$\overset{*}{Z}_2$、$\overset{*}{Z}_3$——各段线路阻抗 Z_1、Z_2、Z_3 的共轭值。

由线路阻抗所决定的功率分布，称为自然功率分布。

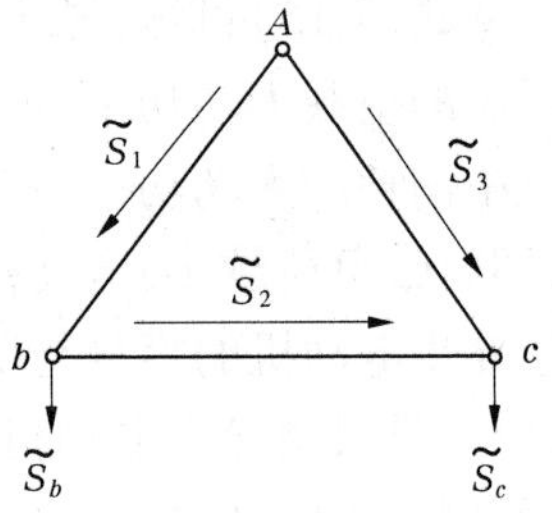

图 7-7　闭式电力网的功率分布

通常自然功率分布不能满足功率损耗或电能损耗最小的原则。下面讨论闭式电力网满足功率损耗或电能损耗最小的条件。

如图 7-7 所示的电力网，运行时全网有功功率损耗为

$$\Delta P = \frac{S_1^2}{U^2}R_1 + \frac{S_2^2}{U^2}R_2 + \frac{S_3^2}{U^2}R_3$$

$$= \frac{P_1^2 + Q_1^2}{U^2}R_1 + \frac{P_2^2 + Q_2^2}{U^2}R_2 + \frac{P_3^2 + Q_3^2}{U^2}R_3 \qquad (7\text{-}16)$$

将各节点的功率平衡关系式 $P_2 = P_1 - p_b$，$P_3 = P_1 - p_b - p_c$，$Q_2 = Q_1 - q_b$，$Q_3 = Q_1 - q_b - q_c$ 代入式(7-16)，得

$$\Delta P = \frac{P_1^2 + Q_1^2}{U^2}R_1 + \frac{(P_1 - p_b)^2 + (Q_1 - q_b)^2}{U^2}R_2 + \frac{(P_1 - p_b - p_c)^2 + (Q_1 - q_b - q_c)^2}{U^2}R_3$$

使 ΔP 最小的条件为

$$\left.\begin{aligned} \frac{\partial \Delta P}{\partial P_1} &= \frac{\partial P_1}{U^2}R_1 + \frac{2(P_1 - p_b)}{U^2}R_2 + \frac{2(P_1 - p_b - p_c)}{U^2}R_3 = 0 \\ \frac{\partial \Delta P}{\partial Q_1} &= \frac{\partial Q_1}{U^2}R_1 + \frac{2(Q_1 - q_b)}{U^2}R_2 + \frac{2(Q_1 - q_b - q_c)}{U^2}R_3 = 0 \end{aligned}\right\} \qquad (7\text{-}17)$$

解方程(7-17)，可得

$$P_1 = \frac{p_b(R_2 + R_3) + p_c R_3}{R_1 + R_2 + R_3} \qquad (7\text{-}18)$$

$$Q_1 = \frac{q_b(R_2 + R_3) + q_c R_3}{R_1 + R_2 + R_3} \qquad (7\text{-}19)$$

由上得出结论：当闭式电力网内的功率按各段电阻分布时，电力网内的有功功率损耗 ΔP 为最小。这样的功率分布称为经济功率分布。

很容易证明，对于均一电力网，网络内的自然功率分布就等于经济功率分布。对于一般的非均一电力网，可以采取以下措施，改变自然功率分布为经济功率分布。

(一)在闭式电力网中装设纵横调压变压器

利用纵横调压变压器在电力网中产生一附加电势，适当调节附加电势的大小和相位，可以将闭式电力网的自然功率分布改变为经济功率分布，从而使电力网功率损耗与电能损耗最小。但此方法投资高，一般用于极不均一而输送功率又很大的电力网。

(二)闭式电力网内装设串联电容器

调整电力网的电抗，从而改变功率分布，达到经济运行的目的。这种方法既经济又有效。

四、变压器经济运行

变压器的经济运行主要是指合理选择变压器容量、将变压器安排在负荷中心、根据变电所负荷的变化情况合理选择变压器的台数等。

合理确定变压器并列运行台数,可以使功率损耗减小。

设负荷功率为 S,变压器的额定容量为 S_N,选择 1 台变压器运行时,有功功率损耗为

$$\Delta P = \Delta P_k\left(\frac{S}{S_N}\right)^2 + \Delta P_0$$

选择 2 台变压器并列运行时(容量 S_N、负荷功率 S 不变),有功功率损耗为

$$\Delta P' = \frac{1}{2}\Delta P_k\frac{S}{S_N}^2 + 2\Delta P_0$$

当 $\Delta P = \Delta P'$时,$S = S_{LJ}$,称为临界功率。

$$S_{LJ} = S_N\sqrt{\frac{2\Delta P_0}{\Delta P_k}} \tag{7-20}$$

当 $S < S_{LJ}$时,1 台变压器运行损耗较小;

当 $S > S_{LJ}$时,2 台变压器并列运行损耗较小。

需要指出:在轻负荷时,若采用 1 台变压器运行,则供电的可靠性将降低。因此,对于变压器经济运行的台数问题,还需要考虑装设变压器自动投入装置等的费用。

五、对旧电网进行技术改造

随着工业生产用电的不断增长,城市生活电气化程度提高,配电网络的负荷越来越重,负荷密度也越来越大,从而造成电能损耗很大,且难以保证电压质量。若适时对旧电网进行升压改造,可大大降低网损,增大供电容量,提高电压质量。因为当线路的导线截面一定、负荷功率不变时,线路上的功率损耗与电压平方成反比,电压提高到原来的 3 倍,功率损耗便降低为原来的1/9,电压损耗降为原来的 1/3。而为改造电网所支付的投资,由于年电能损耗费的减少,几年内就可以收回。

电网的升压改造,一般将 3 ~6 kV 电网升压改造为 10 kV,将 35 kV 电网改造为 110 kV 电网等。

在改造旧电网时,将 110 kV 或 220 kV 的高电压直接引入负荷中心,简化网络结构,减少变电层次,不仅能大量地降低网损,而且是扩大供电能力、提高供电可靠性和改善电能质量的有效措施。

对于某些负荷特别重,最大负荷利用小时数又较高的线路,可按经济电流密度校验其导线截面面积。如果导线截面面积过小,应考虑予以更换,以降低电能损耗。

习　题

7-1　何谓电力网的固定损耗?何谓电力网的变动损耗?它们分别产生在电力网元件的哪些参数上?

7-2　什么是网损率?计算网损率有何意义?

7-3　什么是均方根电流?用均方根电流法计算电力网的电能损耗适用于什么样的

情况？

7-4　什么是最大功率损耗时间τ？通常在什么情况下使用最大功率损耗时间法计算电力网电能损耗？

7-5　降低电力网电能损耗有哪些主要的技术措施？

7-6　什么是自然功率分布？什么是经济功率分布？

7-7　变压器的经济运行需做好哪几方面的工作？

第八章　电力系统稳定运行

内容提要

本章介绍的主要内容有：电力系统运行的稳定性概念；同步发电机的功角特性；简单电力系统的静态稳定性、暂态稳定性分析；提高电力系统静态稳定、暂态稳定性的措施等。

第一节　概　述

电力系统正常稳定运行时，所有的发电机都是保持同步运行的。同步运行是电力系统正常稳定运行的重要标志。但是，电力系统在运行中不可避免地会受到不同程度的扰动，如负荷的微小变化、短路故障的巨大冲击等。这些扰动都有可能影响系统的稳定运行。所谓电力系统运行稳定性，是指电力系统受到不同程度的扰动后，凭借系统本身固有的能力和控制设备的作用，恢复到原始的稳定运行状态或达到新的稳定运行状态的能力。

现代电力系统的规模日趋扩大，逐渐形成了跨区域、甚至跨国的大规模电力系统。这种大规模的联合电力系统具有显著的优越性，但是随之而来的系统稳定问题也显得更加突出和严重。系统一旦失去稳定，造成频率崩溃或电压崩溃，使系统解列，将造成大面积停电事故，给人民的生活带来极大的不便，给国民经济带来巨大的损失。所以，研究电力系统稳定性的内在规律，正确运用提高电力系统稳定性的措施，这对现代电力系统的安全、可靠、经济运行有着十分重大的意义。

到目前为止，国际上还没有统一的有关电力系统稳定的分类标准。根据电力系统受扰动程度的大小，一般可将系统的稳定分为静态稳定和暂态稳定两大类。

我国现行的《电力系统安全稳定导则》对电力系统稳定作了如下规定：

(1)电力系统静态稳定是指电力系统受到小扰动后，不发生自发振荡和非周期性失步，自动恢复到原来稳定运行状态的能力。

(2)电力系统暂态稳定是指电力系统受到大扰动后，各同步发电机保持同步运行并过渡到新的或恢复到原来稳定运行方式的能力。

电力系统几乎无时不在受到小扰动，例如：负荷的微小变化；风吹架空线路引起线间距离的变化，从而引起线路电抗的微小变化；发电机受到微小的机械振动等。因此，电力系统运行的静态稳定性实质是讨论系统在某个运行状态能否保持的问题。大扰动一般指各种类型短路故障、投切大容量发电机或大型输变电设备及大容量负荷的突然变化等。大、小扰动只是相对而言的，一般没有明显的界限。

第二节　电力系统运行的静态稳定性

研究电力系统稳定性问题最有效的数学方法，就是利用同步发电机的功角特性方程。

同步发电机输出的电磁功率有它本身的变化规律，它与发电机所连接的电力网参数有关，特别是与并列运行的发电机间的功率角有关。这种关系被称为同步发电机的功角特性。

一、保持 E_q 恒定不变时的功角特性

图 8-1 为某一简单电力系统。同步发电机为隐极机，受电端为无限大容量系统，系统母线电压 U 的大小和相位可以认为是恒定不变的。在正常运行或系统受到小扰动时，若同步发电机的励磁电流不变，则同步发电机的空载电势 $\dot{E}_q$ 也保持恒定不变。

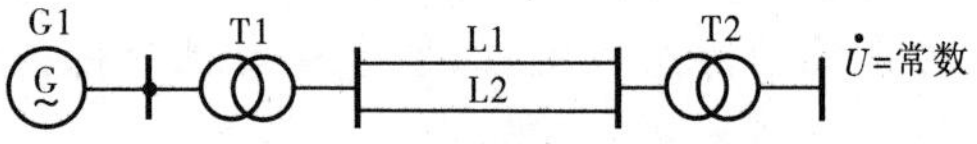

图 8-1　简单电力系统接线

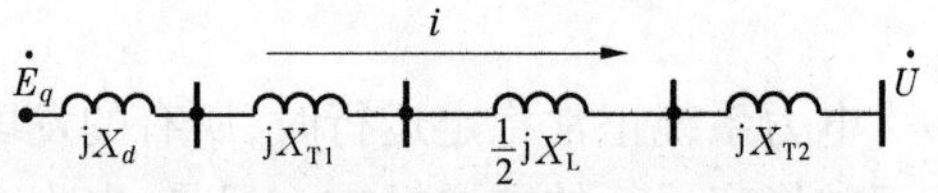

图 8-2　E_q 恒定不变时系统的等值电路

图 8-2 所示为简单电力系统的等值电路图。发电机的等值电路用空载电势 $\dot{E}_q$ 和直轴电抗 X_d 表示；X_{T1}、X_{T2}分别表示变压器 T1、变压器 T2 的等值电抗；X_L 表示一条线路的等值电抗。在稳定性分析中，通常忽略各元件的电阻和导纳，只计电抗，并用标幺制计算。

发电机到系统之间的总电抗为

$$X_{d\Sigma} = X_d + X_{T1} + \frac{1}{2}X_L + X_{T2}$$

根据潮流计算，发电机输出的有功功率为 P，两点之间电压降落的横分量为

$$\delta U = \frac{PX_{d\Sigma}}{U} = E_q \sin\delta$$

式中　δ——发电机空载电势 $\dot{E}_q$ 与受电端无限大容量系统母线电压 $\dot{U}$ 间的相位角，又称功率角或功角。

可得

$$P = \frac{E_q U}{X_{d\Sigma}}\sin\delta \tag{8-1}$$

式(8-1)为 $\dot{E}_q$ 恒定不变时发电机的功角特性方程。根据功角特性方程得到发电机的功角特性曲线，如图 8-3 所示。

由式(8-1)可知，发电机输出的有功功率与功率角 δ 呈正弦规律变化。当 $\delta = 90°$时，功率取得最大值，称为发电机的功率极限，用 P_{max} 表示。

$$P_{max} = \frac{E_q U}{X_{d\Sigma}} \tag{8-2}$$

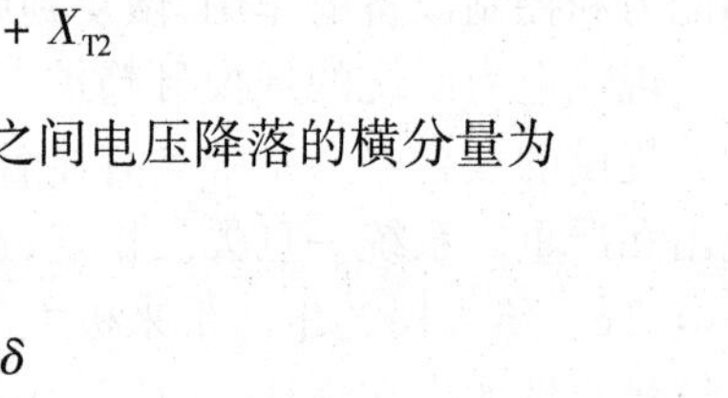

图 8-3　$\dot{E}_q$ 恒定不变时功角特性曲线

功率角 δ 在电力系统稳定性问题的分析中具有特别重要的意义。δ 不仅可表示电气量 $\dot{E}_q$ 与 $\dot{U}$ 之间的相位差，而且还可以表示发电机转子与系统等

值发电机转子间的空间位置角。δ 随时间的变化反映了发电机转子间的相对运动，而发电机转子间的相对运动规律，恰好是判断发电机是否同步运行的依据。

二、同步发电机并联运行的静态稳定性

电力系统运行的静态稳定性包括同步发电机并列运行的静态稳定性和负荷的静态稳定性两个方面。在此主要分析前者，下面以图 8-1 所示的简单电力系统为例分析系统的静态稳定性。

分析发电机的功角特性方程以及功角特性曲线，如图 8-4 所示。

假定系统在某正常运行状态下，原动机输入的有效机械功率为 P_T，发电机输出的电磁功率为 P_0，显然，$P_0 = P_T$。由图 8-4 可见，当原动机输入的有效机械功率 P_T 给定后，在功角特性曲线上只有 a、b 两个能保持功率平衡的运行点，两个运行点对应的功率角分别为 δ_a 和 δ_b。

发电机运行于 a 点时，系统受到小扰动后能自动恢复到原来的平衡状态，系统是静态稳定的。具体分析如下：

若系统出现某种瞬时性小扰动后使功角 δ_a 增加了一个微小增量 $\Delta\delta$，运行到 a' 点，则发电机输出的电磁功率为图 8-4 中 a' 点对应值，而原动机机械功率 P_T 仍保持不变，因此发电机输出的电磁功率大于原动机输入的机械功率，发电机转子转矩平衡遭破坏，发电机转子将减速，δ 将减小，运行点向原始的 a 点运动。同样，若系统出现某种瞬时性小扰动使功角 δ_a 减小了 $\Delta\delta$，则发电机运行于 a'' 点。这时发电机输出的电磁功率小于原动机输入的机械功率，转子将加速，δ 将增加，运行点又回到了原始的 a 点。

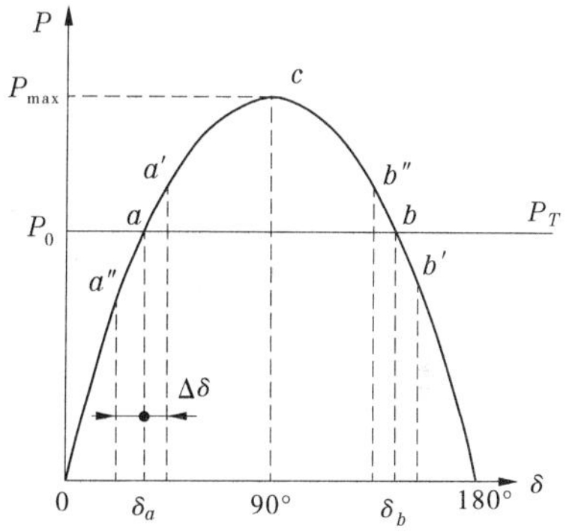

图 8-4　简单电力系统的功角特性曲线

发电机运行在 b 点时，当系统受到小扰动后，不是转移到 a 点，就是与系统失去同步。所以，b 点是不稳定的。具体分析如下：

若系统出现某种瞬时性小扰动，使功角 δ_b 增加了微小增量 $\Delta\delta$，发电机运行到 b' 点，则发电机输出的电磁功率小于原动机输入的机械功率，发电机转子加速，δ 将继续增大，与之对应的电磁功率将继续减小。这样下去，功角会不断增加，运行点再也不能回到 b 点。δ 的不断增大标志着发电机与无限大容量系统非周期性地失去同步，即系统失去了稳定性。若系统在 b 点运行时受到小扰动，使功角 δ_b 获得负的增量，运行到 b'' 点。b'' 点对应的电磁功率大于机械功率，因而转子减速，δ 将一直减小，最后稳定在 a 点。

实际上，系统在受到小扰动后，功角 δ 在回到稳定运行点的过程中是有阻尼振荡的。

进一步观察分析图 8-4 所示的功角特性曲线，分析 a、b 两个运行点的异同可知：

在功角特性曲线的上升部分（$0° \leqslant \delta < 90°$ 区间），任何一点对小扰动的响应都与 a 点相同，都是静态稳定的。

在功角特性曲线的下降部分（$90° < \delta \leqslant 180°$ 区间），任何一点对小扰动的响应都与 b

点相同,都是静态不稳定的。

简单电力系统静态稳定的实用判据如下:

当$\frac{dP}{d\delta}>0$时,系统是静态稳定的;

当$\frac{dP}{d\delta}<0$时,系统是静态不稳定的。

当$\delta=90°$时,对应有$\frac{dP}{d\delta}=0$,该点是系统静态稳定的临界点。它与功角特性曲线上发电机输出电磁功率的最大值对应。

在静态稳定临界状态下,发电机能够输出的最大电磁功率,又称为系统的静态稳定极限,用P_{S1}表示。

为了确保安全运行,电力系统不应该在接近静态稳定的临界点附近运行,而应保持有一定的静态稳定裕度。系统的静态稳定裕度通常用静态稳定储备系数K_P表示。

静态稳定储备系数定义为

$$K_P = \frac{P_{S1} - P_0}{P_0} \times 100\% \tag{8-3}$$

式中 P_{S1}——静态稳定极限功率;

P_0——运行点发电机输出的电磁功率。

我国现行的《电力系统安全稳定导则》规定:①正常运行方式和正常检修运行方式下,$K_P \geqslant 15\% \sim 20\%$;②事故后运行方式和特殊运行方式下,$K_P \geqslant 10\%$。$K_P$太大,不利于有效利用系统中的发电设备;$K_P$太小,系统的安全可靠性太低。

第三节 电力系统运行的暂态稳定性

当系统遭受大的扰动后,其各种运行参数(电流、电压和功角等)会发生急剧变化,但发电机组原动机的调速装置具有一定惯性,它必须经过一定时间才能改变原动机的机械频率,发电机转子会出现较大的过剩转矩或缺额转矩,发电机转子之间有相对运动,转速和功角将发生较大变化。所以,大扰动引起的电力系统运行的暂态过程是一个电磁暂态过程和发电机转子机械运动暂态过程交织在一起的复杂过程。由此可见,电力系统运行的暂态稳定性分析和静态稳定性分析是有很大区别的。

精确计算发电机机电暂态过程中的参数是非常复杂的,为了解决工程中的实际问题采用一些简化分析,实用计算中往往要忽略一些次要因素或对一些问题作近似考虑,使计算简化,但同时又必须保证计算结果在工程允许范围之内。

一、分析暂态稳定性问题基本前提讨论

(1)以不对称短路故障分析电力系统的暂态稳定性。从安全角度考虑,希望系统能够承受最严重的三相短路故障。但是,三相短路出现的概率很小,因此一般以不对称短路故障作为扰动方式来分析系统的暂态稳定性。根据我国电力系统长期运行的经验,现行的《电力系统安全稳定导则》规定:220 kV及以上电压等级的系统以单相接地故障作为扰

动方式;110 kV 的系统以两相接地故障作为扰动方式;35 kV 及以下电压等级的系统以三相短路故障作为扰动方式。

(2)发生不对称短路时,不计零序电流和负序电流对转子运动的影响。当电力系统发生不对称短路时,根据对称分量法,可以把短路电流分解成正序、负序以及零序分量。三相零序电流对转子运动没有影响,负序电流对转子运动的影响可以忽略不计,只考虑正序电流的影响。

(3)发电机等值电路参数用暂态电动势 E' 和暂态电抗 X'_d 表示,功角特性为

$$P_E = \frac{E'U}{X'_{d\Sigma}}\sin\delta \tag{8-4}$$

(4)由于发电机组调速装置有一定的动作时间,原动机具有较大的动作惯性,为了使分析问题简单化,工程中可以近似认为在暂态过程中原动机输出机械功率 P_T 不变。

二、暂态稳定过程的功角特性

以图 8-5 所示的简单电力系统为例分析暂态稳定过程的功角特性。

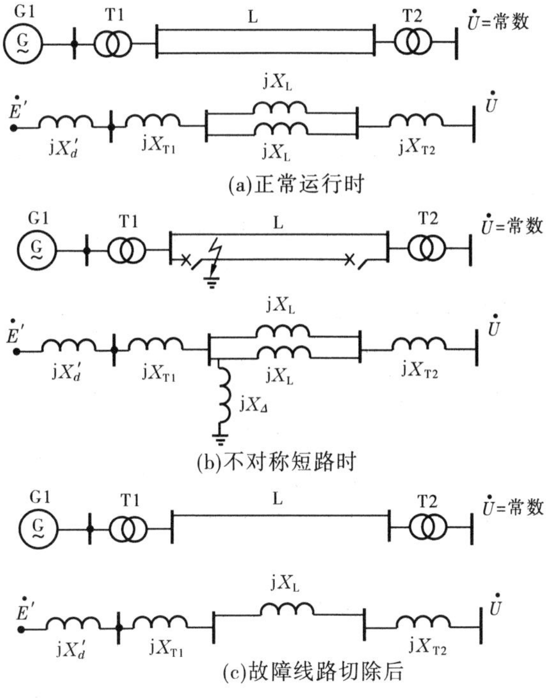

图 8-5　简单电力系统及其几种运行情况下的等值电路

(一)系统正常运行时

系统正常运行时,发电机经变压器和双回线路向无限大容量系统送电。发电机到系统之间的总阻抗为

$$X_{\mathrm{I}} = X'_d + X_{T1} + \frac{1}{2}X_L + X_{T2}$$

发电机的功角特性为

$$P_{\mathrm{I}} = \frac{E'U}{X_{\mathrm{I}}}\sin\delta \tag{8-5}$$

(二)故障时

如果在一回输电线路的首端 K 点发生不对称短路,根据前面讨论,暂态稳定分析只需考虑正序分量对转子运动的影响即可。正序分量的计算根据正序等效定则,相当于在短路点接入附加电抗 X_{Δ},如图 8-5(b)所示。将图中的三节点(E'、U,短路接地点)星形网络变成三角形网络,则发电机与系统之间的转移电抗为

$$X_{\mathrm{II}} = (X'_d + X_{\mathrm{T1}}) + (\frac{1}{2}X_{\mathrm{L}} + X_{\mathrm{T2}}) + \frac{(X'_d + X_{\mathrm{T1}}) + (\frac{1}{2}X_{\mathrm{L}} + X_{\mathrm{T2}})}{X_{\Delta}}$$

$$= X_{\mathrm{I}} + \frac{(X'_d + X_{\mathrm{T1}}) + (\frac{1}{2}X_{\mathrm{L}} + X_{\mathrm{T2}})}{X_{\Delta}}$$

式中 X_{Δ}——附加电抗。

参考图 8-5(b),单相接地短路时 $X_{\Delta} = X_{2\Sigma} + X_{0\Sigma}$;两相短路时 $X_{\Delta} = X_{2\Sigma}$;两相接地短路时,$X_{\Delta} = \frac{X_{2\Sigma}X_{0\Sigma}}{X_{2\Sigma} + X_{0\Sigma}}$;三相短路时,$X_{\Delta} = 0$。

短路故障时,发电机的功角特性为

$$P_{\mathrm{II}} = \frac{E'U}{X_{\mathrm{II}}}\sin\delta \tag{8-6}$$

如果线路发生三相短路,$X_{\Delta} = 0$,X_{II} 趋近于无限大,则 P_{II} 接近于零。这相当于三相短路截断了发电机与系统之间的联系,因此三相短路对系统的影响最严重。

(三)故障线路切除后

输电线路继电保护动作跳开故障线路两侧断路器,短路故障切除后系统等值电路如图 8-5(c)所示。发电机与系统之间的总电抗为

$$X_{\mathrm{III}} = X'_d + X_{\mathrm{T1}} + X_{\mathrm{L}} + X_{\mathrm{T2}}$$

发电机的功角特性为

$$P_{\mathrm{III}} = \frac{E'U}{X_{\mathrm{III}}}\sin\delta \tag{8-7}$$

三种情况下的电抗关系为 $X_{\mathrm{I}} < X_{\mathrm{III}} < X_{\mathrm{II}}$。因为 $X_{\mathrm{II}} > X_{\mathrm{I}}$、$X_{\mathrm{III}} > X_{\mathrm{I}}$,且一般情况下 $X_{\mathrm{II}} > X_{\mathrm{III}}$,因此 P_{III} 曲线的幅值介于 P_{I} 与 P_{II} 的幅值之间,P_{II} 的幅值最小。图 8-6 表示了以上三种情况下的功角特性曲线。

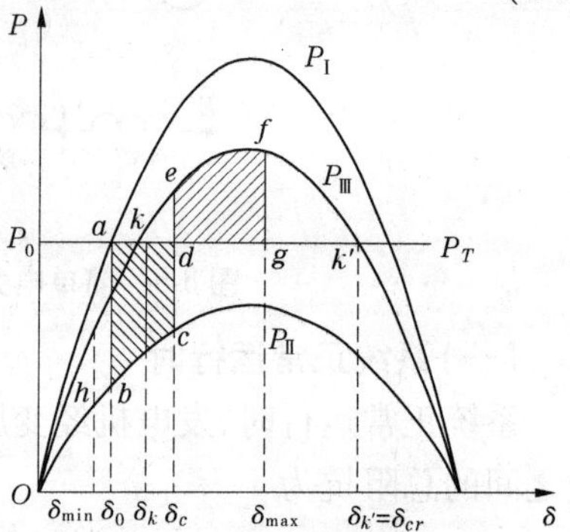

图 8-6 系统在正常运行、故障时及故障被切除后的功角特性

三、暂态稳定的物理过程分析

结合图 8-6 所示的简单电力系统在正常运行、故障时、故障被切除后三种运行情况下的功角特性曲线,分析系统暂态稳定的物理过程如下:

(1)系统正常运行时，发电机输出的有功功率 P_0 与原动机输入的机械功率 P_T 相等，发电机运行在 P_{I} 曲线的 a 点，对应功率角为 δ_0。

(2)在线路首端发生短路故障瞬间，运行点从 P_{I} 曲线 a 点变化到 P_{II} 曲线 b 点(由于转子惯性，功率角不能变突)。此时，输入的机械功率 P_T 大于 b 点对应的输出电磁功率，转子轴上出现了过剩转矩。在过剩转矩的作用下，转子将加速，功率角开始增大，运行点沿 P_{II} 曲线从 b 点向 c 点运动。

(3)设运行点到 c 点时，故障切除，则运行点从 P_{II} 曲线 c 点变化到 P_{III} 曲线 e 点(功率角不能突变)。此时，发电机输出的电磁功率大于原动机输入的机械功率，转子轴上出现缺额转矩。缺额转矩将使转子减速，但此时转子转速高于同步转速，功率角 δ 仍将继续增大，运行点沿 P_{III} 曲线由 e 点向 f 点方向运动。

(4)设运行点到达 f 点时，转子正好减速到同步转速，此时功率角 δ 达到了最大值 $\delta_{\max}$。

(5)在 f 点，原动机输入的机械功率小于发电机输出的电磁功率，转子将继续减速，功率角 δ 开始减小，运行点将沿 P_{III} 曲线由 f 点向 e 点方向运动。

(6)运行点到达 k 点时，作用在转子轴上的机械功率和电磁功率达到平衡，但由于转子转速低于同步转速，功率角 δ 将继续减小，一直运动到 h 点，功率角达到最小值 $\delta_{\min}$。

(7)在 h 点，机械功率大于电磁功率，转子又将加速，δ 将增大，运行点沿 P_{III} 曲线运动。

(8)运行点将沿 P_{III} 曲线，在 $\delta_{\max}$ 和 $\delta_{\min}$ 之间来回振荡。

(9)在振荡过程中，能量不断损失，振幅将逐渐减小。

系统最后稳定在 k 点。说明在上述大扰动后保持了暂态稳定。

系统不稳定的情况是：到上述第(4)步的情况有变化，运行点到达 f 点时，转子没有减速到同步转速，直至功率角 δ 增大到 k' 点以后，发电机转子仍未恢复到同步转速，则运动点将越过 k' 点。越过 k' 点之后，发电机原动机输入的机械功率大于发电机输出的电磁功率，转子将会加速，而使功率角 δ 越来越大，不能恢复到稳定状态。系统是暂态不稳定的。

四、等面积定则

等面积定则用于定量地分析系统暂态稳定性。

分析图 8-6 所示的变化过程，在功率角从 δ_0 变化到 δ_c 的过程中，原动机输入的能量大于发电机输出的能量，发电机转速升高，转子动能的增量为正：

$$W_{(+)} = \int_{\delta_0}^{\delta_c} \Delta M \mathrm{d}\delta \approx \int_{\delta_0}^{\delta_c} \Delta P \mathrm{d}\delta = \int_{\delta_0}^{\delta_c} (P_T - P_{\mathrm{II}}) \mathrm{d}\delta \tag{8-8}$$

式(8-8)右边积分的几何意义为图 8-6 中阴影部分 $abcd$ 所围成的面积。转子所获得的动能增量等于此面积，称其为加速面积。

在功率角从 δ_c 变到 $\delta_{\max}$ 的过程中，原动机输入的能量小于发电机输出的能量，转子动能增量为负：

$$W_{(-)} = \int_{\delta_c}^{\delta_{\max}} \Delta M \mathrm{d}\delta \approx \int_{\delta_c}^{\delta_{\max}} \Delta P \mathrm{d}\delta = \int_{\delta_c}^{\delta_{\max}} (P_T - P_{\mathrm{III}}) \mathrm{d}\delta \tag{8-9}$$

式(8-9)右边积分的几何意义：表示图 8-6 中阴影部分 $defg$ 所围成的面积。转子减少的动能等于此面积，称其为减速面积。

如果发电机转子在加速过程中所增加的动能在减速过程中全部释放，即

$$W_{(+)} + W_{(-)} = \int_{\delta_0}^{\delta_c}(P_T - P_{\text{Ⅱ}})\mathrm{d}\delta + \int_{\delta_c}^{\delta_{\max}}(P_T - P_{\text{Ⅲ}})\mathrm{d}\delta = 0 \tag{8-10}$$

系统是暂态稳定的。

等面积定则：在电力系统暂态过程中，加速面积和减速面积相等，系统是暂态稳定的。

减速面积最大值为运行点到 k' 点的情况，即最大减速面积为 dek' 所围成的面积

$$W_{(-)\max} = \int_{\delta_c}^{\delta_{cr}}(P_T - P_{\text{Ⅲ}})\mathrm{d}\delta \tag{8-11}$$

若 $|W_{(-)\max}| \geqslant W_{(+)}$，系统暂态稳定。

等面积定则为分析和判断系统受到大扰动时能否保持稳定提供了重要依据。在工程的实际计算中，最大可能的减速面积更容易计算出，因此用 $W_{(-)\max}$ 的大小判断系统的暂态稳定性更实用。

五、极限切除角和极限切除时间

结合图 8-6 分析，设有这样一个功率角，当在此功率角切除故障时，加速面积等于最大可能的减速面积，则称其为暂态稳定的极限切除角 δ_{cm}。

若切除故障时对应的功率角 δ_c 小于 δ_{cm}，加速面积小于最大可能的减速面积，则系统稳定；若 δ_c 大于 δ_{cm}，加速面积大于最大可能的减速面积，则系统将不稳定。所以，极限切除角 δ_{cm} 对于系统暂态稳定性是一个很重要的参数。

根据等面积定则，有

$$W_{(+)} = -W_{(-)\max}$$

即

$$\int_{\delta_0}^{\delta_{cm}}(P_T - P_{\text{Ⅱ}})\mathrm{d}\delta = \int_{\delta_{cm}}^{\delta_{k'}}(P_{\text{Ⅲ}} - P_T)\mathrm{d}\delta \tag{8-12}$$

式(8-12)两边求定积分整理后得

$$\delta_{cm} = \arccos\frac{P_T(\delta_{k'} - \delta_0) + P_{\text{Ⅲ}m}\cos\delta_{k'} - P_{\text{Ⅱ}m}\cos\delta_0}{P_{\text{Ⅲ}m} - P_{\text{Ⅱ}m}} \tag{8-13}$$

式中 δ_0——初始功率角；

$\delta_{k'}$——临界功率角，$\delta_{k'} = \delta_{cr} = \pi - \arcsin\dfrac{P_T}{P_{\text{Ⅲ}m}}$；

$P_{\text{Ⅱ}m}$、$P_{\text{Ⅲ}m}$——$P_{\text{Ⅱ}}$、$P_{\text{Ⅲ}}$ 曲线的幅值。

在工程实用计算时，极限切除角 δ_{cm} 使用起来不是很方便，常用的是极限切除时间 t_{cm}。极限切除时间 t_{cm}，是指转子从发生故障时刻开始，抵达极限切除角 δ_{cm} 所对应的时间。若继电保护切除故障的时间小于 t_{cm}，加速面积小于最大可能的减速面积，则系统是稳定的；反之，系统不稳定。

第四节　提高电力系统稳定性的措施

电力系统运行的稳定性是电力系统安全、经济运行的重要因素。随着电力系统的发

展和扩大,特别是大容量机组和远距离输电线路的出现,电力系统的稳定性问题日益突出。从规划设计到运行维护都应进行电力系统稳定性的分析计算,并采取相应的提高和控制稳定运行的措施。

提高电力系统稳定性的一般原则是:尽可能地提高系统的稳定极限,尽可能地减小加速面积而增大最大可能的减速面积。

通过前面对简单电力系统用等面积定则分析系统暂态稳定性可知,凡是提高发电机功率极限的措施,都有利于减小加速面积而增大最大可能的减速面积。所以,凡是提高系统静态稳定性的措施都可以提高暂态稳定性。

下面分别介绍目前在电力系统中采取的一些提高系统静态稳定性和暂态稳定性的措施。

一、提高电力系统静态稳定性的措施

从静态稳定性的分析可知,若系统受到小扰动后具有较高的稳定极限,系统也就具有较高的静态稳定性。提高系统静态稳定性的措施如下。

(一)减小系统电抗

发电机的电抗在系统总电抗中所占的比例很大(一般占1/3以上),但受制造成本和其他因素的限制,要想大幅度减小,比较困难。

变压器的电抗在系统总电抗中所占的比例较小。然而,在远距离超高压输电系统中,减小变压器的电抗,仍有一定的作用。例如,广泛采用的自耦变压器,除节省材料、价格较便宜外,还因为它的电抗值较小,对提高远距离超高压输电系统的静态稳定性仍有一定的意义。

输电线路的电抗在系统总电抗中占有最大的比例,特别是远距离输电线路,有的将近占1/2。所以,减小输电线路的电抗,对提高系统的静态稳定性有着十分重要的意义。可以通过以下措施来实现。

1. 采用分裂导线

采用分裂导线不仅可以防止电晕,而且可以减小线路的电抗。新式紧凑型分裂导线同常规型分裂导线相比,更能大幅度减小电抗。但是,目前这种导线结构工艺复杂,造价较高。

2. 采用串联电容补偿

一般在较低电压等级线路上,串联电容补偿主要用于调压;在较高电压等级线路上,串联电容补偿主要用于减少等值电抗,提高系统的稳定性。但是线路上采用串联电容补偿后也带来一些新问题,如串联电容的过电压过电流保护、线路的继电保护及低频自发振荡等。

3. 提高输电线路的额定电压等级

从稳定性方面来考虑,提高线路的额定电压等级相当于减小了线路的电抗。但输电线路的额定电压等级提高,线路投资增加。

(二)提高系统的运行电压

提高系统运行电压水平,可以提高系统的稳定性。但系统运行电压水平提高,负荷所吸收的无功功率也要增加,所以要考虑系统应有充足的无功电源。

(三)发电机采用自动调节励磁装置

发电机的自动调节励磁装置不仅对电力系统无功功率平衡和电压调整起主导作用,而且对提高电力系统的静态稳定性也起着十分重要的作用。当发电机没有采用自动调节励磁装置时,空载电动势 E_q 恒定,发电机的电抗为 X_d;当发电机装有自动调节励磁装置以后,发电机可以做到使暂态电势 E'或者机端电压 U_G 恒定,而 E'恒定意味着发电机电抗从 X_d 减小到 X'_d,U_G 恒定则意味着 X_d 减小到几乎为零。由此可见,自动调节励磁装置对提高系统静态稳定性的效果是非常显著的。发电机都应尽可能地装设高灵敏、完善的新型自动调节励磁装置,如具有电力系统稳定器(简称 PSS)的自动调节励磁装置或微机自动调节励磁装置等。

二、提高电力系统暂态稳定性的措施

从暂态稳定的分析可知,若系统受到大扰动后,发电机转子轴上的不平衡力矩使并列运行发电机转子之间发生剧烈的相对运动,当发电机之间的功率角振荡超过一定限度时,发电机便会失去同步。因此,提高电力系统暂态稳定性的措施有以下几项。

(一)快速切除故障

快速切除故障是提高电力系统暂态稳定性最根本、最有效的措施。根据等面积定则,要使系统获得暂态稳定性,必须尽量减小加速面积,增大最大可能减速面积。减小加速面积最直接的方法就是快速切除故障。

切除故障的时间包括继电保护动作时间和从断路器接到跳闸脉冲开始到触头分开电弧熄灭的时间总和。因此,减小切除故障时间应从改善断路器性能和提高继电保护动作速度这两方面着手。目前最快可以做到短路故障后约一个工频周波(0.02 s)内切除故障;220 kV 及以上电压等级的电力系统可在 1/4 至 1/2 周波(0.05 ~0.1 s)内切除故障。

(二)采用自动重合闸装置

输电线路上的短路故障,绝大多数是瞬时性故障(例如雷击线路避雷器动作),当继电保护将故障线路两侧断路器断开,电弧熄灭后,绝缘又恢复到正常水平。在此情况下,若线路两侧都装有自动重合闸装置,则经预约时间延时后,两侧重合闸装置能自动将两侧断路器分别重合;若故障为永久性故障,则两侧重合闸装置能加速再次跳开两侧断路器。运行统计资料表明,输电线路自动重合闸动作成功率为 60% ~90%。因此,电力系统《继电保护和安全自动装置技术规程》(GB/T 14285—2006)规定,对于 1 kV 及以上电压等级的输电线路,当具有断路器时,应装设自动重合闸装置。高压线路的自动重合闸装置,不仅可提高供电的可靠性,而且更重要的是可提高系统的暂态稳定性。自动重合闸装置对提高电力系统暂态稳定性起着十分显著的作用。

在高压线路中,发生单相接地短路故障的概率最大。若采用综合重合闸装置,当线路发生单相短路故障时,通过选相元件仅将故障相实现单相重合闸,而非故障相照常运行,这样可以更好地提高电力系统的暂态稳定性。特别对于通过单回输电线路与系统连接的网络,则具有更重要的意义。

（三）设置开关站和采用强行串联电容补偿

1. 设置开关站

当远距离输电线路的长度超过300 km时，为了提高系统的稳定性，可以在输电线路中间设置开关站。若设置开关站，线路故障时切除的范围可以缩小，不仅能提高系统的暂态稳定性，也可提高故障后系统的静态稳定性。

2. 采用强行串联电容补偿

若已经在输电线路上设置了串联电容补偿，为了提高系统的暂态稳定性和故障后的静态稳定性，以及改善故障时的电压质量，可以考虑采用强行串联电容补偿。

（四）采用电气制动和变压器中性点经小电阻接地

1. 电气制动

所谓电气制动，就是当系统发生故障时，若送电端发电机输出给系统的电磁功率急剧减小，在送电端发电机出线立即投入电阻负荷（一般在发电机出线母线或升压变压器高压侧母线上加上一并联电阻），吸收发电机因系统故障而产生的过剩功率，抑制发电机转子加速。

许多大型水电厂把电气制动作为提高系统暂态稳定性的重要措施，因为水电厂调节阀门及水流的惯性较大，其调节速度远不如火电厂快速汽门的调节速度。

2. 变压器中性点经小电阻接地

变压器中性点经小电阻接地实质上是系统在发生不对称接地短路时的电气制动。将小电阻接在发电机升压变压器星形侧中性点与大地之间。在正常运行状态下，没有电流通过小电阻；当系统发生不对称接地短路时，接在中性点的小电阻有零序电流通过。这时电阻中消耗的功率就起着电气制动的作用。

（五）减小原动机输入的机械功率

当系统故障使送电端发电机输出的电磁功率突然减小时，可以通过减小原动机输入机械功率的办法，抑制发电机转子的加速，提高系统暂态稳定性。下面介绍两种常用的方法。

1. 联锁切机

所谓联锁切机，就是在输电线路发生短路切除故障线路的同时（或重合闸不成功时），联锁切除线路送电端发电厂的部分发电机组。

2. 快速控制调速汽门

现在大容量汽轮发电机组都是高温、高压、具有中间再热的机组，而且都配置了反应较快的阀门控制系统。因此，在系统故障期间，这种机组能够做到快速关闭汽门，降低原动机的输入功率，提高系统的暂态稳定性。

（六）采用直流输电

直流输电是将送电端的交流电经升压、整流后，通过高压直流线路，送到受电端，然后在受电端将直流电逆变成交流电后，送入交流电力系统。由于直流输电传输的功率与频率无关，两端交流系统可以在不同的频率下，通过直流输电线路连在一起运行，所以两个交流系统之间不存在稳定性问题。此外，还可以利用直流输电快速调整能力来提高两侧交流系统的稳定性。

(七)利用调度自动化提供的信息及时调整运行方式

电力系统运行调度自动化系统,很多都配备安全、经济分析的高级应用软件。在运行中,根据软件提供的安全分析信息,随时调整系统的运行方式,保证系统的稳定性。

根据提高系统稳定性的一般原则,提高系统稳定性的措施很多,但应该指出,无论采取哪种措施来提高系统的稳定性,除考虑技术上实现的可能性外,还要考虑经济上的合理性,要考虑多种措施的合理配合问题。此外,还要从电力系统高速发展的特点来考虑这些措施。

习 题

8-1 何谓电力系统的稳定性?一般可将电力系统的稳定性分为哪几类?

8-2 什么叫同步发电机的功角特性?功率角δ有哪些含义?

8-3 电力系统静态稳定性的实用判据是什么?如何分析系统是否具有静态稳定性?

8-4 何谓等面积定则?如何判断电力系统的暂态稳定性?

8-5 什么叫极限切除角?什么叫极限切除时间?

8-6 提高电力系统静态稳定性的一般原则是什么?简述提高静态稳定性的措施。

8-7 提高电力系统暂态稳定性的一般原则是什么?简述提高暂态稳定性的措施。

8-8 为什么说提高系统静态稳定性的措施都可以提高暂态稳定性?

第九章　农村电网规划

内容提要

本章介绍的主要内容有：农村电网及其特点；农村电网规划工作的任务、内容和具体步骤；农村电网规划中具体的负荷预测、电源规划、电压等级选择等方法；农村电网投资、年运行费计算以及规划方案的年费用最小比较方法。

第一节　农村电网概述

一、农村电网及其特点

电力网分为输电网和配电网两类。电压 220 kV 及以上的电网称为输电网；电压 110 kV 及以下的电网称为配电网。配电网是最靠近用户、直接为用户服务的电网。配电网因用户负荷不同可以分为城市电网和农村电网。

农村电网主要是为县（含县级市、旗、区）辖区域内的城镇、农村或农场及林、牧、渔场各类用户供电的 110 kV 及以下各级配电网，简称农网或县级电网。

农村电网由高压配电网、中压配电网和低压配电网构成。高压配电网的电压为 35 kV、66 kV 和 110 kV；中压配电网的电压为 3 ~ 10 kV，主要是 10 kV；低压配电网的电压为 380/220 V。

与城网相比，我国农网有以下三个特点：

（1）送电负荷小、输送电能少、送电距离远。这一状况的直接后果是农网设备的利用率低。

（2）农网供电范围大、规模大、延伸面广。这是由于负荷分散而形成的。

（3）农网自然功率因数低。我国农网自然功率因数一般为 0.6 左右，最小负荷时更低。

二、农村电网的供电半径

电网的供电半径影响变电所的布局，也影响电网的网架结构。其合理与否直接影响电网的技术、经济性能。

供电半径取多大，是一个技术经济问题。农村电网的供电半径是由其负荷特性决定的。综合考虑各种影响因素，低压网的合理供电半径推荐值如表 9-1 所示。其中，用电设备额定容量密度是指供电区内用电设备额定容量总和与供电区面积之比。10 kV 中压电网的优化供电半径如表 9-2 所示。

35 ~ 110 kV 线路的供电距离和负荷距值不宜超过下列范围：

(1)110 kV 线路:120 km,2 500 $\times 10^3$ kW · km。

(2)66 kV 线路:80 km,700 $\times 10^3$ kW · km。

(3)35 kV 线路:40 km,160 $\times 10^3$ kW · km。

表 9-1　农村低压配电网供电半径

用电设备额定容量密度(kW/km^2)	<200(<60)	200~400(60~120)	400~1 000(120~300)	>1 000(>300)
380/220 V 三相配电网供电半径(km)	0.7~1.0	<0.7	<0.5	<0.4
440/220 V 单相三线配电网供电半径(km)	0.6~0.9	0.6~0.4	0.4~0.3	<0.3

注:括号中数据为负荷密度。

表 9-2　10 kV 中压电网的优化供电半径

负荷密度 σ(kW/km^2)	10	15	20	30	50	100 及以上
110/35/10 kV 供电方式优化供电半径(km)	11	10	9	8	7	5
110/10 kV 供电方式优化供电半径(km)	—	13	12	10	9	7

注:表中所列数据为优化结果的取整值,其他负荷密度对应的供电半径可采用内插法估计。

第二节　农村电网规划概述

农村电网规划是电力系统规划中的重要组成部分,是在当地国民经济发展计划指导下,具体研究一些重大问题,如今后 5 年、10 年及更长时期内农村电网与其他国民经济部门间的合理比例关系,农村电网的发展速度、发展规模,农村电网科技进步以及农村电网经济效益等,并作长远的科学的安排,以指导农村电网的具体实施计划。

一、农村电网规划的基本指导思想和遵循原则

(一)农村电网规划的基本指导思想

1. 正确认识电力生产的客观规律

电力生产的基本特点是发供用电同时完成。整个电力系统均受这一特点的制约和支配。电网规划要将一个电网所包括的地区作为一个统一整体进行考察和研究;要求电力负荷预测有相当高的精确性,还要求发供配电设施的发展与用电需求的增长协调一致。

2. 使农村电网成为安全、稳定、经济和高效的电网

建设一个安全、稳定、经济、高效的现代化电网是电网规划的基本目标。农村电网是服务性设施,应以满足国民经济各部门和人民物质文化生活对电力的需要为最高宗旨。

3. 合理利用各种发电能源及充分利用地方资源

农村电网网架的规划与地区电力负荷的需求增长和当地动力资源开发紧密相关,因

此在规划中应当充分考虑地区能源资源的特点，合理安排电源项目，使整个能源的输送方向既经济又合理。

4.积极引用先进技术以加快农村电网的科技进步

在现有电网状况和经济技术条件下，应逐步引进、采用国内外先进的技术和装备。农村电网规划还应着眼于加快农村电网的结构调整，使农村电网从速度、数量型向质量、效益型转变，努力改善农村电网的各项指标，加快与现代化电网接轨的步伐。

5.充分重视投资规划工作

农村电网规划要积极研究资金的筹集途径和形成机制，降低投资风险，控制融资成本，加强工程的可行性研究，促进电力资金的良性循环。

（二）农村电网规划应遵循的原则

（1）统一规划与社会相适应原则：应与农村电气化、现代化及城镇化发展相统一，要与输电网的规划、分布式电力规划相衔接。

（2）安全、高效的经济实用技术原则。

（3）从实际出发，因地制宜、适度超前原则。

（4）充分依靠科技进步原则：实施科技兴电战略，从中国国情和农村电网实际出发，努力提高农村电网的装备水平和科技含量。在优化电网网架的基础上，提高自动化、信息化、智能化水平，以提高农村电网的综合经济效益。农村电网的规划设计应优先采用经济实用、运行可靠、适合国情、成熟先进的技术设备。

（5）节能与可持续发展原则：避免重复建设和频繁改造。

二、农村电网规划的基本要求

农村电网规划的基本要求如下：

（1）农网有足够的供电能力，能满足供电区域内各类用户负荷增长的需要。

（2）因地制宜地合理确定电网的电压等级、接线方式和点线配置方案，使农网结构优化合理。

（3）输电、变电、配电容量协调，无功电源配置适当，功率因数达到合理水平（>0.9），供电可靠性不断提高。

（4）优先采用新技术和性能完备、运行可靠、技术先进的新设备。

（5）符合环境保护要求，节约土地，少占农田。

（6）应按农网规模规划相应地调度技术装备，因地制宜地配备调度自动化系统、配网自动化系统和通信系统。

三、农村电网规划工作的任务

农村电网规划应有明确的分期规划目标，通常可分为近期（5 年）、中期（10 年）和远期（20 年）三个阶段规划。各期规划有不同的任务，分别解决不同的问题，并有密切联系。

（一）近期规划

近期规划应重点解决当前农网存在的问题，如改善电网布局和电能质量，降损节能，提高设备技术水平，提高供电可靠性和解决供需矛盾等。近期规划应提出年度计划和逐年改造、新建的工程项目。

（二）中期规划

中期规划属于战略性规划，应与农网近期规划相衔接，使农网有步骤地向远期规划网络过渡，并对重要工程项目进行可行性研究，做好前期工作。

（三）远期规划

远期规划是战略性规划，主要任务是确定并解决电网发展中的重大问题，明确农网长远发展目标，确定农网长期电源布局和网络布局。对近期、中期规划有方向性和指导性作用。

四、规划工作的内容

《农村电力网规划设计导则》对各阶段农村电网规划的任务和内容作了规定，主要有以下几个方面：

（1）收集以下各类资料：综合资料，包括当地国民经济和社会发展等综合资料，各类用电负荷基本资料，线损资料；资源及动力资源状况；电源状况；农村电网现状。

所收集的资料应为负荷预测、电源规划、电网布局、规划评估及编制规划文件提供比较充分的依据，必要时宜进行实测和勘察。

（2）进行负荷预测。

（3）提出电源点建设要求和方案，提出网架发展方案。

（4）确定调度、通信、自动化等的规模和要求。

（5）确定规划期末的总体建设规模和分期建设的工程项目。

（6）估算近期规划需要的投资，提出近期主要设备的数量。

（7）估算近期规划期末将取得的经济效益和扩大供电能力以后取得的社会效益、经济效益。

（8）绘制各规划期末的农村电网地理接线图，并附现状地理接线图。

（9）编制规划报告文本。

五、农村电网规划的步骤

农村电网规划的步骤包括以下几个方面：

（1）地区基本情况的收集和整理：包括地理条件、人口状况、生活水平、城镇化发展、产业结构布局、国民经济发展现状和预测等。

（2）负荷预测：首先需要确定规划年度最大负荷及用电量。分析农村电网用电负荷的特点及负荷分类，分析过去几年负荷发展的规律，根据当地国民经济发展规划，采用适当的方法来预测规划期逐年的最大负荷和用电量。

（3）电源规划：农村电网的电源包括大系统向农村供电及建设小型电站（包括小水电、小热电联产、风力发电等）自行供电等两种方式。

（4）电网规划：电网规划的主要内容包括规划近、中、远期的电网规划目标，变电站布点，接线方式，投资规模等。

（5）无功规划：进行农村电网无功规划和电压调整规划，包括无功负荷预测、无功电力平衡及无功补偿设备的配置等几个方面。

(6)电压调整:为使电压偏移达到国家标准规定的要求,需要装设调压设备,采取正当的调压措施。

(7)技术经济分析:农村电网规划中的技术问题包括农村电网网架的规划设计、调压与无功补偿规划和自动化规划等。农村电网规划中的经济问题包括资金的筹集及合理投资方案的选择、资金的时间价值、资金的回收问题等。农村电网的经济分析是争取企业发展、取得良好经济效益、减少损耗、杜绝浪费的必要手段。

农村电网规划中的技术经济分析包括两个层面的内容:一方面,是在农村电网规划的方案比选过程中,农村电网建设投资的经济分析,应考虑时间因数,以复利计算总动态投资,在保证工程效益的前提下,选择最有利的投资方案。另一方面,是在工程项目确定后,要通过投资的经济分析,确定在满足一定效益的前提下,实现还本利息要求所需要的销售收入、还贷资金或电价加价。

(8)投融资规划:投融资规划主要完成两个方面的工作:一是进行投资估算;二是编制资金计划,计算出规划期内资金需求总量和每年所需资金量以及资金来源分析。

第三节　负荷预测方法

负荷预测是电网规划的基础。农村电网规划通常需要对中长期电量进行预测,即需要确定规划年度的全社会用电量及最大负荷,并预测规划期逐年的全社会用电量和最大负荷。进行负荷预测,不仅要清楚负荷预测的特点、预测模型的结构及其使用范围,而且应了解农网负荷的普遍特点,并对近些年的负荷特性进行分析,这样才能更好地进行预测。

农村电网中长期电量预测方法有很多,各种方法都有其各自的特点和适用条件。经典传统的中长期负荷预测方法有单耗法、弹性系数法以及统计分析法等。目前多采用数学的方法进行中长期负荷预测,主要有灰色系统法、模糊数学法及优化组合法等。无论采用何种方法,收集负荷预测基础数据是必需的。通常需要如下数据:

(1)规划区电网电量及负荷数据:全社会用电量、最高负荷、最大负荷利用小时数。

(2)规划区分类电量数据:过去4~8年三大产业用电量及居民生活用电量。

(3)规划区社会经济发展及相关预测数据:人口、资源、三大产业和GDP历史数据及未来发展数据。

一、电力负荷预测的特点

与一般的经济预测或需求预测相比,电力负荷预测有以下特点:

(1)不仅要做短期预测,更应做长期预测。短期预测为编制运行计划、检修计划所需,长期预测是电网发展需要。

(2)不仅要做电力预测,也要做电量预测。由于电能不能大量储存,因此不仅要保证电量的需要,而且要保证电力的需要。

(3)电力负荷预测是“被动型”预测。电力的需求量完全取决于经济增长的规模和速度。经济发展速度、产业结构的变化均会影响电力的需求量。

(4)负荷预测受不确定因素影响较大。社会经济、政治条件的变化有很大的不确定性。此外，电力负荷还受天气、气候等自然条件变化的影响，气候条件的影响也是不确定的。这些条件的不确定性是电力负荷预测难以准确的重要原因。

二、负荷预测的常规方法

（一）电力弹性系数法

用电量年增长率与国民生产总值（或社会总产值）年增长率的比值称为电力弹性系数。通过预测未来年份的电力弹性系数和国民生产总值的增长率可得到电力需求（用电量）的增长率，推算出电力需求的发展速度和发展水平。这种方法的优点是计算简单，缺点是预测的结果可信度不高。

（二）年平均增长率法

根据历史上电力发展的速度，或者按其趋势外延至预测期，或者由电力规划部门或专家根据国家经济发展的基本情况和趋势，主观地确定一个或几个电力发展速度（通常所说的高方案、中方案、低方案），计算公式为

$$W_n = W_0(1+\alpha)^n \tag{9-1}$$

式中 W_n——第 n 年所需电量；

α——年平均增长率。

（三）单耗法

采用单位产品（或按产值）的耗电定额（简称单耗）进行预测。计算公式为

用电量＝产品产量×产品的单位耗电量

若用 k 表示国民经济总产值的用电单耗量，用 G 表示计划（或预测期）的产值指标，则预测期的需电量指标 W 为

$$W = kG \tag{9-2}$$

（四）需用系数法

当拟装设的用电设备总容量可以取得，而其用电负荷及用电量未知时，用需用系数法。预测功率为

$$P_m = K_s P_a \tag{9-3}$$

式中 K_s——需用系数，县农电一般为 0.2～0.5；

P_a——用电设备总额定功率，kW。

三、负荷预测的数学方法

数学方法通过对事物因果关系进行分析，找出其变化规律，建立数学模型，然后应用数学模型进行预测分析，所以比常规方法具有更高的预见性和可靠性。负荷预测常用的数学方法包括一元回归分析法、灰色系统法、模糊数学法及优化组合法等。下面简单介绍一元回归分析方法。

回归分析方法是从过去的历史数据中找出一个能代表电力需求量变化规律的数学公式，也就是根据历史数据的变化规律寻找自变量和因变量之间的回归方程式，或得出用电量对时间的变化曲线，即以时间为横坐标、用电量为纵坐标的用电量曲线。这样，可以利用回归方程或曲线外延，得出预测期的全社会用电量及最大负荷。

回归分析法是一种数量统计的方法。回归分析法一般适用于中长期负荷预测。

回归分析法的优点是使预测人员能清楚地看到负荷增长趋势与其他可测量因素之间的关系，缺点是必须预测诸如人口、经济发展等社会经济影响因素，而这可能比电力系统负荷预测更困难。回归分析法要求样本量大、有较好的分布规律，当预测的长度大于占有的原始数据长度时，采用该方法进行预测在理论上不能保证预测结果的精度。另外，可能出现量化结果与定性分析结果不符的现象，有时难以找到合适的回归方程类型。

第四节　电源规划方法

一、农村电网电源供应方式

（一）大电力系统供电

大系统向农村供电，优点是大系统容量大，技术水平高，运行安全经济稳定，供电质量高，可靠性高，对负荷增长变化的适应能力强等。但在负荷密度小，负荷分布过于分散时，送、变、配电投资及网损较高。因此，大电网供电的经济合理范围，应在分析区域内电力系统的现状及发展，与负荷中心的距离，农村负荷的增长情况及地理分布，大系统供电方案预计的发、送、变电造价及供电成本、网损率等的基础上，与区域内可能自建的农村电源进行技术经济比较后确定。一般对邻近大电网的地区，由系统供电总是经济合理的。

（二）农村电站供电

对于负荷分散，远离大电力系统的地区，应考虑充分利用本地区能源因地制宜地建设小型电站自行供电的合理性。农村常见的小型电站包括水力发电站、小热电联产电厂、风力发电站。

二、电源规划的步骤

（1）根据规划县电力负荷的发展水平、分布及现有发电站和区域电力系统的供电能力进行初步的电力电量平衡，计算规划期内电力电量余缺情况，以及在规划年限内需要增加的发电设备总容量或电力系统供电容量。

（2）根据国家的能源政策，结合本地区动力资源情况和现有区域电力系统的分布，提出几种电源布点方案，进行技术经济比较。

（3）根据推荐的电源布点方案，进行电力电量平衡，以便按照逐年的负荷发展确定电站装机容量、进度和变电所的建设规模。在电力电量平衡中，区域电力系统供电方案以电力平衡为主、电量平衡为辅，小电站供电方案均应进行电力电量平衡。

（4）在电力电量平衡的基础上，进行无功电力平衡，确定补偿容量，选择无功电源。

第五节　农村电网规划方法

一、农村高、中压电网规划的步骤

（1）在负荷预测的基础上，确立远、中、近期规划目标和技术原则。

（2）确定远期电网的初步布局。粗略地确定下列各项：①现有和待建变电所的供电区域划分，包括 110 kV、66 kV 和 35 kV 变电所的供电区。在负荷密度较大或负荷发展较快的地区，可考虑加快 110 kV 变电所的建设，减慢或停止 35 kV 变电所的发展，甚至逐渐减少 35 kV 变电所。②待建变电所的位置和容量、高压线路路径。③本地电源布局和容量对电源变电所的要求。

（3）编制电网近期规划。①从分析现有电网入手，将预测负荷分配到现有的变电所和线路，进行电力潮流、电压降、短路容量等各项验算，以检查电网的适应度。②针对电网中出现的不适应问题，选取远期电网布局中初步确定的项目，拟出若干电网规划方案（包括电源、变电所布点、线路路径、无功补偿和电压调整方案等），通过经济技术论证来选定规划水平年的电网规划及逐年过渡方案。在此基础上再对规划进行校验（与远期规划是否协调、各级电网输配电能力是否协调、潮流分布是否合理、电源能否满足要求、故障情况下的应变能力等）和调整，确定最后方案。③估算出规划方案所需投资、设备、工程量，确定主要建设项目，算出各种单位造价及供电的组合指标。

（4）编制中期电网规划。①在近期末年规划基础上，对今后 10 年电网的发展进行详细分析论证。以中期预测负荷分配到各变电所和输配电线路进行各项分析计算，来检查电网的适应度。②针对电网中存在的问题，从远期规划的初步布局中选取初步确定的项目，经过计算，检查电网的适应度，通过比较确定电网改进方案。其中对大型的建设项目应进行适当的论证。

（5）编制远期电网规划。①根据远期负荷预测，以中期电网规划布局为基础，进行各项计算分析。②修改、调整远期规划初步布局，经各项验算后，确定电源总体规模、电网基本布局和主网架结构。

二、农村低压电网规划步骤

农村低压电网规划步骤如下：

（1）进行 5 年的负荷预测。

（2）通过技术经济比较，确定配电变压器的布点、供电半径、供电范围和容量。

（3）确定低压干线的导线截面。

（4）确定无功补偿方案。

（5）确定年度建设及改造计划。

三、网络电压等级的确定

我国农村电压等级有下列三种情况：东北地区及内蒙古东部地区采用 66/10/0.38 kV，长江三角洲、珠江三角洲及其他部分地区采用 110/10/0.38 kV，上述地区以外的大部分地区采用 110/35/10/0.38 kV。

在负荷密度均匀分布的前提下，研究认为，110/10/0.38 kV 优于 110/35/10/0.38 kV。

在选择电压等级时，首先注意简化电压等级，在经过经济技术比较后，以 110 kV 电网部分取代 35 kV 电网，或大部分取代 35 kV 电网；其次在经济发达地区，在远期或中、近期规划中考虑加入 220 kV 电网。

四、变电所的布点和容量的确定

(1)根据负荷资料和选择的电压等级,在电网现状图及负荷分布图上进行变电所的布点。①变电所布点时,应对原有变电所进行分析,能够保留的予以保留,需要增容的增容,需要转移负荷的转移负荷。②变电所布点时,应考虑《农村电力网规划设计导则》推荐的10 kV线路供电半径和35～110 kV线路供电距离、负荷距。可以按供电半径大致划分变电所的供电区。③变电所应设在供电区负荷中心附近,同时考虑交通、占地、排水及环境条件等要求。

(2)变电所容量根据供电区规划水平年的负荷来确定。①容载比:农网内同一电压等级公用供电变电所的主变压器的总容量(kVA)与其供电负荷(kW)之比。变电所容量选择应满足容载比要求。《农村电力网规划设计导则》规定35～110 kV变电所的容载比为1.8～2.1。联网的变电所容量总体达到容载比要求,单电源供电的变电所应分别满足容载比要求。②变压器台数。每一变电所一般可设2台主变压器。单台变压器容量宜为下列范围:110 kV,10～50 MVA;35 kV、66 kV,1～20 MVA。容量较小时,可设1台主变压器,容量较大时可增加主变压器台数,也可减少供电区以增加变电所个数,亦可提高变电所电压等级。

五、农村电网接线方式和线路路径选择

(一)高压配电网的接线方式

(1)一般地区高压配电网宜采用放射式接线方式,但应考虑扩建成环式电网的可能性。

(2)经济发达地区的高压配电网宜采用环网接线方式,并有两个以上的电源点。当一条线路或一台主变压器计划检修或计划停运时,应保证向所有用户正常供电,并满足供电安全N-1准则。

(二)中压配电网的接线方式

(1)一般地区10 kV中压配电网宜采用放射式接线方式。

(2)县城10 kV主干线和经济发达地区的城镇、开发区等重要负荷区的10 kV主干线宜采用环网建设、开环运行的接线方式。

(三)以中、小型发电厂供电为主的农网与大电网的连接

以小型发电厂为主的农网,当采用110 kV线路与大电网连接时,宜采用一点连接,连接点选在变电所,连接点同时为解列点。中、小型发电厂与农网相连时,应在变电所实现联网,并选择好解列点。

(四)线路路径选择

在变电所布点和接线方式确定后,对于新建线路应选择合理的路径。可在电网图上选线,也可以进行必要的勘察,并与有关部门进行必要的协商,以便规划能顺利实施。

第六节 架空配电线路导线截面选择

导线截面选择应考虑机械强度、热稳定、电压损耗和电晕等因素,同时需考虑经济因

素。农村电网（简称农网）中选择架空配电线路导线截面常用的方法是按经济电流密度选择，并进行电压损耗、机械强度和发热校验。

一、按经济电流密度选择导线截面

选择架空配电线路导线截面要考虑的经济问题，主要是建设线路的投资和建成后以电能损耗费为主的年运行费用。显然，导线截面越大、投资越高，损耗则越低。使年费用最小的导线截面称为经济截面，与其对应的电流密度即为经济电流密度。

经济电流密度一般可根据最大负荷利用小时数，由设计手册中的相关曲线查得。对于钢芯铝绞线，经济电流密度通常取：$T_{max} < 3\,000$ h 时，1.65 A/mm^2；3 000 h $\leqslant T_{max} \leqslant 5\,000$ h 时，1.15 A/mm^2；$T_{max} > 5\,000$ h 时，0.9 A/mm^2。

根据经济电流密度，按下式计算导线截面

$$S = \frac{I_{max}}{J} \tag{9-4}$$

式中 S——导线经济截面，mm^2；

I_{max}——线路正常运行时的规划最大负荷电流，A，在环网接线方式中，不考虑电网故障运行状态转移到本线路上的负荷电流，但在发热校验时必须考虑转移电流；

J——经济电流密度，A/mm^2。

根据计算结果，选择与 S 接近的标准截面。

二、电压损耗校验

在电网规划中，电压损耗可近似等于电压降落的纵分量。设线路分为若干段，则

$$\Delta U = \frac{\sum (P_i R_i + Q_i X_i)}{U_N} \qquad \Delta U\% = \frac{\Delta U}{U_N} \times 100\% \tag{9-5}$$

式中 ΔU——线路电压损耗；

P_i——线段 i 上的有功功率，kW；

Q_i——线段 i 上的无功功率，kvar；

R_i、X_i——线段 i 的电阻和电抗，Ω；

U_N——线路额定电压，kV。

选择导线截面以后，应校验线路电压损耗是否在允许范围：35～110 kV 线路，5%～7%；10 kV 线路，3%～5%；0.38 kV 线路，7%。

三、导线的发热校验

架空导线应进行长时热平衡校验。其方法是校验导线长期发热的载流量。

相关规程规定，校验时，铝线、钢芯铝绞线的允许温度一般取 70 ℃，导线周围环境温度取 25 ℃。校验时，必须满足下式

$$I_{max} \leqslant K I_y \tag{9-6}$$

式中 I_{max}——线路中可能通过的最大电流，应考虑电网故障时的情况，A；

I_y——导线的长期允许载流量，A，查表 9-3 可得；

K——环境温度修正系数，如表 9-4 所示。

表 9-3　导线的长期允许载流量

LJ 规格	50	70	95	120	150	185	210	240	300
允许载流量(A)	231	291	351	410	466	534	584	634	731
LGJ 规格	50/8	50/30	70/10	70/40	95/15	95/25	95/55	120/7	120/20
允许载流量(A)	234	250	289	307	357	361	378	408	407
LGJ 规格	120/25	120/70	150/8	150/20	150/25	150/35	185/10	185/25	185/30
允许载流量(A)	425	440	463	469	478	478	539	552	543
LGJ 规格	185/45	210/10	210/25	210/35	210/50	240/30	240/40	240/55	
允许载流量(A)	553	577	587	599	604	655	648	657	

表 9-4　不同环境温度下的修正系数

环境温度(℃)	-5	0	5	10	15	20
修正系数	1.29	1.24	1.20	1.15	1.11	1.05
环境温度(℃)	25	30	35	40	45	50
修正系数	1.00	0.94	0.88	0.81	0.74	0.67

四、架空线路的最小导线截面

过去，最小导线截面是根据机械强度考虑导线的机械负载能力而确定的。目前的有关标准则从电网的发展出发，考虑导线的负载能力，为了不使线路过快地更换导线而规定了最小导线截面。该最小导线截面远大于机械强度意义上的最小导线截面。《农村电力网规划设计导则》规定的最小导线截面不宜小于下列值：110 kV 线路，150 ~ 185 mm^2；35 kV、66 kV 线路，70 ~ 95 mm^2；10 kV 线路，70 mm^2。

五、电晕校验

选择导线截面时，要求晴天线路不产生电晕。电晕产生不仅与输电电压有关，而且与导线半径有关。110 kV 线路导线外径大于 9.1 mm(LGJ -50)时可不做电晕校验。

第七节　方案经济技术比较

一、参比方案的可比条件

一般规定应列出两个以上的方案进行经济技术比较。参比方案应具备以下可比条件：

(1)供电能力、供电质量、供电可靠性及建设工期等方面能同等程度满足用户需求；

(2)工程技术、设备供应以及城镇建设等方面现实可行，价格上采用同一时间的价格指标，环境保护能符合国家规定的要求。

二、农网投资与年运行费用计算

(一)农网投资

投资是指为实现某一工程项目所需投入的一次性劳动耗费的货币表现形式。农网的投资包括线路的投资和变电所的投资。农网的投资一般采用单位生产能力投资概略指标法进行估算，其中单位千米线路投资(元/km)和单位变电能力投资(元/kVA)为农网投资估算中的两个基本的投资概略指标。它们通常是根据对标准典型设计的概预算以及大量已实施工程项目的投资统计资料进行分析计算而得到的。

1. 线路投资

线路投资主要受电压等级、输送容量、线路走廊的地形条件以及线路的架设方式等因素的影响。电压等级越高，输送容量越大，线路总投资及单位千米线路的投资均增大。农网线路总投资 Z_L 可用下式估算

$$Z_L = \varepsilon Z_{01} L \tag{9-7}$$

式中 Z_{01}——每千米线路投资概略指标；

L——线路长度，km；

ε——地形修正系数。

2. 变电所投资

变电所的投资主要受电压等级和主变压器容量的影响，也与变电所的建设规模和站址条件有关。变电所的投资 Z_T 可用下式估算

$$Z_T = \alpha Z_{02} S \tag{9-8}$$

式中 Z_{02}——单位变电能力投资概略指标；

S——变电所主变压器容量，kVA；

α——规模修正系数。

(二)农网的年运行费

年运行费是指工程项目每年维持正常生产运行所需要的经常性劳动耗费的货币表现形式。农网的年运行费也是采用概略指标进行估算的。农网的年运行费包括下列各项：

(1)电能损耗费：等于农网电能损耗乘以计算单价。

(2)维护修理费：包括工作人员工资、管理费和小修费(经常修理费)，该项费用一般以投资的百分数表示。

(3)大修理费：指用于恢复设备原有基本功能而对其进行大修理所支付的费用，该项费用一般也以投资的百分数表示。

农网的年运行费可用下式计算

$$U = \beta \Delta A + \alpha_1 Z + \alpha_2 Z \tag{9-9}$$

式中 ΔA——农网年电能损耗，kWh；

β——计算电价，元/kWh；

Z——农网的总投资；

α_1——维护费率；

α_2——大修理费率。

以上各式中的单位投资概略指标以及相关系数的计算可查阅《电力工程概预算手册》。

三、最佳方案的选择

对参与比较的各个方案必须经过经济计算。使用年最小费用法对农网规划方案进行经济评价。年费用最小的方案即为最佳方案。年费用的计算公式如下：

$$NF = \frac{r_0(1 + r_0)^n}{(1 + r_0)^n - 1}\sum_{t=1}^{m} Z_t(1 + r_0)^{m-t} + \frac{r_0(1 + r_0)^n}{(1 + r_0)^n - 1}\sum_{t=1}^{m} U_t \frac{1}{(1 + r_0)^n} \tag{9-10}$$

式中　r_0——年利率；

$\frac{r_0(1+r_0)^n}{(1+r_0)^n-1}$——投资回收系数；

$\sum_{t=1}^{m} Z_t(1+r_0)^{m-t}$——折算到 m 年的总投资，其中 t 为工程开工那年起的年份，m 为施工年数，Z_t 为第 t 年的投资；

$\sum_{t=1}^{m} U_t \frac{1}{(1+r_0)^n}$——折算到 m 年的年运行费。

习　题

9-1　何谓农村电网？农村电网有何特点？

9-2　农村电网规划的原则和要求有哪些？

9-3　农村电网规划工作一般分为哪几个阶段？各自的任务是什么？

9-4　农村电网规划包括哪些内容和具体的步骤？

9-5　试说明负荷预测的常规方法。

9-6　某负荷为 10 MW，$\cos\varphi = 0.8$，$T_{max} = 6\ 000$ h，由 15 km 外的电源供电，供电线路电压选择 35 kV，试按经济电流密度选择导线截面，并做校验。

9-7　什么是年费用最小法？如何计算？

第十章　直流输电的基本知识

内容提要

本章介绍的主要内容有：直流输电系统的组成、基本控制方式、接线方式；直流输电和交流输电的优缺点及使用场合；换流器的基本工作原理；直流输电系统产生的高次谐波以及无功补偿等。

第一节　概　述

直流输电是以直流电流传输电能。通常将发电厂发出的交流电经过升压后，由换流设备（整流器）整流成直流电，通过直流输电线路送到线路末端，再经过换流设备（逆变器）换成交流电，供给交流系统。

图 10-1 所示为直流输电系统示意图。系统主要由换流站（整流站和逆变站）、直流线路、交流侧和直流侧的电力滤波器、无功补偿装置、换流变压器、直流电抗器以及保护、控制装置等构成。其中换流站是直流输电系统的核心，它完成交流和直流之间的变换。

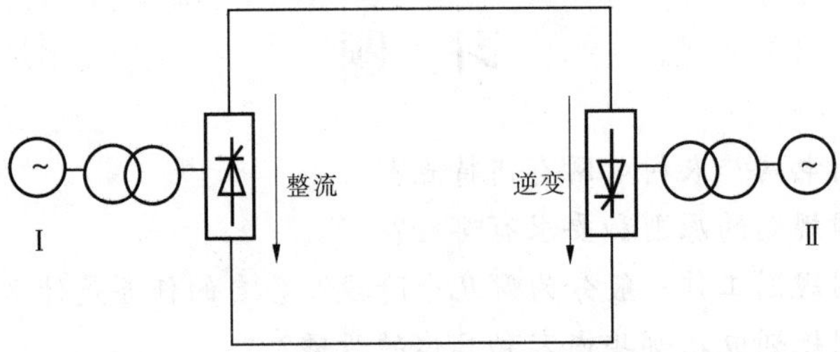

图 10-1　直流输电系统示意

直流输电与交流输电相比较，主要优点有：

（1）当输送相同功率时，直流线路造价低，架空线路杆塔结构较简单，线路走廊窄。直流输电只需要两根导线，交流输电需要用三根导线。当每根导线截面和电流密度都相等、线路绝缘水平也相等时，直流和交流线路所传送的有功功率基本相同。所以，采用直流输电少用一根导线，可节省 1/3 有色金属和绝缘材料，而且杆塔载荷较轻，线路走廊也占地较少。同绝缘水平的电缆可以运行于较高的电压。采用电缆时，在同样的电压等级下，直流电缆的造价要比交流电缆低得多。

（2）直流输电的功率和能量损耗小。在运行中，直流线路的有功功率损耗比交流线路小 1/3，而且，由于直流没有集肤效应，直流电阻也略小于交流电阻。直流线路的电晕损耗和由电晕引起的无线电干扰也比交流线路小很多。

（3）对通信干扰小。

（4）线路稳态运行时没有电容电流，没有电抗压降，沿线电压分布较平稳，线路本身无需无功补偿。

（5）采用直流易于实现地下或海底电缆输电。超高压交流电缆的电容较大，电感较小，因而波阻抗小，自然功率比较大。为避免芯线过热，电缆输送的功率远低于自然功率。为了抑制电压升高，必须在线路中间装设并联电抗器进行补偿。这对于海底电缆是难以办到的。直流线路基本上没有电容电流，不存在上述困难。

（6）直流输电线路本身不存在交流输电固有的稳定问题，输送距离和功率也不受电力系统同步运行稳定性的限制。直流输电线路联系的两端交流系统不需要同步运行，因此可用以实现不同频率或相同频率交流系统之间的非同步联系。

（7）由直流输电线互相联系的交流系统各自的短路容量不会因互联而显著增大。而用交流线路连接两个系统时，互联系统的短路容量明显增大，可能需要装设限流装置或者更换遮断容量不足的原有断路器。

（8）直流输电线的功率和电流的调节控制比较容易并且迅速，可以实现各种调节、控制。如果交、直流并列运行，有助于提高交流系统的稳定性和改善整个系统的运行特性。

直流输电的发展也受到一些因素的限制，主要限制因素包括：

（1）直流输电的换流站比交流系统的变电所复杂、造价高、运行管理要求高。

虽然直流线路比交流线路便宜，但直流系统的换流站则比交流变电所的造价高得多。就整个输电工程来看，当线路达到一定长度时，直流线路所节约的投资才能抵偿换流站所增加的投资。这个长度称为交、直流输电的经济等价距离。对于给定的输送容量，当输电距离超过等价距离时，采用直流输电才比较经济。根据国际大电网会议的统计资料，当输送功率为 540 ~2 160 MW 时，架空线路的等价距离为 640 ~960 km，电缆线路则为 56 ~90 km。最近几年的研究表明，架空线路的等价距离还有逐渐下降的趋势。

（2）换流装置（整流和逆变）运行中需要大量的无功补偿，正常运行时可达直流输送功率的 40% ~60%。

（3）换流装置在运行中在交流侧和直流侧均会产生谐波，要装设滤波器。

（4）直流输电以大地或海水作回路时，会引起沿途金属构件的腐蚀，需要防护措施。

（5）要发展多端直流输电，需研制高压直流断路器。由于直流电流不过零，熄弧困难，目前尚未有适用的高压直流断路器，因而不能在直流线路上进行开关操作。

直流输电目前主要用于以下几个方面：

（1）远距离大功率输送。

（2）用海底电缆隔海输电或用地下电缆向负荷密度很高的大城市供电。

（3）作网络互联和区域系统之间的联络线（便于控制、又不增大短路容量）。

（4）联系不同频率或相同频率而非同步运行的交流系统。

（5）在电力系统中采用交、直流输电线的并列运行，利用直流输电线的快速调节，控制、改善电力系统的运行性能。

早期的换流设备大多采用汞弧阀，自 20 世纪 70 年代以来，普遍应用可控硅整流元件。随着电力电子技术的发展，大功率可控硅的制造技术不断进步、价格下降、可靠性提高，换流站的可用率提高，直流输电技术日益成熟，直流输电在电力系统中会得到更多的应用。

当前，研制高压直流断路器、研究多端直流系统的运行特性和控制、发展多端直流系统、研究交直流并列系统的运行机理和控制，也受到广泛的关注。

多种新的发电方式(磁流体发电、电气体发电等)、新的电池(燃料电池、太阳能电池)等产生的都是直流电，都要以直流方式输送电能，并用逆变器变换送入交流电力系统；极低温电缆和超导电缆也更适宜于直流输电。

总之，许多学科的新发展为直流输电技术的应用开拓着广阔的前景。今后的电力系统必将是交、直流混合的系统。图 10-2 所示为交直流输电系统示意图。

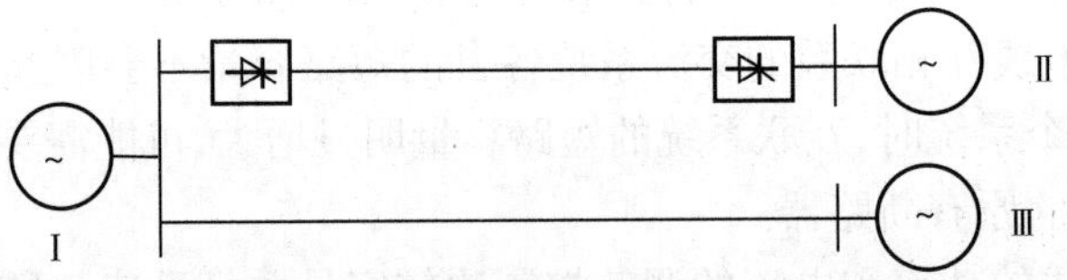

(a)并列运行

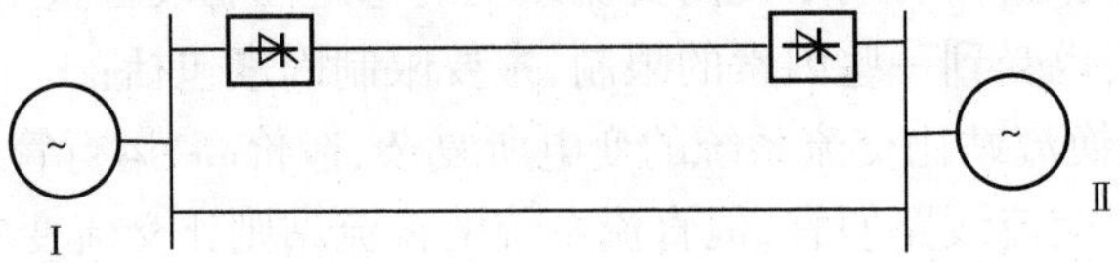

(b)并联运行

图 10-2　交直流输电系统

第二节　直流输电基本工作原理

一、换流器的工作原理

用于高压直流输电的换流器都采用三相桥式接线方式，每个桥由六个桥臂组成。在换流器的直流侧都装有直流电抗器，亦称平波电抗器。其作用是抑制直流过电流的上升速度和直流侧谐波，并使轻载时直流电流保持连续。

为了阐明换流器的工作原理，常采取以下的简化假设：

(1)交流系统是频率和幅值都恒定的三相对称正弦电势源。

(2)阀具有理想特性，即通态正向压降和断态漏电流都可以忽略。

(3)六个桥阀以 1/6 基波周期的等相位间隔依次轮流触发。

(4)直流平波电抗器的电感很大，直流侧输出电流中的纹波可以略去。

上述各条也称为换流器的理想工作条件。

(一)整流器的工作原理

整流器的原理接线如图 10-3 所示。图中 e_a、e_b、e_c 为交流电源；L_r 为从交流电源到整流桥的每相等值电感；V_1、V_2、⋯、V_6 为六个可控硅阀；L_d 为直流电抗器；直流侧正母线为 m，负母线为 n。

可控硅阀具有单相导电性，只有在承受正向电压，同时又在控制极得到触发信号时才开始导通。它一经导通，即使除去触发信号，仍保持导通状态，直至承受反向电压时才会关断。六个桥阀轮流导通，交流电整流为直流电。

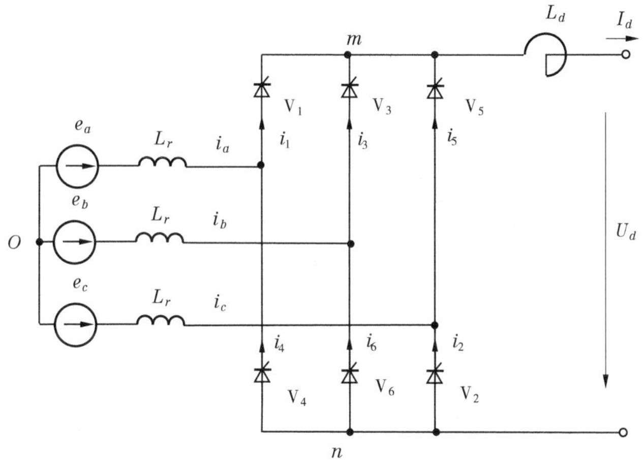

图 10-3　整流器的原理接线

直流输出电压的平均值为

$$U_d = \frac{3\sqrt{2}}{\pi}E\cos\alpha = U_{d0}\cos\alpha \tag{10-1}$$

式中　E——交流线电压的有效值；

　　α——整流器的触发角。

由于触发延迟和换相效应，交流侧相电流的基波要比相电势滞后一个相角 φ。所以，交流系统要向整流器提供无功功率 $Q = P\tan\varphi$。

为减少无功功率的消耗，整流器的触发角 α 不宜取大，一般取 10°～20°。

（二）逆变器的工作原理

当整流器的触发角 α 逐渐增大时，直流输出电压便要下降，当 $\alpha = 90°$时，直流输出电压降为零，随着进一步的触发延迟，平均直流电压变成负的。由于阀的单向导电性能，电流仍从阳极流向阴极，这时换流器进入逆变工作状态，如图 10-4 所示。

逆变器的工作特点是，阀 V_2、V_4 和 V_6 处于高电位，阀 V_1、V_3 和 V_5 处于低电位；电流自高电位的阀流进，自低电位阀流出。这种情况恰好与整流器相反。逆变器的六个桥阀按照正确的顺序依次开通和关断，就将直流电流切成一段一段地轮流送到交流系统。

逆变器和整流器虽然作用相反，但是从原理上讲两者都是换流器，只是由于触发角取值不同，因而表现出不同的运行特性。逆变器交流侧电流相量要比电压相量落后，所以逆变器向交流系统输出有功功率，从交流系统吸取无功功率。

二、直流输电系统的基本控制方式

直流输电系统的电压、电流和功率可以通过改变交流侧变压器的分接头、改变换流阀的触发角或逆变角进行调节。由于改换分接头需要一定的时间，而触发脉冲相位的控制

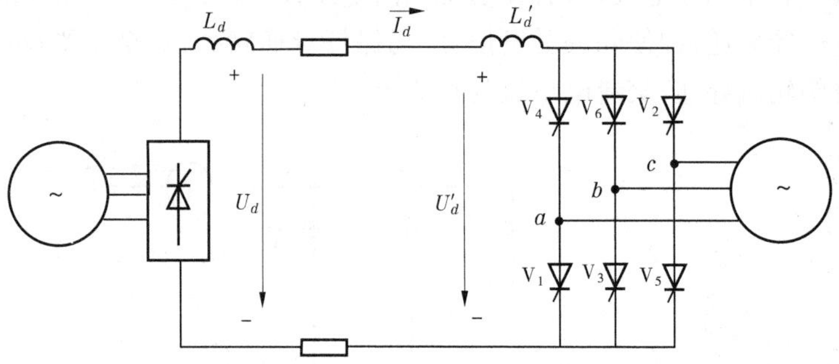

图 10-4　换流器运行在逆变状态

则极为迅速,几乎可以瞬时实现,因而是主要的调节手段。

整流器的基本控制特性由定 α 角、定电流和定关断角(定 δ 角)三段特性组成,如图 10-5(a)所示。横轴以上部分为整流状态,横轴以下部分为逆变状态。

定 α 角特性为一斜率不大的向右下方倾斜的直线。随 α 角的增大,直线平行下移。在这段特性运行时,交流侧不大的电压波动会引起直流线路电流的大幅度变化。这无论对直流系统还是交流系统都不利。

定电流控制的运行方式是直流输电系统常用的。定电流控制特性为一与横轴垂直的直线。当交流侧电压有变化时,通过调整 α 角,使运行点沿这段直线上下移动,以保持电流恒定。α 角的正常取值常为 10° ~ 20°。在直流线路发生故障的暂态过程中,α 角可以快速增大到 120°左右,使整流器暂时转入逆变状态。整流器的直流电压变为负值,故障线路所贮存的能量就可以通过线路两侧处于逆变状态的换流器输入两端的交流系统,从而加快故障的清除。

逆变器的基本控制特性(见图 10-5(b))也由定关断角定 δ 角、定电流(最小电流控制)和定 α 角控制特性组成。为了减小无功功率消耗,关断角应尽量取小。但为了确保安全,避免换相失败,逆变器的关断角不应小于某一最小允许值 δ_0。在实际运行中,逆变器的运行点常由定关断角($\delta = \delta_0$)特性决定。

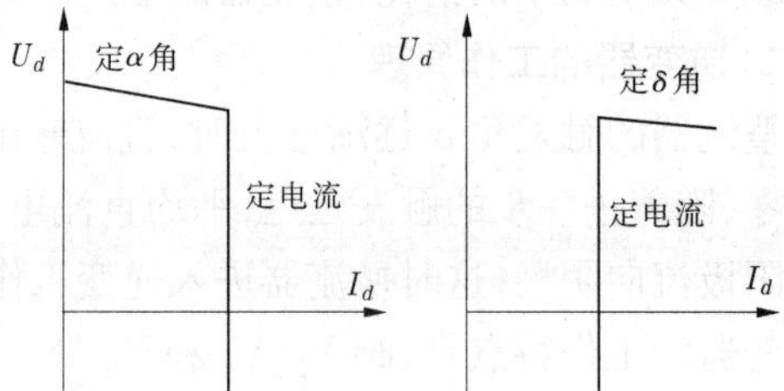

图 10-5　整流器和逆变器的控制特性

整流器按定电流调节、逆变器按定关断角调节是两端直流输电系统在正常运行时基本的调节方式。这种调节方式不仅能改善直流输电的运行性能,还可以限制过电流,防止换流器过载和避免换相失败等。

三、直流输电系统的谐波、滤波装置和无功功率补偿

换流器在交流侧和直流侧都要产生高次谐波。这就是说，换流装置对于交流侧是一个谐波电流源，对于直流侧则是一个谐波电压源。

谐波频率同交流电网基波频率的比值称为谐波次数。

设换流器的换相数（在交流电网基波一个周期内发生的换相次数）为 p，在理想化工作条件下，在直流侧主要产生 kp 次谐波，在交流侧产生 $kp \pm 1$ 次谐波，k 为正整数。这种谐波称为特征谐波。谐波次数越高，幅值越小。对于 6 脉动换流器，交流侧主要是 5、7、11、13 次谐波，直流侧主要是 6、12、18、24 次谐波。由两组 6 脉动换流器组成的双桥 12 脉动换流器，在交流侧产生的主要是 11、13 次谐波，直流侧是 12、24 次谐波。可见 12 脉动换流器所产生的特征谐波要比 6 脉动的少。

这些谐波如果不加控制，会造成许多不良影响：①由谐波引起的附加损耗可使发电机和电容器过热；②使换流器控制不稳定；③对通信系统产生干扰；④有时还可能引起电网中的局部谐振过电压等。

为了减少换流器的谐波输出，直流输电系统的换流站都装有滤波装置来吸收这些高次谐波。

交流侧的滤波器常由若干特定频率的单调谐滤波器和一个高通电路组成。滤波器可以接在交流高压母线上，也可以接到变压器的第三绕组上。交流滤波器除吸收谐波外，还能提供部分基波无功功率。

换流器直流侧的谐波主要靠平波电抗器限制。与直流电缆相接的换流站一般不另设滤波装置，因为电缆的外壳对直流谐波的干扰起着良好的屏蔽作用，所以对通信线路的干扰并不严重。对于某些直流架空输电线路，则还须装设滤波器，它由 16 次、12 次等单调谐电路和高通滤波电路组成。

换流器的实际工作条件常同理想化条件存在一些差异，由此还会产生许多非特征谐波。当三相交流电压不平衡，电流调节器和触发控制装置不够完善时，会造成各阀的触发角不等，或触发时间间隔不等。这是产生非特征谐波的最重要原因。为了抑制非特征谐波，可采用等距离脉冲相位的控制方式。

前已指出，换流装置无论是工作在整流状态还是逆变状态都需要由交流系统供应一定的感性无功功率。在正常运行时，整流器所需无功功率为直流功率的 30% ~50%，逆变器为40% ~60%。

换流装置消耗的无功功率应计入交流系统的无功功率平衡，如果现有的无功电源不能满足要求，可在换流站装设同步调相机或静电电容器就地供给。

四、直流输电系统的接线方式

目前已经投入运行的直流输电系统基本上是用直流线路连接两个交流系统的两端系统。两端系统最常用的几种接线方式如图 10-6 所示。

图 10-6(a)所示为单极一线—地接线方式。只用一根架空线或电缆，并以大地或海水作为回路组成输电系统。两端换流站一般以正极接地。这种接线方式最为经济，但其

缺点是地中电流会对地下埋置的金属物体造成电腐蚀,海底电缆的磁场会使航海磁罗盘产生误差。

图 10-6(b)所示为单极两线接线方式,常将一根导线在一侧换流站接地。这种接线方式没有前一种的缺点,并可作为双极系统的过渡方案。

图 10-6(c)所示为双极系统中最常见的一种接线方式,采用两根导线,并将两端换流站的中性点都接地。正常运行时,地中没有电流,一线故障时可暂时地利用健全极线路以单极一线—地制运行,继续输送 1/2 的功率。当一极的换流器故障或检修时,也可将该极的线路改接,按单极两线方式运行,以避免用大地作为电流回路。

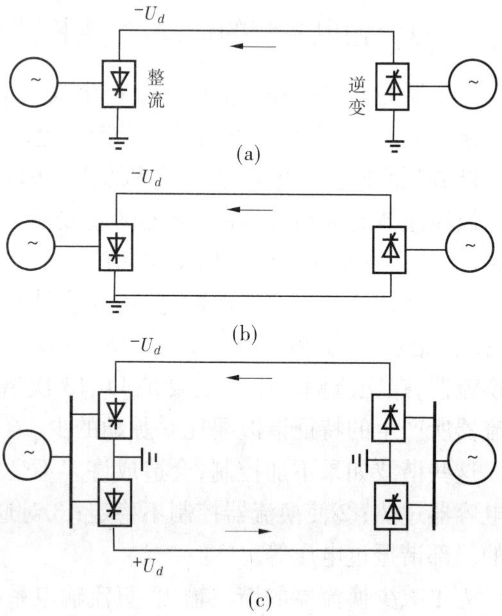

图 10-6　直流输电系统的几种接线方式

双极系统还有只将一端换流站的中性点接地和增设中性线的接线方式。这两种接线都能避免以大地作电流回路。但是前一种方式当一根导线故障时将不能继续运行,后一种方式要多设一条导线,使投资增加。这两种接线都用得较少。

习　题

10-1　什么是直流输电?直流输电与交流输电相比较有哪些优缺点?

10-2　试说明整流器的基本工作原理。

10-3　试说明逆变器的基本工作原理。

10-4　直流输电系统的基本控制方式是什么?有怎样的特点?

10-5　直流输电系统的谐波有哪些危害?应采取怎样的措施限制谐波的产生?

10-6　直流输电系统的接线方式有哪些?各有怎样的特点?

附录 1　气象区

全国典型气象区气象条件见附表 1-1，全国线路设计气象条件汇编见附表 1-2。

附表 1-1　全国典型气象区气象条件

典型气象区		Ⅰ	Ⅱ	Ⅲ	Ⅳ	Ⅴ	Ⅵ	Ⅶ	Ⅷ	Ⅸ
大气温度（℃）	最高	+40								
	最低	-5	-10	-10	-20	-10	-10	-40	-20	-20
	覆冰	—	-5							
	最大风	+10	+10	-5	-5	+10	-5	-5	-5	-5
	安装	0	0	-5	-10	-5	-10	-10	-10	-10
	外过电压	+15								
	内过电压、年平均气温	+20	+15	+15	+10	+15	+10	-5	+10	+10
风速（m/s）	最大风	35	30	25	25	30	25	30	30	30
	覆冰	10							15	
	安装	10								
	外过电压	15	10							
	内过电压	0.5×最大风速（不低于 15 m/s）								
覆冰厚度（mm）		0	5	5	5	10	10	10	15	20
冰的比重		0.9								

附表 1-2　全国线路设计气象条件汇编

气象分区			Ⅰ	Ⅱ	Ⅲ	Ⅳ	Ⅴ	Ⅵ	Ⅶ	Ⅷ	Ⅸ	Ⅹ	Ⅺ	Ⅻ	ⅩⅢ	ⅩⅣ	ⅩⅤ	ⅩⅥ
大气温度（℃）	最高		40	40	40	40	40	40	40	40	40	40	40	40	40	40	40	40
	最低		-40	-40	-40	-40	-40	-40	-20	-20	-10	-20	-20	-20	-20	-20	-10	-10
	导线与避雷线覆冰		-5	-5	-5	-5	-5	-5	-5	-5	-5	-5	-5	-5	-5	-5	-5	-5
	最大风速		-5	-5	-5	-5	-5	-5	-5	-5	-5	-5	-5	-5	-5	-5	-5	-5
	按安装条件验算线路各部件时		-15	-15	-15	-15	-15	-15	-10	-10	-5	-10	-10	-10	-10	-10	-5	-5
	按大气及内部过电压条件决定间距时		15	15	15	15	15	15	15	15	15	15	15	15	15	15	15	15
	事故情况		-30	-30	-30	-30	-30	-30	-5	-5	-5	-10	-10	-10	-10	-10	-5	-5
风速（m/s）	架空线正常运行	电线不覆冰	35	30	25	35	30	25	35	25	35	30	25	35	30	25	35	30
		电线覆冰	15	10	10	15	10	10	15	10	15	10	10	15	10	10	15	10
	按安装条件验算线路各部件时（无冰）		10	10	10	10	10	10	10	10	10	10	10	10	10	10	10	10

续附表 1-2

气象分区			Ⅰ	Ⅱ	Ⅲ	Ⅳ	Ⅴ	Ⅵ	Ⅶ	Ⅷ	Ⅸ	Ⅹ	Ⅺ	Ⅻ	XIII	XIV	XV	XVI
风速（m/s）	大气温度最高和最低时		0	0	0	0	0	0	0	0	0	0	0	0	0	0	0	0
	计算导线与杆塔构件的距离时（无冰）	大气过电压	15	10	10	15	10	10	15	10	15	10	10	15	10	10	15	10
		内部过电压	21	18	15	21	18	15	21	15	21	18	15	21	18	15	21	15
	事故情况 *		0	0	0	0	0	0	0	0	0	0	0	0	0	0	0	0
覆冰厚度（mm）			5	5	5	10	10	10	15	15	15	5	5	5	10	10	15	15
冰的比重			0.9															

注： * 表示覆冰 15 mm 的地区，事故情况时应按有冰情况计算，其覆冰荷重各资料不统一，因这类气象区较少，建议考虑按 100% 覆冰。

全国线路设计气象条件中的年平均气温，由于资料太少无法做出结论，附表 1-3 中数值仅作参考。

附表 1-3　各地区年平均气温参考值

地区	东北	华北	华中	西北	西南	华东
年平均气温参考值（℃）	-5 ~ -10	10 ~ 20	20	0 ~ 10	15	15 ~ 20

附录2　常用电气参数

常用电气参数见附表2-1～附表2-12。

附表2-1　各种常用架空导线的规格

额定截面（mm^2）	导线型号									
	TJ型		LJ，HLJ，HL_2J型		LGJ，HL_2GJ型		LGJQ型		LGJJ型	
	计算外径（mm）	安全电流（A）	计算外径（mm）	安全电流（A）	计算外径（mm）	安全电流（A）	计算外径（mm）	安全电流（A）	计算外径（mm）	安全电流（A）
10	4.00		4.0		4.4					
16	5.04	130	5.1	105	5.4	105				
25	6.33	180	6.4	135	6.6	135				
35	7.47	220	7.5	170	8.4	170				
50	8.91	270	9.0	215	9.6	220				
70	10.7	340	10.7	265	11.4	275				
95	12.45	415	12.4	325	13.7	335				
120	14.00	485	14.0	375	15.2	380			15.5	
150	15.75	570	15.8	440	17.0	445	16.6		17.5	464
185	17.43	645	17.5	500	19.0	515	18.4	510	19.6	543
240	19.88	770	20.0	610	21.6	610	21.6	610	22.4	629
300	22.19	890	22.4	680	24.2	770	23.5	710	25.2	710
400	25.62	1 085	25.8	830	28.0	800	27.2	845	29.0	965
500			29.1	980			30.2	966		
600			32.0	1 100			33.1	1 090		
700							37.1	1 250		

注：①TJ——铜绞线；

LJ——裸铝绞线；

HLJ——热处理型铝镁硅合金绞线；

HL_2J——非热处理型铝镁硅合金绞线；

LGJ——钢芯铝绞线；

HL_2GJ——热处理型钢芯铝绞线；

LGJQ——轻型钢芯铝绞线；

LGJJ——加强型钢芯铝绞线。

②LGJ、LGJQ及LGJJ型钢芯铝绞线的额定截面面积仅指导电部分（不包括钢芯截面）。

③安全电流是当周围空气温度为25 ℃时的数值。当气温不为25 ℃时，应将安全电流乘以附表2-2中的电流修正系数。

附表2-2　电流修正系数

周围空气温度（℃）	−5	0	5	10	15	20	25	30	35	40	45	50
电流修正系数	1.29	1.24	1.20	1.15	1.11	1.05	1.00	0.94	0.88	0.81	0.74	0.67

附表 2-3　LJ、TJ 型架空线路导线的电阻及正序电抗　　（单位：Ω/km）

LJ 型导线		不同几何均距下的正序电抗										TJ 型导线	
型号	电阻	0.6 m	0.8 m	1.0 m	1.25 m	1.5 m	2.0 m	2.5 m	3.0 m	3.5 m	4.0 m	电阻	型号
LJ－16	1.98	0.358	0.377	0.391	0.405	0.416	0.435	0.499	0.460	—	—	1.20	TJ－16
LJ－25	1.28	0.345	0.363	0.377	0.391	0.402	0.421	0.435	0.446	—	—	0.74	TJ－25
LJ－35	0.92	0.336	0.352	0.366	0.380	0.391	0.410	0.424	0.435	0.445	0.453	0.54	TJ－35
LJ－50	0.64	0.325	0.341	0.355	0.365	0.380	0.398	0.413	0.423	0.433	0.441	0.39	TJ－50
LJ－70	0.46	0.315	0.331	0.345	0.359	0.370	0.388	0.399	0.410	0.420	0.428	0.27	TJ－70
LJ－95	0.34	0.303	0.319	0.334	0.347	0.358	0.377	0.390	0.401	0.411	0.419	0.20	TJ－95
LJ－120	0.27	0.297	0.313	0.327	0.341	0.352	0.368	0.382	0.393	0.403	0.411	0.158	TJ－120
LJ－150	0.21	0.287	0.312	0.319	0.333	0.344	0.363	0.377	0.388	0.398	0.406	0.123	TJ－150

附表 2-4　LGJ 型架空线路导线的电阻及正序电抗　　（单位：Ω/km）

导线型号	电阻	不同几何均距下的正序电抗														
		1.0 m	1.5 m	2.0 m	2.5 m	3.0 m	3.5 m	4.0 m	4.5 m	5.0 m	5.5 m	6.0 m	6.5 m	7.0 m	7.5 m	8.0 m
LGJ－35	0.85	0.366	0.385	0.403	0.417	0.429	0.438	0.446								
LGJ－50	0.65	0.353	0.374	0.392	0.406	0.418	0.427	0.435								
LGJ－70	0.45	0.343	0.364	0.382	0.396	0.408	0.417	0.425	0.433	0.440	0.466					
LGJ－95	0.33	0.334	0.353	0.371	0.385	0.397	0.406	0.414	0.422	0.429	0.435	0.440	0.445			
LGJ－120	0.27	0.326	0.347	0.365	0.379	0.391	0.400	0.408	0.416	0.423	0.429	0.433	0.438			
LGJ－150	0.21	0.319	0.340	0.358	0.372	0.384	0.398	0.401	0.409	0.416	0.422	0.426	0.432			
LGJ－185	0.17				0.365	0.377	0.386	0.394	0.402	0.409	0.415	0.419	0.425			
LGJ－240	0.132				0.357	0.369	0.378	0.386	0.394	0.401	0.407	0.412	0.416	0.421	0.425	0.429
LGJ－300	0.107										0.399	0.405	0.410	0.414	0.418	0.422
LGJ－400	0.08										0.391	0.397	0.402	0.406	0.410	0.414

附表 2-5　LGJQ 与 LGJJ 型架空线路导线的电阻及正序电抗　　（单位：Ω/km）

导线型号	电阻	不同几何均距下的正序电抗						
		5.0 m	5.5 m	6.0 m	6.5 m	7.0 m	7.5 m	8.0 m
LGJQ－300	0.108		0.401	0.406	0.411	0.416	0.420	0.424
LGJQ－400	0.08		0.391	0.397	0.402	0.406	0.410	0.414
LGJQ－500	0.065		0.384	0.390	0.395	0.400	0.404	0.408
LGJJ－185	0.170	0.406	0.412	0.417	0.422	0.428	0.433	0.437
LGJJ－240	0.131	0.397	0.403	0.409	0.414	0.419	0.424	0.428
LGJJ－300	0.106	0.390	0.396	0.402	0.407	0.411	0.417	0.421
LGJJ－400	0.079	0.381	0.387	0.393	0.398	0.402	0.408	0.412

附表 2-6　LGJ、LGJJ 及 LGJQ 型架空线路导线的电纳

导线型号	截面（mm^2）	不同几何均距下的电纳（$\times 10^{-6}$ S/km）														
		1.5m	2.0m	2.5m	3.0m	3.5m	4.0m	4.5m	5.0m	5.5m	6.0m	6.5m	7.0m	7.5m	8.0m	8.5m
LGJ	35	2.97	2.83	2.73	2.65	2.59	2.54	—	—	—	—	—	—	—	—	—
	50	3.05	2.91	2.81	2.72	2.66	2.61	—	—	—	—	—	—	—	—	—
	70	3.15	2.99	2.88	2.79	2.73	2.68	2.62	2.58	2.54	—	—	—	—	—	—
	95	3.25	3.08	2.96	2.87	2.81	2.75	2.69	2.65	2.61	—	—	—	—	—	—
	120	3.31	3.13	3.02	2.92	2.85	2.79	2.74	2.69	2.65	—	—	—	—	—	—
	150	3.38	3.20	3.07	2.97	2.90	2.85	2.79	2.74	2.71	—	—	—	—	—	—
	185	—	—	3.13	3.03	2.96	2.90	2.84	2.79	2.74	—	—	—	—	—	—
	240	—	—	3.21	3.10	3.02	2.96	2.89	2.85	2.80	2.76	—	—	—	—	—
	300	—	—	—	—	—	—	—	—	2.86	2.81	2.78	2.75	2.72	—	—
	400	—	—	—	—	—	—	—	—	2.92	2.88	2.83	2.81	2.78	—	—
LGJJ	120	—	—	—	—	—	2.80	2.75	2.70	2.66	2.63	2.60	2.57	2.54	2.51	2.49
	150	—	—	—	—	—	2.85	2.81	2.76	2.72	2.68	2.65	2.62	2.59	2.57	2.54
	185	—	—	—	—	—	2.91	2.86	2.80	2.76	2.73	2.70	2.66	2.63	2.60	2.58
	240	—	—	—	—	—	2.98	2.92	2.87	2.82	2.79	2.75	2.72	2.68	2.66	2.64
	300	—	—	—	—	—	3.04	2.97	2.91	2.87	2.84	2.80	2.76	2.73	2.70	2.68
LGJQ	400	—	—	—	—	—	3.11	3.05	3.00	2.95	2.91	2.87	2.83	2.80	2.77	2.75
	500	—	—	—	—	—	3.14	3.08	3.10	2.96	2.92	2.88	2.84	2.81	2.79	2.76
	600	—	—	—	—	—	3.16	3.11	3.04	3.02	2.96	2.91	2.88	2.85	2.82	2.79

附表 2-7　220～750 kV 架空线路导线的电阻及正序电抗　（单位：Ω/km）

导线型号	220 kV				330 kV（双分裂）		500 kV（三分裂）		750 kV（四分裂）	
	单导线		双分裂							
	电阻	电抗	电阻	电抗	电阻	电抗	电阻	电抗	电阻	电抗
LGJ－185	0.17	0.44	0.085	0.313						
LGJ－240	0.132	0.432	0.066	0.310						
LGJQ－300	0.107	0.427	0.054	0.308	0.054	0.321	0.036	0.302		
LGJQ－400	0.08	0.417	0.04	0.303	0.04	0.316	0.026 6	0.299	0.02	0.289
LGJQ－500	0.065	0.411	0.032 5	0.300	0.032 5	0.313	0.021 6	0.297	0.016 3	0.287
LGJQ－600	0.055	0.405	0.027 5	0.297	0.027 5	0.310	0.018 3	0.295	0.013 8	0.286
LGJQ－700	0.044	0.398	0.022	0.294	0.022	0.307	0.014 6	0.292	0.011	0.284

注：计算条件如下：

电压（kV）	110	220	330	500	750
线间距离（m）	4	6.5	8	11	14
导线分裂距离（cm）		40	40	40	40
导线排列方式		水平二分裂	水平二分裂	正三角三分裂	正四角四分裂

附表 2-8　110～750 kV 架空线路导线的电容及充电功率

导线型号	110 kV		220 kV 单导线		220 kV 双分裂		330 kV（双分裂）		500 kV（三分裂）		750 kV（四分裂）	
	电容（μF/100 km）	功率（MVA/100 km）	电容（μF/100 km）	功率（MVA/100 km）	电容（μF/100 km）	功率（MVA/100 km）	电容（μF/100 km）	功率（MVA/100 km）	电容（μF/100 km）	功率（MVA/100 km）	电容（μF/100 km）	功率（MVA/100 km）
LGJ－50	0.808	3.06										
LGJ－70	0.818	3.14										
LGJ－95	0.84	3.18										
LGJ－120	0.854	3.24										
LGJ－150	0.87	3.3										
LGJ－185	0.885	3.35			1.14	17.3						
LGJ－240	0.904	3.43	0.837	12.7	1.15	17.5	1.09	36.9				
LGJQ－300	0.913	3.48	0.848	12.9	1.16	17.7	1.10	37.3	1.18	94.4		
LGJQ－400	0.939	3.54	0.867	13.2	1.18	17.9	1.11	37.5	1.19	95.4	1.22	215
LGJQ－500			0.882	13.4	1.19	18.1	1.13	38.2	1.2	96.2	1.23	217
LGJQ－600			0.895	13.6	1.20	18.2	1.14	38.6	1.205	96.7	1.235	228
LGJQ－700			0.912	14.8	1.22	18.3	1.15	38.8	1.21	97.2	1.24	219

附表 2-9　铜芯三芯电缆的感抗和电纳

芯线额定截面（mm^2）	感抗（Ω/km）				电纳（（S/km）×10^{-6}）			
	电缆额定电压（kV）							
	6	10	20	35	6	10	20	35
10	0.100	0.113			60	50		
16	0.094	0.104			69	57		
25	0.085	0.094	0.135		91	72	57	
35	0.079	0.088	0.129		104	82	63	
50	0.076	0.082	0.119		119	94	72	
70	0.072	0.079	0.116	0.132	141	100	82	63
95	0.069	0.076	0.110	0.126	163	119	91	68
120	0.069	0.076	0.107	0.119	179	132	97	72
150	0.066	0.072	0.104	0.116	202	144	107	79
185	0.066	0.069	0.100	0.113	229	163	116	85
240	0.063	0.069						

附表 2-10　钢绞线的电阻及内电抗　（单位：Ω/km）

通过电流（A）	钢绞线型号及直径（mm）									
	GJ－25，d＝5.6		GJ－35，d＝7.8		GJ－50，d＝9.2		GJ－70，d＝11.5		GJ－95，d＝12.6	
	电阻	电抗	电阻	电抗	电阻	电抗	电阻	电抗	电阻	电抗
1	5.25	0.54	3.66	0.32	2.75	0.23	1.7	0.16	1.55	0.08
2	5.27	0.55	3.66	0.35	2.75	0.24	1.7	0.17	1.55	0.08
3	5.28	0.56	3.67	0.36	2.75	0.25	1.7	0.17	1.55	0.08
4	5.30	0.59	3.69	0.37	2.75	0.25	1.7	0.18	1.55	0.08
5	5.32	0.63	3.70	0.40	2.75	0.26	1.7	0.18	1.55	0.08
6	5.35	0.67	3.71	0.42	2.75	0.27	1.7	0.19	1.55	0.08
7	5.37	0.70	3.73	0.45	2.75	0.27	1.7	0.19	1.55	0.08
8	5.40	0.77	3.75	0.48	2.76	0.28	1.7	0.20	1.55	0.08
9	5.45	0.84	3.77	0.51	2.77	0.29	1.7	0.20	1.55	0.08
10	5.50	0.93	3.80	0.55	2.78	0.30	1.7	0.21	1.55	0.08
15	5.97	1.33	4.02	0.75	2.80	0.35	1.7	0.23	1.55	0.08
20	6.70	1.63	4.4	1.04	2.85	0.42	1.72	0.25	1.55	0.09
25	6.97	1.91	4.89	1.32	2.95	0.49	1.74	0.27	1.55	0.09
30	7.1	2.01	5.21	1.56	3.10	0.59	1.77	0.30	1.56	0.09
35	7.1	2.06	5.36	1.64	3.25	0.69	1.79	0.33	1.56	0.09
40	7.02	2.00	5.35	1.69	3.40	0.80	1.83	0.37	1.57	0.10
45	6.92	2.08	5.30	1.71	3.52	0.91	1.83	0.41	1.57	0.11
50	6.85	2.07	5.25	1.72	3.61	1.00	1.93	0.40	1.58	0.11
60	6.70	2.00	5.13	1.70	3.99	1.10	2.07	0.55	1.58	0.13
70	6.6	1.90	5.0	1.64	3.73	1.14	2.21	0.65	1.61	0.15
80	6.3	1.79	4.89	1.57	3.70	1.15	2.27	0.70	1.63	0.17
90	6.4	1.73	4.78	1.50	3.68	1.14	2.29	0.72	1.67	0.20
100	6.32	1.67	4.71	1.43	3.65	1.13	2.33	0.73	1.71	0.22
125	—	—	4.6	1.29	3.58	1.04	2.33	0.73	1.83	0.31
150	—	—	4.47	1.27	3.50	0.95	2.38	0.73	1.87	0.34
175	—	—	—	—	3.45	0.94	2.23	0.71	1.89	0.35
200	—	—	—	—	—	—	2.19	0.69	1.88	0.35

附表 2-11　10～35 kV 系列三相双绕组无载调压变压器技术数据

电压组合			联结组标号	9 型损耗(kW)		10 型损耗(kW)		11 型损耗(kW)		短路阻抗(%)	空载电流(%)	外形尺寸(mm ±10%)			质量(kg ±10%)		轨距(mm)
容量(kVA)	高压(kV)	低压(kV)		空载	负载	空载	负载	空载	负载			长	宽	高	油重	总重	
50	10 35 38.5 ± 5%	0.4	Y,yn0	0.21	1.22	0.2	1.15	0.17	1.15	6.5	2	1 150	890	1 650	300	790	660
100				0.29	2.03	0.28	1.92	0.24	1.92		1.8	1 160	1 000	1 750	330	1 000	660
125				0.33	2.38	0.31	2.25	0.27	2.25		1.75	1 750	1 020	1 870	465	1 355	660
160				0.37	2.83	0.33	2.68	0.29	2.68		1.65	1 760	1 090	1 920	500	1 410	660
200				0.44	3.33	0.38	3.15	0.34	3.15		1.55	1 790	1 120	1 980	530	1 630	660
250				0.51	3.96	0.46	3.74	0.4	3.74		1.4	1 830	1 180	2 010	580	1 980	660
315				0.61	4.77	0.55	4.51	0.48	4.51		1.4	1 880	1 230	2 100	610	2 180	820
400				0.73	5.76	0.66	5.44	0.57	5.44		1.3	1 940	1 290	2 160	645	2 265	820
500				0.86	6.95	0.78	6.55	0.68	6.55		1.3	1 980	1 370	2 280	720	2 810	820
630				1.05	8.3	0.93	7.28	0.81	7.82		1.25	2 070	1 440	2 450	790	3 020	820
800				1.23	9.9	1.11	9.35	0.98	9.35		1.05	2 320	1 500	2 530	925	3 620	820
1 000				1.44	12.2	1.32	11.5	1.16	11.5		1	2 350	1 620	2 760	1 220	4 600	820
1 250				1.76	14.7	1.57	13.9	1.37	13.9		0.85	2 375	1 720	2 850	1 280	5 060	1 070
1 600				2.12	17.6	1.9	16.6	1.66	16.6		0.75	2 810	1 930	2 890	1 370	5 550	1 070
2 000				2.65	19.5	2.38	17.6	2.12	17.6		0.75	2 870	2 070	2 920	1 430	6 560	1 070
2 500				3.2	23.5	2.88	21.2	2.56	21.2		0.7	2 930	2 230	2 980	1 520	7 450	1 070
3 150				3.8	26	3.42	23.4	3.04	23.4		0.7	3 070	2 310	3 130	1 780	8 370	1 070

续附表 2-11

电压组合			联结组标号	9 型损耗(kW)		10 型损耗(kW)		11 型损耗(kW)		短路阻抗(%)	空载电流(%)	外形尺寸(mm ±10%)			质量(kg ±10%)		轨距(mm)
容量(kVA)	高压(kV)	低压(kV)		空载	负载	空载	负载	空载	负载			长	宽	高	油重	总重	
800				1.25	9.9	1.11	9.35	0.98	9.35		1.05	2 280	1 260	2 720	1 120	4 260	820
1 000				1.49	12.2	1.32	11.5	1.16	11.5		1	2 320	1 290	2 740	1 250	4 380	820
1 250				1.76	14.65	1.57	13.9	1.38	13.9		0.9	2 360	1 370	2 780	1 320	4 830	1 070
1 600				2.13	17.55	1.9	16.6	1.66	16.6		0.85	2 390	1 790	3 030	1 370	5 540	1 070
2 000				2.61	17.8	2.32	18.3	2.03	18.3		0.75	2 800	2 030	2 920	1 420	5 980	1 070
2 500				3.15	20.7	2.8	19.6	2.45	19.6		0.75	2 870	2 140	2 900	1 530	7 010	1 070
3 150				3.87	24.3	3.44	23	3.01	23		0.7	3 210	2 470	3 190	1 780	8 190	1 070
4 000				4.64	28.8	4.12	27.2	3.61	27.2		0.7	3 280	2 710	3 310	1 930	9 620	1 070
5 000	10 35 38.5 ± 3 × 2.5%	6.3 6.6 10 10.5 11	Y,d11 YN,d11	5.49	33	4.88	31.2	4.27	31.2	6.5 7 7.5 8	0.6	3 310	2 830	3 480	2 100	1 0970	1 070
6 300				6.57	37	5.84	34.9	5.11	34.9		0.6	3 420	2 890	3 510	2 800	14 220	1 475
8 000				9	40.5	8	38.3	7	38.3		0.55	3 500	2 950	3 530	3 900	18 170	1 475
10 000				10.62	47.5	9.44	45.1	8.26	45.1		0.55	3 830	3 340	3 580	4 960	21 800	1 475
12 500				12.6	56.5	11.2	53.6	10.8	53.6		0.5	3 900	3 980	3 630	5 630	23 600	1 475
16 000				15.3	69.5	13.6	65.5	11.9	65.5		0.5	4 020	4 610	3 860	5 810	24 100	1 475
20 000				18.09	84	16.1	79.1	14.1	79.1		0.5	4 380	3 630	4 090	6 480	32 100	1 475
25 000				21.51	99	19.12	93.5	16.73	93.5		0.4	4 660	3 780	4 350	7 310	39 850	1 475

附表 2-12　SF9 系列 110 kV 油浸式三相双绕组变压器技术数据

型号	额定容量(kVA)	额定电压(kV)		联结组别	损耗(kW)		空载电流(%)	阻抗电压(%)	质量(kg)				外型尺寸(mm×mm×mm)(长×宽×高)	轨距(mm)
		高压	低压		空载	负载			油重	总重	加添油重	运输量		
SF9－6300/110	6 300	110±2×2.5% 121±2×2.5%	6.3 6.6 10.5 11	YN,d11	8.6	36.9	0.49	10.5	4.9	17.3	1.5	13.5	4 160×3 100×4 360	2 000/1 435
SF9－8000/110	8 000				9	45	0.47		5.03	20.0	1.6	16.2	4 130×3 460×4 130	
SF9－10000/110	10 000				10.6	53.1	0.44		5.16	20.1	1.7	18.4	3 200×3 660×4 530	
SF9－12500/110	12 500				11.8	63	0.41		6.63	25.3	1.9	19.3	4 060×3 680×4 970	
SF9－16000/110	16 000				12	77.4	0.4		7.3	33.1	2.2	23.9	4 300×3 900×810	
SF9－20000/110	20 000				18	93.6	0.39		8.1	35.5	2.15	28.9	4 900×3 800×5 890	
SF9－25000/110	25 000				21	110	0.35		8.3	36.8	2.1	30.2	4 880×3 960×5 860	
SF9－31500/110	31 500				23	118	0.29		11.2	46.8	2.2	39.49	4 940×4 500×6 100	
SF9－40000/110	40 000				30	156	0.27		12.6	52.6	2.2	42.6	4 860×4 800×5 365	
SF9－50000/110	50 000				35	194.4	0.26		14.1	58.8	3.52	48	5 230×5 130×5 695	
SF9－63000/110	63 000				40	234	0.26		15.5	66.6	3.5	54.1	5 850×4 900×6 280	
SF9－90000/110	90 000				63	306	0.26		16.5	85.7	3.6	68.8	5 915×5 230×6 510	2×1 435/1 435
SF9－120000/110	120 000				78	379	0.25		17.8	96.6	4.3	76	6 730×5 800×6 080	

参 考 文 献

[1] 黄静. 电力系统[M]. 北京:中国电力出版社,2006.
[2] 房俊龙,等. 电力系统分析[M]. 北京:中国水利水电出版社,2007.
[3] 李梅兰. 电力系统分析[M]. 北京:中国电力出版社,2006.
[4] 杜文学. 电力系统[M]. 北京:中国电力出版社,2007.
[5] 胡国荣. 输电线路基础[M]. 北京:中国电力出版社,2006.
[6] 刘增良. 输配电线路设计[M]. 北京:中国水利水电出版社,2007.
[7] 尹克宁. 电力工程[M]. 北京:中国电力出版社,2005.
[8] 华智明,张瑞林. 电力系统[M]. 重庆:重庆大学出版社,2002.
[9] 温步瀛. 电力工程基础[M]. 北京:中国电力出版社,2006.
[10] 王新学. 电力网及电力系统[M]. 北京:中国电力出版社,2007.
[11] 王以礼. 电力网[M]. 北京:中国水利电力出版社,1986.
[12] 韩祯祥. 电力系统分析[M]. 杭州:浙江大学出版社,1993.
[13] 于永源. 电力系统分析[M]. 北京:中国电力出版社,1996.
[14] 李霜. 电力系统[M]. 重庆:重庆大学出版社,2006.
[15] 国家电网公司农电工作部. 农村电网规划[M]. 北京:中国电力出版社,2006.